高等职业教育系列教材

FX₃ᵤ PLC 技术项目教程

主　编　徐　超　黄信兵
副主编　宋春华　姚树申　秦常贵
参　编　周名侦　魏　航　王正堂

机 械 工 业 出 版 社

本书以三菱 FX$_{3U}$ 系列 PLC 为对象，着眼于知识应用和能力培养，结合 PLC 相关 1+X 职业技能等级证书及岗位工作任务需求，采用"项目驱动，任务导向"模式，包含大量实例，使"理论"和"实践"融为一体。

本书有 6 个项目，包括 PLC 认知、PLC 软元件及基本指令的程序设计、PLC 步进顺控指令的程序设计、PLC 功能指令的程序设计、模拟量模块和 PLC 通信应用、PLC 控制系统的工程应用。每个项目由多个任务构成，每个任务包括能力目标、知识目标、任务导入、基础知识、任务实施，有的任务包括技能拓展和知识拓展。每个项目后有自测题、思考与习题，并融入职业素养。

本书注重培养学生的技术应用能力、创新能力、分析和解决问题能力及良好的职业素养。本书可作为高等职业院校机电类、电气类和电子类相关专业"PLC 技术及应用"课程的教材，也可供电气工程技术人员参考。

本书配有电子课件、源程序、动画和微课视频等数字化资源，教师可登录机械工业出版社教育服务网（www.cmpedu.com）免费注册，审核通过后下载，或联系编辑索取（微信：13261377872，电话：010-88379739）。

图书在版编目（CIP）数据

FX$_{3U}$ PLC 技术项目教程 / 徐超，黄信兵主编. —北京：机械工业出版社，2023.1（2025.3 重印）

高等职业教育系列教材

ISBN 978-7-111-72268-7

Ⅰ. ①F… Ⅱ. ①徐… ②黄… Ⅲ. ①PLC 技术-程序设计-高等职业教育-教材 Ⅳ. ①TM571.61

中国版本图书馆 CIP 数据核字（2022）第 252753 号

机械工业出版社（北京市百万庄大街 22 号　邮政编码 100037）
策划编辑：李文轶　　　　　　　责任编辑：李文轶
责任校对：梁　园　解　芳　　　责任印制：郜　敏
北京富资园科技发展有限公司印刷
2025 年 3 月第 1 版第 3 次印刷
184mm×260mm・17.25 印张・449 千字
标准书号：ISBN 978-7-111-72268-7
定价：65.00 元

电话服务　　　　　　　　　　　网络服务
客服电话：010-88361066　　　　机　工　官　网：www.cmpbook.com
　　　　　010-88379833　　　　机　工　官　博：weibo.com/cmp1952
　　　　　010-68326294　　　　金　书　网：www.golden-book.com
封底无防伪标均为盗版　　　　　机工教育服务网：www.cmpedu.com

前　　言

党的二十大报告提出，要加快建设制造强国。实现制造强国，智能制造是必经之路。在新一轮产业变革中，PLC 技术作为自动化技术与新兴信息技术深度融合的关键技术，在工业自动化领域中的地位愈发重要。

可编程控制器（PLC）是以计算机技术为核心的通用工业自动化装置。它是综合了计算机技术、自动控制技术和通信技术的一门新兴技术，具有通用性强、可靠性高、工业环境适应性好、指令系统简单、编程简便易学等优点，广泛应用于工业自动控制、机电一体化、传统产业改造等领域，是智能制造系统的关键技术之一，也是现代工业生产自动化技术的三大支柱之一。PLC 应用编程能力是职业院校自动化和机电设备类专业的岗位核心能力之一。

随着各高职院校在人才培养、教学模式等方面改革的不断深化，学校越来越重视培养学生的职业素养，提升学生的就业能力，发挥课程思政育人功能，通过项目和任务完成教学。

本书在编写过程中，结合人才培养、PLC 行业标准和 1+X 职业技能等级证书、课程建设与改革要求，基于项目和任务，立足技术应用型人才培养的目标，校企联合开发，具体特色如下。

1）满足职业教育新要求。针对高等职业教育高素质技术技能人才培养特点、基于"三教"改革，对接可编程控制器系统应用编程职业技能等级标准及岗位工作任务需求，以能力培养和知识应用为目标，采用"项目驱动、任务导向"模式编写项目内容，将"理论"和"实践"融为一体。

2）紧跟技术发展。本书将 FX_{3U} PLC 与步进电动机驱动器的联动、机器视觉控制等应用纳入教材。

3）教、学、做一体。本书包含 6 个项目，每个项目由多个任务构成，每个任务包括能力目标、知识目标、任务导入、基础知识、任务实施，有的任务包括知识拓展或技能拓展，教、学、做一体，充分调动学生的学习兴趣。

4）将规则意识、工匠精神、创新精神等融入教材，增加职业素养的融入，在任务实施中注重培养技术应用能力、创新能力、分析和解决问题能力。

5）配有动画、微课视频、习题答案、源程序等资源，需要的教师可登录机械工业出版社教育服务网（www.cmpedu.com）免费注册、审核通过后下载，或联系编辑索取（微信：13261377872，电话：010-88379739）。

本书是在教育部自动化教学指导委员会精品课程和省级精品资源共享课程的基础上，以校企合作方式编写而成的。参与本书编写的既有多年从事 PLC 应用技术教学与科研的一线教师，也有工程经验丰富的企业技术人员。参加本书编写的主要有徐超、黄信兵、宋春华、姚树申、秦常贵、周名侦、魏航、王正堂。徐超主编了项目 4（部分）、项目 6（部分）和附录；黄信兵编写了项目 5 和项目 6（部分）；宋春华编写了项目 2、自测题、思考与习题及答案，并绘制了全书的电路图；姚树申编写了项目 1，开发了部分动画，并调试全书的程序；秦常贵编写了项目 3 和项目 4（部分）；周名侦参与了教材内容的开发；魏航编写了职业素养内容；王正堂编写了 PLC 岗位需求和职业要求等内容。全书由徐超、黄信兵负责统稿、定稿，并任主编；宋春华、姚树申、秦常贵任副主编。

  本书由佛山职业技术学院罗庚兴教授主审，并提出了有益的建议和指导。本书在编写过程中，还得到了无锡信捷电气股份有限公司和浙江亚龙教育装备股份有限公司的帮助，在此一并表示感谢。

  由于编者水平有限，书中难免有疏漏和不足之处，敬请读者批评指正。

编 者

目　　录

前言
项目1　PLC认知 ·················· 1
任务1.1　三相电动机直接起停电气控制 ·················· 1
1.1.1　低压开关类电器 ·················· 1
1.1.2　熔断器 ·················· 5
1.1.3　按钮开关 ·················· 6
1.1.4　交流接触器 ·················· 6
1.1.5　热继电器 ·················· 10
1.1.6　电气原理图 ·················· 11
1.1.7　电气安装接线图 ·················· 12
1.1.8　电气控制线路的分析 ·················· 12
1.1.9　电气控制线路的安装与调试 ·················· 12
[知识拓展]　电气制图及电气图形符号国家标准 ·················· 13
任务1.2　PLC硬件认知 ·················· 15
1.2.1　PLC的定义 ·················· 17
1.2.2　PLC的基本组成 ·················· 18
1.2.3　PLC的工作原理 ·················· 20
1.2.4　PLC的编程语言 ·················· 21
1.2.5　PLC的特点 ·················· 22
1.2.6　PLC的应用与发展 ·················· 22
1.2.7　PLC岗位需求和职业要求 ·················· 23
1.2.8　FX系列PLC的选型 ·················· 24
1.2.9　FX系列PLC的基本构成 ·················· 24
1.2.10　FX_{3U}系列PLC的外部结构及其接线 ·················· 25
1.2.11　FX_{5U}产品简介 ·················· 27
1.2.12　PLC的安装 ·················· 27
[知识拓展]　FX_{3U}和FX_{2N}的差异 ·················· 28
任务1.3　PLC编程软件GX Works2的使用 ·················· 29
1.3.1　GX Works2概述 ·················· 30
1.3.2　工程的创建 ·················· 33
1.3.3　梯形图程序的创建 ·················· 34
1.3.4　SFC程序的创建 ·················· 38
1.3.5　程序的读写和在线监视运行 ·················· 43
1.3.6　程序的模拟与调试 ·················· 47
1.3.7　梯形图导出指令表 ·················· 48
1.3.8　新工程的创建 ·················· 48
1.3.9　程序输入 ·················· 48
1.3.10　转换 ·················· 49
1.3.11　程序调试 ·················· 49
1.3.12　程序保存 ·················· 50
[自测题] ·················· 50
[思考与习题] ·················· 51

项目2　PLC软元件及基本指令的程序设计 ·················· 53
任务2.1　电动机连续运行控制 ·················· 53
2.1.1　编程元件 ·················· 53
2.1.2　编程指令 ·················· 54
2.1.3　I/O分配 ·················· 56
2.1.4　硬件接线 ·················· 56
2.1.5　程序设计 ·················· 57
2.1.6　运行和调试 ·················· 57
[知识拓展]　SET、RST指令 ·················· 58
任务2.2　电动机顺序起动控制 ·················· 58
2.2.1　常数K/H ·················· 59
2.2.2　定时器（T） ·················· 59
2.2.3　I/O分配 ·················· 60
2.2.4　硬件接线 ·················· 60
2.2.5　程序设计 ·················· 61
2.2.6　运行和调试 ·················· 61
[技能拓展]　闪烁电路、延时接通和断开电路 ·················· 61
任务2.3　电动机两地起停控制 ·················· 62
2.3.1　电路块的并联连接指令 ·················· 63

  2.3.2 电路块的串联连接指令 ··············· 63
  2.3.3 I/O 分配 ······································ 64
  2.3.4 硬件接线 ······································ 64
  2.3.5 程序设计 ······································ 64
  2.3.6 运行和调试 ·································· 64
  [知识拓展] 梯形图的编程规则 ············ 65
 任务 2.4 电动机单按钮起停控制 ············ 66
  2.4.1 辅助继电器 ·································· 66
  2.4.2 脉冲边沿检测指令 ······················· 67
  2.4.3 I/O 分配 ······································ 68
  2.4.4 硬件接线 ······································ 68
  2.4.5 程序设计 ······································ 69
  2.4.6 运行和调试 ·································· 69
  [知识拓展] 脉冲输出指令 ···················· 69
 任务 2.5 电动机正反转自动循环
      控制 ·· 70
  2.5.1 计数器概述 ·································· 71
  2.5.2 计数器的分类 ······························ 71
  2.5.3 I/O 分配 ······································ 72
  2.5.4 硬件接线 ······································ 73
  2.5.5 程序设计 ······································ 73
  2.5.6 运行和调试 ·································· 73
  [技能拓展] 长延时电路和常闭触点输入
      信号的处理 ······················ 74
 任务 2.6 电动机星-三角降压起动
      控制 ·· 75
  2.6.1 主控移位和复位指令 ··················· 76
  2.6.2 多重输出指令 ······························ 76
  2.6.3 I/O 分配 ······································ 77
  2.6.4 硬件接线 ······································ 78
  2.6.5 程序设计 ······································ 78
  2.6.6 运行和调试 ·································· 78
  [知识拓展] PLC 控制系统设计 ············ 79
  [自测题] ··· 81
  [思考与习题] ·· 83
项目 3 PLC 步进顺控指令的程序设计 ······ 85
 任务 3.1 自动运料小车控制 ···················· 85
  3.1.1 步进顺控概述 ······························ 86
  3.1.2 状态继电器 ·································· 86
  3.1.3 顺序功能图 ·································· 86

  3.1.4 步进顺控指令 ······························ 87
  3.1.5 顺序功能图与梯形图之间的转换 ····· 88
  3.1.6 顺控梯形图编程应注意的问题 ······· 90
  3.1.7 I/O 分配 ······································ 91
  3.1.8 硬件接线 ······································ 91
  3.1.9 顺序功能图设计 ·························· 91
  3.1.10 将顺序功能图转换成梯形图 ······ 92
  3.1.11 运行和调试 ································ 93
  [技能拓展] 连续、单周期和单步工作
      方式的编程 ······················ 93
 任务 3.2 按钮式人行横道红绿灯控制 ····· 95
  3.2.1 并行性分支 ·································· 95
  3.2.2 并行性分支顺序功能图及梯形图 ····· 95
  3.2.3 I/O 分配 ······································ 97
  3.2.4 硬件接线 ······································ 97
  3.2.5 顺序功能图设计 ·························· 97
  3.2.6 将顺序功能图转换成梯形图 ········ 97
  3.2.7 运行和调试 ·································· 99
 任务 3.3 产品分拣控制 ···························· 99
  3.3.1 选择性分支 ·································· 99
  3.3.2 选择性分支顺序功能图及其
      梯形图 ····································· 100
  3.3.3 I/O 分配 ···································· 102
  3.3.4 硬件接线 ···································· 102
  3.3.5 顺序功能图设计 ························ 103
  3.3.6 将顺序功能图转换成梯形图 ······ 104
  3.3.7 运行和调试 ································ 105
  [自测题] ··· 105
  [思考与习题] ·· 107
项目 4 PLC 功能指令的程序设计 ········· 109
 任务 4.1 电动机运行时间控制 ·············· 109
  4.1.1 功能指令的形式 ························ 109
  4.1.2 功能指令的数据结构 ················ 110
  4.1.3 数据寄存器 ································ 110
  4.1.4 变址寄存器 ································ 111
  4.1.5 数据传送指令 ···························· 111
  4.1.6 触点比较指令 ···························· 112
  4.1.7 算术运算指令 ···························· 113
  4.1.8 I/O 分配 ···································· 114
  4.1.9 硬件接线 ···································· 114

4.1.10　程序设计 ……………………… 114
4.1.11　运行和调试 …………………… 115
[知识拓展] 二进制数加1和减1运算 …… 115

任务 4.2　循环灯光控制 ………………… 116
4.2.1　循环右移、循环左移指令 …… 116
4.2.2　带进位的循环移位指令 ……… 117
4.2.3　I/O 分配 ………………………… 118
4.2.4　硬件接线 ………………………… 118
4.2.5　程序设计 ………………………… 119
4.2.6　运行和调试 ……………………… 120
[知识拓展] 位右移和位左移指令 ……… 120

任务 4.3　5 路抢答器控制 ………………… 121
4.3.1　调用子程序和子程序返回指令 … 121
4.3.2　主程序结束指令 ………………… 122
4.3.3　I/O 分配 ………………………… 122
4.3.4　硬件接线 ………………………… 122
4.3.5　程序设计 ………………………… 122
4.3.6　运行和调试 ……………………… 124
[知识拓展] 条件跳转、中断、监视定时器
和循环指令 …………………… 124
4.3.7　条件跳转指令 …………………… 124
4.3.8　中断指令 ………………………… 124
4.3.9　监视定时器指令 ………………… 126
4.3.10　循环指令 ……………………… 127

任务 4.4　台车呼叫控制 …………………… 127
4.4.1　数据比较指令 …………………… 128
4.4.2　I/O 分配 ………………………… 129
4.4.3　硬件接线 ………………………… 129
4.4.4　程序设计 ………………………… 130
4.4.5　运行和调试 ……………………… 130
[知识拓展] 数据区间比较、移位传送、
取反、块传送、多点传送、
求 BCD 码和求 BIN 码指令 …… 131
4.4.6　数据区间比较指令（FNC11）…… 131
4.4.7　移位传送指令（FNC13）……… 131
4.4.8　取反指令（FNC14）…………… 132
4.4.9　块传送指令（FNC15）………… 133
4.4.10　多点传送指令（FNC16）…… 133
4.4.11　求 BCD 码和求 BIN 码指令
（FNC18、FNC19）…………… 134

[自测题] …………………………………… 135
[思考与习题] ……………………………… 136

项目 5　模拟量模块和 PLC 通信应用 …… 138
任务 5.1　电热水炉温度控制 …………… 138
5.1.1　数据通信方式 …………………… 139
5.1.2　通信扩展板 ……………………… 141
5.1.3　模拟量模块 ……………………… 142
5.1.4　模拟量输入模块 ………………… 142
5.1.5　特殊功能模块的读/写指令 …… 144
5.1.6　I/O 分配和接线 ………………… 145
5.1.7　程序设计 ………………………… 145
5.1.8　运行和调试 ……………………… 146
[知识拓展] 模拟量输出模块 FX_{2N}-2DA …… 146

任务 5.2　电动机变频调速控制 ………… 147
5.2.1　RS-485 串行通信 ……………… 148
5.2.2　变频器的操作 …………………… 151
5.2.3　外部设备应用指令 ……………… 156
5.2.4　I/O 分配 ………………………… 157
5.2.5　硬件接线 ………………………… 157
5.2.6　参数设置 ………………………… 158
5.2.7　程序设计 ………………………… 158
5.2.8　运行和调试 ……………………… 161
[技能拓展] 开关量控制变频器运行
程序设计 ……………………… 161

任务 5.3　三层停车场车位控制 ………… 162
5.3.1　N：N 通信网络的特性 ………… 163
5.3.2　N：N 通信网络的安装和连接 … 164
5.3.3　N：N 通信网络的组建 ………… 164
5.3.4　七段数码管相关指令 …………… 167
5.3.5　PLC 型号的选择 ………………… 169
5.3.6　I/O 分配 ………………………… 169
5.3.7　硬件接线 ………………………… 169
5.3.8　链接软元件分配 ………………… 171
5.3.9　程序设计 ………………………… 171
5.3.10　运行和调试 …………………… 176

[自测题] …………………………………… 177
[思考与习题] ……………………………… 178

项目 6　PLC 控制系统的工程应用 ……… 180
任务 6.1　用触摸屏对电动机正反转
控制 …………………………………… 180

6.1.1 触摸屏概述……………………180	6.3.8 供料单元的控制及实施………213
6.1.2 GS2107-WTBD 的功能及基本	6.3.9 冲压加工单元的控制及实施…216
工作模式……………………181	6.3.10 装配单元的控制及实施………217
6.1.3 GT Designer3 软件的使用……181	6.3.11 分拣单元的控制及实施………222
6.1.4 I/O 分配及硬件接线……………190	6.3.12 输送单元的控制及实施………227
6.1.5 程序设计…………………………190	6.3.13 系统全线运行控制及实施……233
6.1.6 画面设计…………………………191	任务 6.4 机器视觉对位平台控制——
6.1.7 运行和调试………………………195	工业相机和 PLC 联动………243
任务 6.2 用步进电动机对剪切机	6.4.1 机器视觉………………………243
控制…………………………195	6.4.2 欧姆龙视觉系统………………244
6.2.1 步进控制系统……………………196	6.4.3 产品控制要求…………………246
6.2.2 脉冲输出指令……………………199	6.4.4 PLC 与机器视觉系统的硬件接线
6.2.3 I/O 分配并确定 PLC 型号………199	和 I/O 分配………………………246
6.2.4 步进电动机的选择………………199	6.4.5 视觉系统软件设置……………247
6.2.5 系统连接…………………………200	6.4.6 PLC 程序编制…………………255
6.2.6 程序设计…………………………200	6.4.7 调试运行………………………255
6.2.7 运行和调试………………………200	[自测题]……………………………………256
任务 6.3 自动化生产线控制……………201	[思考与习题]………………………………257
6.3.1 自动化生产线教学实训台简介…202	**附录**………………………………………259
6.3.2 供料单元的组成及功能…………206	附录 A FX$_{3U}$ PLC 常用特殊辅助
6.3.3 冲压加工单元的组成及功能……207	继电器与特殊数据寄存器
6.3.4 装配单元的组成及功能…………208	功能表…………………………259
6.3.5 分拣单元的组成及功能…………209	附录 B FX 系列 PLC 功能指令表……260
6.3.6 输送单元的组成及功能…………210	**参考文献**………………………………268
6.3.7 位置控制指令……………………210	

项目 1　PLC 认知

任务 1.1　三相电动机直接起停电气控制

能力目标：
- 能根据控制要求正确选用常用低压电器。
- 能独立分析电气原理图，培养电气识图能力。
- 具有一定的用电安全和规则意识。

知识目标：
- 电气控制系统常用低压电器的结构、用途、文字和图形符号。
- 继电接触电气控制的硬件连接及控制方式。

[任务导入]

一台三相异步电动机手动控制电路如图 1-1 所示。其工作过程是，当合上刀开关 QS 时，电动机通电起动运行；刀开关 QS 断开时，电动机断电停止。此电路虽简单，但刀开关不适合带负载操作，否则很容易烧坏。所以在电动机正常起动和停止时不适宜手动操作。在传统电气控制电路中，该怎样采用电气元器件来实现电动机直接起停的电气控制呢？

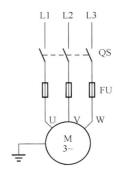

图 1-1　三相异步电动机手动控制电路

[基础知识]

工作在交流电压≤1200V、直流电压≤1500V 的电器称为低压电器，其用途是对供电及用电系统进行开关、控制、保护和调节。

根据控制对象的不同，低压电器分为配电电器和控制电器两大类。前者主要用于低压配电系统和动力回路，常用的有刀开关、组合开关、熔断器、自动开关等；后者主要用于电力传输系统和电气自动控制系统中，常用的有主令电器（含按钮开关、行程开关、万能转换开关、凸轮控制器、主令控制器等）、接触器、继电器、启动器、控制器、电阻器、变阻器、电磁铁等。

1.1.1　低压开关类电器

常用的低压开关类电器包括刀开关、组合开关和自动开关三类，下面分别对其结构、原理等进行介绍。

1. 刀开关

常用的刀开关主要有胶盖闸刀开关和铁壳开关。

（1）胶盖闸刀开关

胶盖闸刀开关又称为开启式负荷开关，广泛用作照明电路和小容量（≤5.5kW）动力电路不频繁起动的控制开关，其外形及结构如图 1-2 所示。

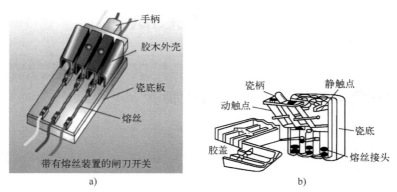

图 1-2　胶盖闸刀开关的外形及结构
a) 外形　b) 结构

刀开关的图形和文字符号如图 1-3 所示。

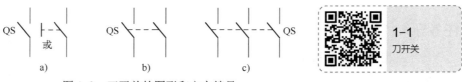

图 1-3　刀开关的图形和文字符号
a) 单极　b) 双极　c) 三极

胶盖闸刀开关具有结构简单、价格低廉，安装、使用、维修方便的优点。选用时，主要根据电源种类、电压等级、所需极数、断流容量等进行选择。控制电动机时，其额定电流要大于电动机额定电流的 3 倍。

（2）铁壳开关

铁壳开关又称封闭式负荷开关，用于不频繁地接通和分断负荷电路，也可以用于 15kW 以下电动机不频繁起动的控制开关，其内部结构如图 1-4 所示。它的铸铁壳内装有由刀片和夹座组成的触点系统、熔断器和速断弹簧，接通电流在 30A 以上的还装有灭弧罩。

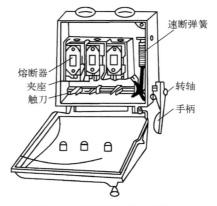

图 1-4　铁壳开关的内部结构

常用的铁壳开关为 HH 系列，其型号的含义如图 1-5 所示。

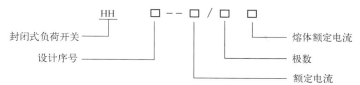

图 1-5 HH 系列铁壳开关型号的含义

铁壳开关具有操作方便、使用安全、通断性能好的优点。选用时，可参照胶盖闸刀开关的选用原则进行。操作时，不得面对它拉闸或合闸，一般用左手掌握手柄。若更换熔丝，必须在分闸后进行。

2．组合开关

组合开关由多节触点组合而成，是一种手动控制电器。它可用作电源引入开关，也可用于 5.5kW 以下电动机的直接起动、停止、反转和调速控制开关，主要用于机床的控制电路中。

组合开关的外形及结构如图 1-6 所示。它的内部有三对静触点，分别用三层绝缘垫板相隔，各自附有连接线路的接线柱。三对动触点（刀片）相互绝缘，与各自的静触点相对应，套在共同的绝缘杆上。绝缘杆的一端装有手柄。转动手柄，即可完成三组触点之间的开合或切换。开关内装有速断弹簧，以提高触点的分断速度。组合开关的图形和文字符号如图 1-7 所示。

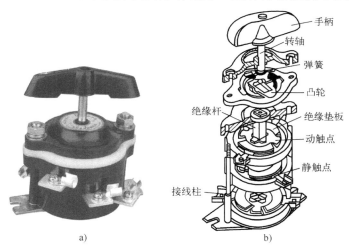

图 1-6 组合开关的外形及结构
a) 外形图　b) 结构图

图 1-7 组合开关的图形和文字符号
a) 单极　b) 三极

常用的组合开关为 HZ 系列，其型号的含义如图 1-8 所示。

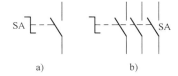

图 1-8 HZ 系列组合开关型号的含义

组合开关具有体积小、寿命长、结构简单、操作方便、灭弧性能较好等优点。选用时，应根据电源开关的种类、电压等级、所需触点的数量及电动机的容量进行。

3．自动开关

自动开关又称为自动空气开关或自动空气断路器。在低压电路中，自动开关用于分断和接通电路，控制电动机的运行和停止。它具有过载保护、短路保护和失电压保护等功能，能自动切断故障电路，保护用电设备的安全。

（1）结构和工作原理

自动开关主要由触点、灭弧装置、操作机构、保护装置（各种脱扣器）等部分组成，其外形和工作原理图如图 1-9 所示。

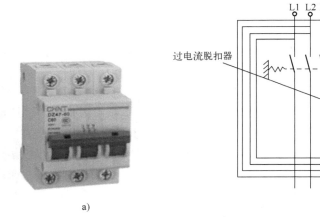

图 1-9　自动开关的外形和工作原理
a) 外形　b) 工作原理图

开关主触点依靠操作机构合闸或电动合闸。主触点闭合后，自由脱扣机构将主触点锁在合闸位置上。过电流脱扣器的线圈和热脱扣器的热元件与主电路串联，欠电压脱扣器的线圈与电源并联。当电路发生短路或严重过载时，过电流脱扣器的衔铁吸合，使自由脱扣机构动作，主触点断开主电路。当电路过载时，热脱扣器的热元件发热，使双金属片弯曲变形，顶住自由脱扣器的滑杆，也使自由脱扣机构动作。当电路欠电压时，欠电压脱扣器的衔铁释放，也使自由脱扣机构动作。分励脱扣器用于远距离分断电路。常用的自动开关按结构的不同分类，可分为装置式和万能式两种。

（2）装置式自动开关

装置式自动开关又称塑壳式自动开关，通过用模压绝缘材料制成的封闭型外壳，将所有构件组装在一起，用于电动机及照明系统的控制、供电线路的保护等，其主要型号有 DZ5、DZ10、DZ15、DZ20 等系列。

（3）万能式自动开关

万能式自动开关又称框架式自动开关，由具有绝缘衬垫的框架结构底座将所有的构件组装在一起，用于配电网络的保护，其主要型号有 DW10、DW15 两个系列。

自动开关型号的含义如图 1-10 所示，其图形和文字符号如图 1-11 所示。

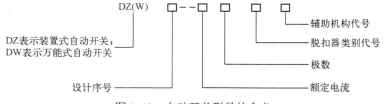

图 1-10　自动开关型号的含义

图 1-11　自动开关的图形和文字符号

1.1.2　熔断器

熔断器是低压电路和电动机控制电路中最常用的短路保护电器。使用时,将熔断器串联连接在被保护电路中,当电路短路时,电流很大,熔体急剧升温,立即熔断,切断电路。熔断器一般由熔体座和熔体等部分组成。常用的低压熔断器有瓷插式、螺旋式、无填料封闭管式、填料封闭管式、快速式等,如 RC1、RL1、RT0 系列。螺旋式熔断器的外形及内部结构图如图 1-12 所示。

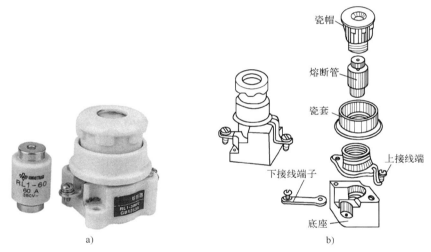

图 1-12　螺旋式熔断器的外形及内部结构图
a) 外形　b) 内部结构图

熔断器型号的含义如图 1-13 所示。熔断器的图形和文字符号如图 1-14 所示。

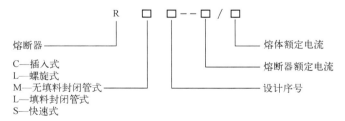

图 1-13　熔断器型号的含义

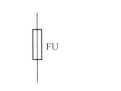

图 1-14　熔断器的图形和文字符号

1.1.3 按钮开关

按钮开关是一种用来接通或分断小电流电路的手动控制电器。在控制电路中，通过它发出"指令"，控制接触器和继电器等电器，再由它们去控制主电路的通断。按钮开关的外形和结构如图1-15所示，主要由按钮帽、复位弹簧、常开触点、常闭触点、接线柱、外壳等组成。它的图形和文字符号如图1-16所示。

图 1-15 按钮开关的外形和结构
a) 外形图 b) 结构图

1-5 按钮开关

图 1-16 按钮开关的图形和文字符号
a) 起动按钮 b) 停止按钮 c) 复合按钮

按钮开关型号的含义如图1-17所示。

图 1-17 按钮开关型号的含义

其中，不同结构形式的按钮，分别用不同的字母来表示。例如，A—按钮式；K—开启式；S—防水式；H—保护式；F—防腐式；J—紧急式；X—旋钮式；Y—钥匙式；D—带指示灯式；DJ—紧急式带指示灯。

选用按钮时，应根据使用场合、被控电路所需触点的数目及按钮的颜色等综合考虑。使用前，应检查按钮动作是否自如，弹性是否正常，触点接触是否良好、可靠。由于按钮触点之间距离较小，所以应注意保持触点及导电部分的清洁，防止触点间短路或漏电。

1.1.4 交流接触器

接触器是通过电磁机构动作、频繁地接通和分断主电路的远距离操纵电器。按其主触点通过电流种类的不同，分为交流接触器和直流接触器。接触器由于其控制容量大且具有低电压保护功能，在工厂电气设备中应用非常广泛。

1. 外形及结构

交流接触器主要由电磁系统、触点系统、灭弧装置等部分组成，其外形及内部结构图如

图 1-18 所示。

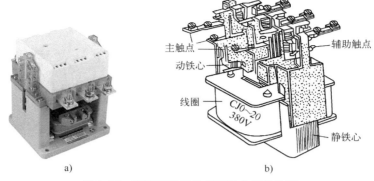

图 1-18 交流接触器的外形及内部结构图
a) 外形 b) 内部结构图

(1) 电磁系统

交流接触器的电磁系统由线圈、静铁心和动铁心（衔铁）等组成，其作用是操纵触点的闭合与分断。

交流接触器的铁心一般用硅钢片叠压而成，以减少交变磁场在铁心中产生的涡流及磁滞损耗，避免铁心过热。为了减少接触器吸合时产生的振动和噪声，一般在铁心上装有一个短路铜环（又称减振环），如图 1-19 所示。

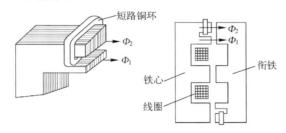

图 1-19 交流接触器的短路铜环

当线圈中通有交流电时，在铁心上产生的是交变磁通，它对衔铁的吸力按正弦规律变化。当磁通经过零值时，铁心对衔铁的吸力也为零，衔铁在弹簧的作用下有释放的趋势，不能被紧紧吸住，会产生振动，并发出噪声。同时，这种振动容易使衔铁与铁心磨损，造成触点接触不良。安装短路铜环后，相当于变压器的一个二次绕组，当电磁线圈通入交流电时，线圈电流 I_1 产生磁通 Φ_1，短路铜环中产生感应电流 I_2，形成磁通 Φ_2。由于 I_1 与 I_2 的相位不同，所以 Φ_1 与 Φ_2 的相位也不同，即 Φ_1 与 Φ_2 不同时为零。这样，在磁通 Φ_1 为零时，Φ_2 不为零，而产生吸力，使衔铁始终被铁心吸牢，振动和噪声显著减小。

(2) 触点系统

接触器的触点按功能不同，分为主触点和辅助触点两类。主触点用于接通和分断电流较大的主电路，体积较大，一般由三对常开触点组成；辅助触点用于接通和分断小电流的控制电路，体积较小，有常开和常闭两种。如 CJ0-10 系列交流接触器有三对常开主触点、两对常开辅助触点和两对常闭辅助触点。

接触器的触点分为桥式触点和指形触点，其形状如图 1-20 所示。桥式触点又分为点接触的桥式触点和面接触的桥式触点两种。在图 1-20a 为两个点接触的桥式触点，适用于电流不大且压力小的场合，如辅助触点；图1-20b为两个面接触的桥式触点，适用于大电流的控制，如主触点。图1-20c为线接触指形触点，其接触区域为一条直线，在触点闭合时产生滚动接触，适用于动作频繁、电流大的场合，如作为主触点使用。

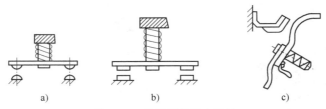

图1-20　接触器的触点结构

a) 点接触的桥式触点　b) 面接触的桥式触点　c) 线接触指形触点

为使触点接触更紧密，减小接触电阻，消除开始接触时产生的有害振动，桥式触点或指形触点都安装有压力弹簧，随着触点的闭合，触点间的压力会加大。

（3）灭弧装置

交流接触器在分断大电流或高电压电路时，其动、静触点间的气体在强电场作用下放电，形成电弧。电弧会发光、发热、灼伤触点，并使电路切断时间延长，容易引发事故。因此，必须采取措施，使电弧迅速熄灭。常用的灭弧方式有以下几种。

① 电动力灭弧：利用触点分断时本身回路磁场的电动力将电弧拉长，使电弧热量在拉长的过程中散发、冷却而迅速熄灭，其原理如图1-21所示。

② 双断口灭弧：这种方法是将整个电弧分成两段，同时利用触点分断时回路磁场产生的电动力，使电弧迅速熄灭。双断口灭弧适用于桥式触点，其原理如图1-22所示。

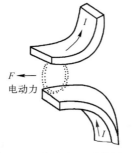　　　　　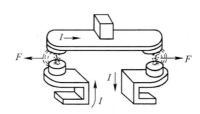

图1-21　电动力灭弧的原理　　　　图1-22　双断口灭弧的原理

③ 纵缝灭弧：采用一个纵缝灭弧装置来完成灭弧任务。灭弧罩内有一条纵缝，下宽上窄。下宽，便于放置触点；上窄，有利于电弧压缩，并与灭弧室壁有很好的接触。当触点分断时，电弧被外界磁场或电动力横吹进入缝内，其热量传递给壁室而迅速被冷却熄灭。

④ 栅片灭弧：栅片灭弧装置的结构及原理如图1-23所示，其主要由灭弧栅和灭弧罩组成。灭弧栅用镀铜的薄铁片制成，各栅片之间相互绝缘；灭弧罩用陶土或石棉水泥制成。当触点分断电路时，在动触点与静触点间产生电弧，电弧产生电场。由于薄铁片的磁阻比空气小得多，因此，电弧上部的磁通容易通过灭弧栅形成闭合回路，使电弧上部的磁通稀疏，下部的磁通很密。这种上稀下密的磁场分布对电弧产生向上运动的力，将电弧拉长到灭弧栅片中。栅片将电弧分割成若干短弧，一方面，使栅片间的电弧电压低于燃弧电压；另一方面，栅片将电弧的热量散发，使电弧迅速熄灭。

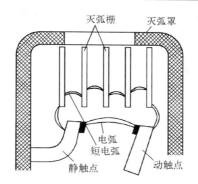

图 1-23　栅片灭弧装置的结构及原理

（4）其他部件

除上述三个主要部分，交流接触器还包括反作用弹簧、复位弹簧、缓冲弹簧、触点压力弹簧、传动机构、接线柱、外壳等部件。

2．工作原理

当电磁线圈接通电源时，线圈电流产生磁场，使静铁心产生足以克服弹簧反作用的吸力，将动铁心向下吸合，使常开主触点和常开辅助触点闭合，常闭辅助触点断开。主触点将主电路接通，辅助触点则接通或分断与之相连的控制电路。

当电磁线圈断电时，静铁心吸力消失，动铁心在反力弹簧的作用下复位，各触点也随之复位，有关的主电路和控制电路被分断。

3．接触器的图形和文字符号

接触器的图形和文字符号如图 1-24 所示。

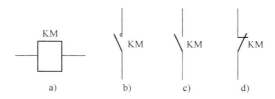

图 1-24　接触器的图形和文字符号

a) 线圈　b) 主触点　c) 常开辅助触点　d) 常闭辅助触点

4．主要的技术数据

常用的交流接触器有 CJ0、CJ10、CJ12、CJ20 等系列产品，其型号的含义如图 1-25 所示。

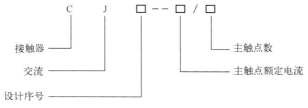

图 1-25　交流接触器型号的含义

除了国产交流接触器，还包括西门子公司的 3TB 系列等国外产品。这些产品结构紧凑、外形尺寸小、安装方便、寿命长、技术经济指标优越，符合国际电工委员会（IEC）标准要求。

1.1.5 热继电器

继电器是根据电流、时间、电压、温度和速度等信号的变化,来接通和断开小电流电路和电器的控制元件。常用的继电器有热继电器、过电流继电器、欠电压继电器、时间继电器、速度继电器、中间继电器等。

热继电器的用途是对电动机和其他用电设备进行过载保护。常用的热继电器有 JR0、JR1、JR2、JR16 等系列,其型号的含义如图 1-26 所示。

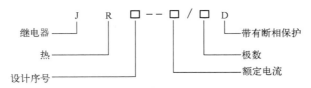

图 1-26 热继电器型号的含义

1. 外形及结构

热继电器的外形及结构如图 1-27 所示,它由热元件、常闭触点、动作机构、复位按钮等部分组成。

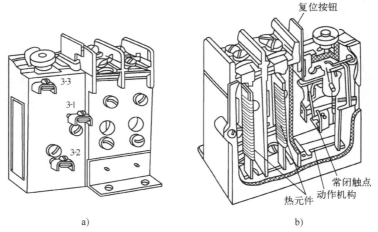

图 1-27 热继电器的外形及结构
a) 外形 b) 结构

热元件由双金属片及绕在双金属片外面的电阻丝组成,双金属片由两种热膨胀系数不同的金属片复合而成。

使用时,将电阻丝直接串联在异步电动机的电路上,如图 1-28 中的 4 所示。热元件有两相结构和三相结构两种。

热继电器的触点有两对,由一个动触点 12′、一个常开触点 14 和一个常闭触点 13 组成。在图 1-27 中,3-1 为动触点 12′ 的接线柱,3-3 为常开触点 14 的接线柱,3-2 为常闭触点 13 的接线柱。

动作机构由导板 6、补偿双金属片 7、推杆 10、拉杆 12 和弹簧 15 等组成。

复位按钮 16 是热继电器动作后进行手动复位的按钮。

整定电流装置由旋转按钮 18 和偏心轮 17 组成,通过它们来调节整定电流(热继电器长期不动作的最大电流)的大小。在整定电流调节旋钮上,刻有整定电流的标尺,旋动调节旋钮,使整定电流值等于电动机额定电流即可。

2. 工作原理

电动机过载时，过载电流通过图 1-28 中串联在定子电路的电阻丝 4，使之发热过量，双金属片 5 受热膨胀，因膨胀系数不同，膨胀系数较大的左边一片的下端向右弯曲；通过导板 6 推动补偿双金属片 7，使推杆 10 绕轴转动，带动拉杆 12，使它绕转轴 19 转动，将常闭触点 13 断开。常闭触点 13 通常串联在接触器的线圈电路中，当它断开时，接触器的线圈断电，主触点释放，使电动机脱离电源，得到保护。

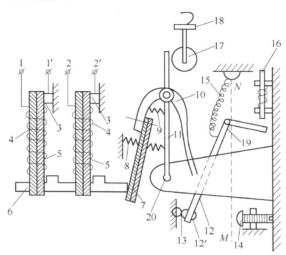

图 1-28 热继电器的工作原理

1、1′、2、2′—接入电动机电路的端子　3—双金属片的固定点　4—电阻丝　5—双金属片　6—导板
7—补偿双金属片　8—拉簧　9—压簧　10—推杆　11—连杆　12—拉杆　12′—动触点　13—常闭触点
14—常开触点　15—弹簧　16—复位按钮　17—偏心轮　18—旋转按钮　19—转轴　20—连轴

1.1.6　电气原理图

电气原理图采用国家标准的电气符号绘制，表示电路的工作原理、各种电气元器件的作用和相互关系，而不考虑电路元器件的实际安装位置和实际连接情况。

绘制电气原理图时，一般应遵循以下原则。

（1）电气控制线路分为主电路和辅助电路

主电路是指从电源到电动机的有较大电流通过的电路。辅助电路包括控制电路、照明电路、信号电路及保护电路等，由继电器和接触器的线圈、继电器触点、接触器辅助触点、按钮、照明灯、控制变压器等电气元器件组成。一般主电路画在左侧，辅助电路画在右侧。

（2）采用电气元器件展开图的画法

同一电气元器件的各导电部件（如线圈和触点）常常不画在一起，但需要用同一文字符号表明。多个同一种类的电气元器件，可在文字符号后面加上数字序号，如 SB1、SB2 等。

（3）所有电气元器件的触点均按"平常"状态绘出

所谓"平常"状态，对按钮、行程开关类电器是指没有受到外力作用时的触点状态；对继电器、接触器等是指线圈没有通电时的触点状态。

(4) 各电气元器件按动作顺序排列

电路中各电气元器件一般按动作顺序从上到下、从左到右依次排列。

(5) 主电路标号由文字符号和数字组成

文字符号用来标明主电路或线路的主要特征,数字用于区别电路的不同线段。三相交流电源引入线采用 L1、L2、L3,电源开关之后的三相主电路分别用 U、V、W。如 U11 表示电动机第一相的第一个接点代号,U21 为第一相的第二个接点代号,以此类推。

(6) 控制电路由三位或三位以下数字组成

交流控制电路的标号一般以主要压降元件(如线圈)作为分界,横排时,左侧用奇数,右侧用偶数;竖排时,上面用奇数,下面用偶数。在直流控制电路中,电源正极按奇数标号,负极按偶数标号。

1.1.7 电气安装接线图

电气安装接线图表示电气元器件在设备中的实际安装位置和实际接线情况。各电气元器件的安装位置是由设备的结构和工作要求决定的,如电动机要与被拖动的机械部件在一起;行程开关应安放在要获取信号的地方;操作元件应放在操作方便的地方;一般电气元器件应放在电器控制柜内。

绘制电器安装接线图应遵循以下原则:

1) 各电气元器件用规定的图形符号绘制,同一电气元器件的各个部位必须画在一起。各电气元器件在图中的位置,应与实际安装位置一致。

2) 不在同一控制柜或配电屏上的电气元器件的连接必须通过端子排进行。各电气元器件的文字符号及端子排的编号应与原理图一致,并按原理图的接线进行连接。

3) 走向相同的相邻导线可以绘成一股线。

4) 绘制连接导线时,应标明导线的规格、型号、根线和穿线管的尺寸。

[任务实施]

1.1.8 电气控制线路的分析

图 1-29 为笼型三相异步电动机直接起动、停止控制线路的电气原理图。其工作原理如下。

起动:合上电源开关 QS→按下 SB2→KM 线圈得电→KM 主触点闭合→电动机 M 接通三相电源,起动运行。

停止:按下 SB1→KM 线圈失电→KM 触点复位→电动机 M 失电,停止运转。

1.1.9 电气控制线路的安装与调试

该控制线路安装与调试的具体步骤如下:

1) 按图 1-29 选取相关电气元器件。各元器件技术指标应符合规定要求,且外观完好无损。

2) 按照电气元器件位置图安装各电气元器件。笼型三相异步电动机起动、停止控制线路的电气元器件位置图如图 1-30 所示。

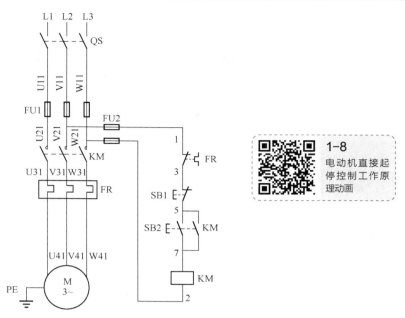

图 1-29 笼型三相异步电动机直接起动、停止控制线路的电气原理图

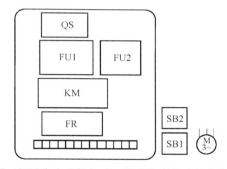

图 1-30 笼型三相异步电动机起动、停止控制线路的电气元器件位置图

3）按照接线图接线。对照接线图进行板前明线布线和套线号管。布线要求横平竖直、分布均匀、走线整齐合理，套线号管正确；严禁损坏线芯和导线绝缘；接点牢固、不松动、不压导线绝缘层、不反圈、不露线芯过长。图 1-31 为与图 1-29 对应的笼型电动机起动、停止控制线路的安装接线图。

4）连接电源、电动机等控制板外部的导线。注意三相异步电动机定子绕组是星形联结还是三角形联结。

5）经检查无误并在老师的监护下，通电试车。若遇到异常现象，应立即停车检查故障，直到故障排除。

[知识拓展] 电气制图及电气图形符号国家标准

电气控制线路图是电气工程技术的通用语言。参照国际电工委员会（IEC）颁布的有关文件，我国也制定了电气设备的有关标准，颁布了 GB/T 4728《电气简图用图形符号》、GB/T 6988《电气技术用文件的编制》、GB/T 5465《电气设备用图形符号》、GB/T 20063《简图用图形符号》、GB/T 5094《工业系统、装置与设备及工业产品——结构原则与参照代号》和 GB/T 20939

《技术产品及技术产品文件结构原则字母代码——按项目用途和任务划分的主类和子类》等电气制图及电气图形符号相关国家标准。现行国家标准具体如下。

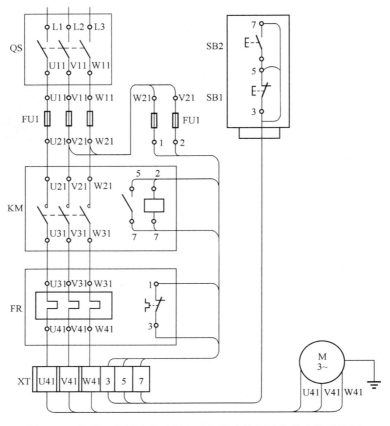

图 1-31　笼型三相异步电动机起动、停止控制线路的安装接线图

1）GB/T 4728《电气简图用图形符号》，共 13 个分标准。

GB/T 4728.1－2018《电气简图用图形符号》第 1 部分　一般要求

GB/T 4728.2－2018《电气简图用图形符号》第 2 部分　符号要素、限定符号和其他常用符号

GB/T 4728.3－2018《电气简图用图形符号》第 3 部分　导体和连接件

GB/T 4728.4－2018《电气简图用图形符号》第 4 部分　基本无源元件

GB/T 4728.5－2018《电气简图用图形符号》第 5 部分　半导体管和电子管

GB/T 4728.6－2008《电气简图用图形符号》第 6 部分　电能的发生与转换

GB/T 4728.7－2008《电气简图用图形符号》第 7 部分　开关、控制与保护器件

GB/T 4728.8－2008《电气简图用图形符号》第 8 部分　测量仪表、灯和信号器件

GB/T 4728.9－2008《电气简图用图形符号》第 9 部分　电信　交换和外围设备

GB/T 4728.10－2008《电气简图用图形符号》第 10 部分　电信　传输

GB/T 4728.11－2008《电气简图用图形符号》第 11 部分　建筑安装平面布置图

GB/T 4728.12－2008《电气简图用图形符号》第 12 部分　二进制逻辑件

GB/T 4728.13—2008《电气简图用图形符号》第 13 部分　模拟件

2）GB/T 6988《电气技术用文件的编制》，共两个分标准。

GB/T 6988.1—2008《电气技术用文件的编制》　第 1 部分　规则

GB/T 6988.5—2006《电气技术用文件的编制》　第 5 部分　索引

3）GB/T 5465《电气设备用图形符号》，共两个分标准。

GB/T 5465.1—2009《电气设备用图形符号》第 1 部分　概述与分类

GB/T 5465.2—2009《电气设备用图形符号》第 2 部分　图形符号

4）GB/T 20063《简图用图形符号》，共 15 个分标准。

GB/T 20063.1—2006《简图用图形符号》第 1 部分　通用信息与索引

GB/T 20063.2—2006《简图用图形符号》第 2 部分　符号的一般应用

GB/T 20063.3—2006《简图用图形符号》第 3 部分　连接件与有关装置

GB/T 20063.4—2006《简图用图形符号》第 4 部分　调节器及其相关设备

GB/T 20063.5—2006《简图用图形符号》第 5 部分　测量与控制装置

GB/T 20063.6—2006《简图用图形符号》第 6 部分　测量与控制功能

GB/T 20063.7—2006《简图用图形符号》第 7 部分　基本机械构件

GB/T 20063.8—2006《简图用图形符号》第 8 部分　阀与阻尼器

GB/T 20063.9—2006《简图用图形符号》第 9 部分　泵、压缩机与鼓风机

GB/T 20063.10—2006《简图用图形符号》第 10 部分　流动功率转换器

GB/T 20063.11—2006《简图用图形符号》第 11 部分　热交换器和热发动机器件

GB/T 20063.12—2006《简图用图形符号》第 12 部分　分离、净化和混合的装置

GB/T 20063.13—2009《简图用图形符号》第 13 部分　材料加工装置

GB/T 20063.14—2009《简图用图形符号》第 14 部分　材料运输和搬运用装置

GB/T 20063.15—2009《简图用图形符号》第 15 部分　安装图和网络图

5）GB/T 5094《工业系统、装置与设备及工业产品——结构原则与参照代号》，共 4 个分标准。

GB/T 5094.1—2018《工业系统、装置与设备及工业产品——结构原则与参照代号》第 1 部分　基本规则

GB/T 5094.2—2018《工业系统、装置与设备及工业产品——结构原则与参照代号》第 2 部分　项目的分类与分类码

GB/T 5094.3—2005《工业系统、装置与设备及工业产品——结构原则与参照代号》第 3 部分　应用指南

GB/T 5094.4—2005《工业系统、装置与设备及工业产品——结构原则与参照代号》第 4 部分　概念的说明

6）GB/T 20939《技术产品及技术产品文件结构原则字母代码——按项目用途和任务划分的主类和子类》。

任务 1.2　PLC 硬件认知

能力目标：

- 能正确识别 PLC 的型号。

- 能大致描述 PLC 的外部特征。
- 能正确连接 PLC 输入和输出电路。

知识目标：
- PLC 定义和应用。
- PLC 的组成、原理、特点。

[任务导入]

在任务 1.1 中，利用接触器和按钮等硬件连接实现了三相电动机直接起停电气控制，但是若要改变对电动机的控制要求，如按下起动按钮 8s 后才起动电动机，这时既需要增加一个时间继电器，又要改变控制电路的接线方式，这使得控制电路的通用性和灵活性比较差，且接线电路比较复杂，易出故障。若采用 PLC 控制，将变得简单、可靠，当控制要求发生改变时，只需要调整软件程序即可满足。PLC 控制电动机直接起停控制硬件接线图和程序如图 1-32 和图 1-33 所示。

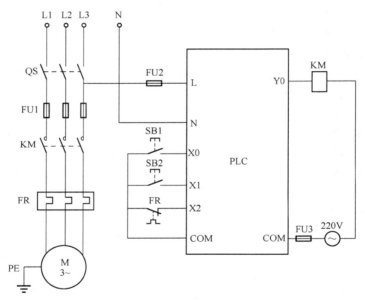

图 1-32 PLC 控制电动机直接起停控制硬件接线图

图 1-33 PLC 控制电动机直接起停控制程序

由图 1-32 可知，采用 PLC 控制，其主电路和继电接触控制电路一样，而控制电路利用程序来代替。PLC 是一个什么样的控制设备？利用它是如何实现对机械设备进行控制的呢？

[基础知识]

1.2.1 PLC 的定义

1. PLC 的由来

可编程控制器是 20 世纪 60 年代发展起来的一种新型工业控制装置。1968 年，美国最大的汽车制造商——通用汽车公司（GM）为了适应生产工艺不断更新的需要，要寻找一种比继电器更可靠、功能更齐全、响应速度更快的新型工业控制器，并从用户角度提出了新一代控制器应具备的十大条件，立即引起了开发热潮。这十大条件的主要内容如下：

1）编程方便，可现场修改程序。
2）维修方便，采用插件式结构。
3）可靠性高于继电器控制装置。
4）体积小于继电器控制装置。
5）数据可直接送入管理计算机。
6）成本可与继电器控制装置竞争。
7）输入可以是交流 115V（即用美国的电网电压）。
8）输出为交流 115V、2A 以上，可直接驱动电磁阀等。
9）在扩展时，原系统只需要做很小的改变。
10）用户存储器容量大于 4KB。

这些条件的提出，实际上是将继电器控制简单易懂、使用方便、价格低的优点，与计算机功能完善、灵活性及通用性好的优点结合起来，将继电接触器控制的硬接线逻辑转变为计算机的软件逻辑编程的设想。1969 年，美国数字设备公司（DEC）研制出了第一台 PLC（PDP-14），在美国通用汽车公司的生产线上试用成功，并取得了满意的效果，PLC 自此诞生。

全世界有上百家 PLC 制造厂商，其中著名的有美国的 A-B（Allen-Bradley）公司、罗克韦尔（Rockwell）公司，德国的西门子（Siemens）公司，法国的施耐德（Schneider）自动化公司，日本的三菱（Mitsubishi）公司和欧姆龙（OMRON）公司等。我国也有不少厂家研制和生产 PLC，如台达、永宏、和利时、易达、德维森、汇川和信捷等。

2. PLC 的定义

国际电工委员会（IEC）在 1987 年 2 月颁布了 PLC 的标准草案（第三稿），草案对 PLC 进行了如下定义：PLC 是一种数字运算操作的电子装置，专为在工业环境下的应用而设计。它采用可编程序的存储器，用来在其内部存储并执行逻辑运算、顺序控制、定时、计数和算术运算等操作的指令，并通过数字式或模拟式的输入和输出，控制各种类型的机械或生产过程。PLC 及其有关的外围设备都应按易于与工业控制系统连成一个整体，易于扩充其功能的原则设计。

早期 PLC 叫作可编程逻辑控制器（Programmable Logic Controller），主要替代传统的继电-接触器控制系统，仅具有逻辑控制、定时、计数等功能。随着微电子技术和大规模集成电路的广泛应用，PLC 的功能日趋完善，性能不断提高。如今，PLC 已发展为集计算机技术、自动控制技术、通信技术、过程控制技术于一身的电子装置。PLC 技术被认为是现代工业自动化的三大支柱（PLC 技术、机器人技术、CAD/CAM 技术）之一。

1.2.2 PLC 的基本组成

PLC 主要由中央处理器（CPU）、存储器、I/O（输入/输出）接口电路、电源和外部设备接口等组成。其硬件结构图如图 1-34 所示。

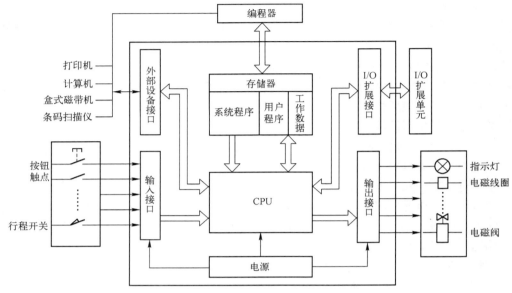

图 1-34　PLC 的硬件结构图

1. 中央处理器（CPU）

CPU 是系统的核心部件，一般由控制器、运算器和寄存器组成，通过数据总线、地址总线和控制总线与存储器、I/O 接口电路相连接。CPU 的主要功能是采集输入信号、执行用户程序、刷新系统的输出。

PLC 常用的 CPU 芯片有：通用微处理器，如 Intel 公司的 8031、8051、8096、80826 等；单片微处理器（单片机），如 Intel 公司的 MCS-51/96 系列单片机；位片式微处理器，如 AMD2900 系列位片式微处理器。其中，小型 PLC 的 CPU 多采用单片机或专用 CPU，大型 PLC 的 CPU 多采用位片式结构。

2. 存储器

存储器主要用来存放程序和数据。PLC 的存储器可以分为系统程序存储器、用户程序存储器及工作数据存储器三种。

系统程序存储器用来存放由 PLC 生产厂家编写的系统程序，并固化在 ROM 内，用户不能直接更改；

用户程序存储器用来存放用户针对具体控制任务，用规定的 PLC 编程语言编写的各种用户程序；

工作数据存储器用来存储工作数据，即用户程序中使用的 ON/OFF 状态、数值数据等。用户程序和工作数据存放在 RAM 存储器中，为保证掉电时不会丢失 RAM 中的信息，一般用锂电池作用备用电源供电。

3. I/O 接口电路

I/O 接口电路（模块）是 PLC 与工业控制现场各类信号连接的部分，用于在 PLC 与被控对象间传递 I/O 信息。通过输入模块可以将来自于被控制对象的信号转换成 CPU 能够接收和处理的标准电平信号。同样，外部执行元件（如电磁阀、接触器、继电器等）所需控制信号的电平也有差别，也必须通过输出模块将 CPU 输出的标准电平信号转换成这些执行元件所能接收的控制信号。为了适应各类 I/O 信号的匹配需要，PLC 的 I/O 接口电路也分为数字量接口电路和模拟量接口电路。

（1）输入接口电路

输入接口电路是 PLC 与外部输入设备（如开关、按钮、传感器等）的连接部件，其作用是将从输入设备来的信号送到 PLC。

数字量输入接口用于连接按钮、开关和传感器等传来的信号。通常分为直流和交流两种类型，输入接口电路包括光电耦合器和 RC 滤波器，用于消除输入触点抖动和外部噪声干扰，如图 1-35 所示。在图 1-35a 中，当输入开关合上时，光电耦合器接通，信号进入内部电路，此输入点对应的位由 0 变为 1，即输入映像寄存器的对应位由 0 变为 1。

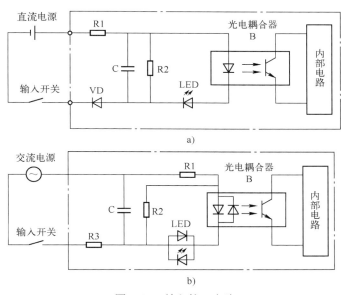

图 1-35 输入接口电路
a) 直流输入单元 b) 交流输入单元

模拟量输入接口电路用于连接传感器等信号，常采用 A/D 转换电路，将模拟量信号转换成数字量信号。

（2）输出接口电路

输出接口电路是 PLC 与控制对象（如接触器线圈、电磁阀线圈、指示灯等）的连接电路，其作用是将输出电平变为控制对象所需的电流、电压信号。由于控制对象不同，数字量输出接口电路的输出方式可分为继电器输出、晶体管输出和晶闸管输出三种，如图 1-36 所示。其中，继电器输出是有触点的输出方式，可用于直流或低频交流负载；晶体管输出和晶闸管输出都是无触点输出方式，晶体管输出适用于高速、小功率直流负载，晶闸管输出适用于高速、大功率交流负载。

模拟量输出接口电路常采用 D/A 转换电路，将数字量转换成模拟量信号。

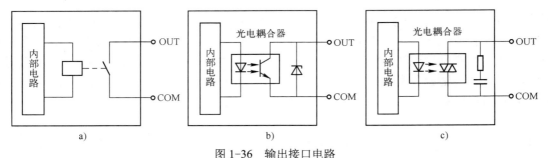

图 1-36 输出接口电路
a) 继电器输出 b) 晶体管输出 c) 晶闸管输出

4．电源

PLC 配有开关式稳压电源模块，该电源模块将交流电源整流、滤波、稳压后变成供 PLC 内部的 CPU、存储器等各模块所需的直流电压，使 PLC 正常工作。有的 PLC 还向外部提供 24V 直流电源。

5．外部设备接口

外设设备接口是在主机外壳上与外部设备配接的插座，通过电缆线可配接编程器、计算机、EPROM 写入器、打印机和触摸屏等。

1.2.3 PLC 的工作原理

1．PLC 的工作方式

PLC 是以执行一种分时操作、循环扫描的工作方式工作的。每一个扫描工作过程分为输入采样、程序执行、输出刷新三个阶段，如图 1-37 所示。

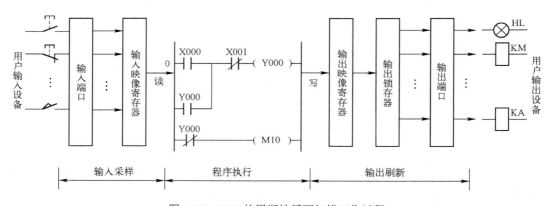

图 1-37 PLC 的周期性循环扫描工作过程

（1）输入采样

在输入采样阶段，PLC 接通电源后，首先进行自检，其次访问输入接口电路，将从输入端子来的 ON/OFF 信号读入输入映像寄存器中。这个工作周期称为输入信号采样处理阶段。在该工作周期内，采样的结果不会改变，且这个采样结果将在 PLC 执行程序时被使用。

（2）程序执行

PLC 接到执行程序命令后，从输入映像寄存器和其他软件数据存储器中读出各元件的数值状态，按程序顺序，从左到右、从上到下逐条扫描每条指令，进行逻辑运算处理，并将程序执行的结果写入输出映像寄存器中。

(3) 输出刷新

在输出刷新阶段，PLC 接到结束命令时，CPU 从输出映像寄存器中读取继电器的状态，并将其送到输出接口电路，经输出端子驱动外部负载动作，然后又返回访问输入接口电路，刷新输入映像寄存器的存储内容，再执行程序、再输出、再刷新。

PLC 就是以这种周期循环扫描、集中采样、集中输出的方式工作的。扫描一周所需的时间称为一个扫描周期。扫描周期的长短由执行指令所需的时间以及用户程序所含指令步数的多少决定。

2．PLC 对输入/输出的处理

1）输入映像寄存器的数据，取决于输入端子及各端子在上一个刷新期间的接通/断开状态。

2）程序如何执行，取决于用户所编的程序和输入/输出映像寄存器的内容及其他各元件映像寄存器的内容。

1-9
PLC 的周期性循环扫描工作过程

3）输出映像寄存器的数据，取决于输出指令执行的结果。

4）输出锁存器中的数据，由上一次输出刷新期间输出映像寄存器中的数据决定。

5）输出端子的接通/断开状态，由输出锁存器决定。

1.2.4　PLC 的编程语言

PLC 功能的实现不仅依靠硬件，还要靠软件的支持。PLC 的软件包含系统软件和应用软件。

系统软件包含系统的管理程序、用户指令的解释程序以及一些供系统调用的专用标准程序块等。系统软件在用户使用 PLC 之前就已装入计算机内，并永久保存，在各种控制工作中不需要更改。

应用软件又称为用户软件或用户程序，是由用户根据控制要求采用 PLC 专用的程序语言编制的应用程序，以实现所需的控制目的。不同厂家、不同型号的 PLC 的编程语言只能适应自己的产品。目前，PLC 常用的编程语言有梯形图、指令表、结构文本、顺序功能图、功能块图等。

1．梯形图

梯形图是一种图形语言，是从继电器控制电路图演变而来的。它将继电接触电气控制电路图进行了简化，同时增加了许多功能强大、使用灵活的指令，并结合了微型计算机的特点，使编程更加容易，实现的功能大大超过传统继电接触控制电路图所实现的功能，是目前最普通的一种 PLC 编程语言。梯形图及符号的画法应遵循一定规则，各厂家的符号和规则虽然不尽相同，但是基本上大同小异。

2．指令表

梯形图编程语言的优点是直观、简便，但要求用带 CRT（阴极射线管）屏幕显示的图形编程器才能输入图形符号。小型的编程器一般无法满足，而是采用经济便携的编程器将程序输入 PLC 中，这种编程方法使用指令语句，类似于微型计算机中的汇编语言。

语句是指令表编程语言的基本单元，每个控制功能由一个或多个语句组成的程序来执行。每条语句是表示 PLC 中 CPU 如何动作的指令，由操作码和操作数组成。

3．结构文本

随着 PLC 的飞速发展，为了增强 PLC 的数学运算、数据处理、图表显示、报表打印等功能，方便用户的使用，许多大中型 PLC 都配备了 Pascal、BASIC、C 等高级编程语言。这种编程方式称为结构文本。与梯形图相比，结构文本有两大优点：一是能实现复杂的数学运算，二是非常简洁和紧凑。用结构文本编制的极其复杂的数学运算程序只占一页纸。结构文本也可以用来编制逻辑运算程序，且非常容易。

PLC 编程语言以 PLC 输入口、输出口、机内元件之间的逻辑及数量关系表达系统的控制要求，并存储在机内的存储器中。

1.2.5 PLC 的特点

随着计算机技术的发展，PLC 的优点也是显而易见的，主要表现在以下三个方面。

1．可靠性高

PLC 是以集成电路为基本单元的电子装置。其内部处理过程不依赖于机械触点，使用寿命长，且其硬件和软件在设计中都采用了一系列的隔离和抗干扰技术。一些公司还把自诊断技术、冗余技术、纠错技术广泛应用于产品设计中，即使在恶劣的环境下，PLC 仍能稳定地工作。

2．功能性强

除操作方便、编程易懂、维修方便、有很强的在线修改能力外，PLC 还能进行开关量控制、模拟量控制。通过定位模块，PLC 还可以进行定位控制、PID（比例微分积分）回路控制，具有很强的数据传输和通信能力。通过适当的适配器和功能扩充板，可以建立 PLC 网络，从而对整个生产线甚至整个工厂进行控制和监视。

3．编程简单，人机界面友好

大多数的 PLC 编程都较简单，编程语言可以是梯形图、指令表和 SFC（顺序功能图）等，而且配有编程软件，该软件可以运行于 DOS 方式和 Windows 方式，可在计算机上进行程序的编制、修改，监视 PLC 的运行、进行故障检查。PLC 可以与人机界面连接，还可以通过设备的测试窗口对 PLC 进行监控或更改控制参数。

1.2.6 PLC 的应用与发展

1．PLC 的应用

随着 PLC 功能的不断完善、性价比的不断提高，PLC 的应用越来越普及，许多工业控制都采用 PLC 网络。目前，PLC 已广泛应用于钢铁、采矿、水泥、石油、化工、电子、机械制造、汽车、船舶、造纸、纺织、环保等行业。PLC 的应用范围通常可分为以下 5 种类型。

（1）开关量逻辑控制

这是 PLC 应用最广泛的领域，它取代了传统的继电器控制，实现了逻辑控制、定时控制及顺序逻辑控制，可应于单机控制、多机群控制、生产自动化流水线控制，如注塑机、印刷机械、订书机械、切纸机械、组合机床、装配生产线、包装生产线、电镀流水线及电梯控制等。

（2）模拟量过程控制

过程控制是指对温度、压力、流量等连续变化的模拟量的闭环控制。PLC 通过模拟量 I/O 模块，实现模拟量和数字量之间的 A/D 转换与 D/A 转换，并对模拟量实行 PID 闭环控制。其 PID 闭环控制功能已经广泛地应用于塑料挤压成形机、加热炉、热处理炉、锅炉等设备。

(3)运动控制

PLC 使用专用的指令或运动控制模块,对直线运动或圆周运动进行控制,可实现单轴、双轴、三轴和多轴位置控制,使运动控制与顺序控制功能有机地结合在一起。PLC 的运动控制功能广泛地用于各种机械,如金属切削机床、装配机械、机器人、电梯等。

(4)数据处理

现代的 PLC 具有数学运算、数据传送、数据转换、排序和查表、位操作等功能,可以完成数据的采集、分析和处理。这些数据可以与储存在存储器中的参考值比较,也可以通过通信功能传送到其他智能装置,或者将它们打印制表。

(5)通信和联网控制

通信和联网是指 PLC 与 PLC 之间、PLC 与计算机或其他智能设备(如变频器、数控装置)之间的通信,利用 PLC 和计算机的 RS-232 或 RS-422 接口、PLC 的专用通信模块,用双绞线、同轴电缆、光缆将它们连接成网络,实现信息交换,构成"集中管理、分散控制"的多级分布式控制系统,建立自动化网络。

2. PLC 的发展趋势

现代 PLC 的发展有两个主要趋势:一是向体积更小、速度更快、功能更强和价格更低的小型化、微型化方向发展。二是向大型网络化、高性能、良好兼容性和多功能方向发展。网络化和提高通信能力是大型 PLC 的一个重要发展趋势。

1.2.7 PLC 岗位需求和职业要求

1. PLC 岗位需求

(1)PLC 技术是智能制造系统的关键技术之一

《中国制造 2025》明确提出,要重点打造智能制造核心信息设备和智能制造控制系统,主要包括"开发支持具有现场总线通信功能的分布式控制系统(DCS)、可编程控制系统(PLC)、工控机系统(PAC),提高智能制造自主安全可控的能力和水平"。PLC 具有强大的程序编制和处理能力,既可以采集和处理云端数据,接收上位机的控制,也可以采样智能传感信号和各种指令,并根据要求驱动负载运动等。

(2)社会迫切需要 PLC 系统技术应用型高端技术技能人才

随着产业转型升级的需要,PLC 产业快速发展,2021 年,我国 PLC 销售额达 143 亿元,年销售 PLC 8100 多万台,迫切需要 PLC 系统技术应用型高端技术技能人才。

2. PLC 技术就业岗位及职业要求

PLC 技术职业岗位(群)主要面向工业自动化、智能制造、工业互联网等相关行业,就业单位是开展智能装备研制、集成、生产应用等相关企事业单位。根据其技术水平要求,可分为初级、中级和高级,具体就业岗位及职业要求见表 1-1。

表 1-1 PLC 技术就业岗位及职业要求

技 术 等 级	主要就业岗位	岗位职业要求
初级	产品维修、系统集成、运行维护、营销服务	主要从事可编程控制器系统的硬件安装、简单程序编制、维修维护以及售前售后技术支持等基础性工作
中级	产品设计、系统集成、运行维护、营销服务	从事可编程控制器系统的控制方案设计、硬件安装、程序编制、运行维护、自动化系统设计与改造以及售前售后技术支持等工作
高级	产品设计、系统集成、运行维护、营销服务	从事可编程控制器系统的控制方案设计、算法优化、程序编制、运行维护、自动化系统设计与改造、智能生产线的运行与调试以及售前售后技术支持等工作

[任务实施]

1.2.8 FX 系列 PLC 的选型

三菱公司于 20 世纪 80 年代推出了 F 系列，20 世纪 90 年代至 2000 年推出了 FX_{1S}、FX_{1N}、FX_{2N} 系列 PLC，2005 年推出了第 3 代小型 FX_{3U} 系列，2008 年又推出了第 3 代小型 FX_{3G} 系列，最新产品是 FX_{5U} 系列。

FX_{3U} 系列 PLC 是三菱公司小型 PLC 的代表产品，其采用基本单元加扩展的整体式结构，最大的 I/O 点数为 348 点。

FX 系列 PLC 型号的含义如下。

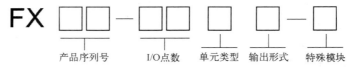

- 产品序列号：如 1N、2N、2NC、3U、3G、5U。
- I/O 点数：如 16、32、48、64、128、256。
- 单元类型：M 为基本单元；E 为输入输出混合扩展单元；EX 为输入扩展模块；EY 为输出扩展模块。
- 输出形式：R 为继电器输出；T 为晶体管输出；S 为晶闸管输出。当输出形式为晶体管输出时，分漏型输出和源型输出两种方式。
- 特殊模块：D 为 DC 24V 电源输入，DC 24V 输出；A1 为 AC 电源；H 为大电流输出扩展模块；V 为立式端子排的扩展模块；C 为接插口输入/输出方式；F 为输入滤波时间常数为 1ms 的扩展模块；L 为 TTL 输入扩展模块；S 为独立端子（无公共端）扩展模块。

例如，型号为 FX_{3U}-64MR 的 PLC，其产品属于 FX_{3U} 系列，是有 64 个输入/输出点数的基本单元，且为继电器输出型。

1.2.9 FX 系列 PLC 的基本构成

FX_{3U} 系列 PLC 是 FX 家族中常用的 PLC 系列，由基本单元、扩展单元、扩展模块及特殊功能单元构成。基本单元的结构如图 1-34 所述。扩展单元可以放置扩展模块，用于增加 PLC 的 I/O 点数。扩展单元和扩展模块无 CPU，必须与基本单元一起使用；扩展单元内部设有电源，扩展模块内部无电源，所用电源由基本单元或扩展单元供给。特殊功能单元是一些专门用途的装置，如模拟量 I/O 单元、高速计数单元、位置控制单元、通信单元等。

FX_{3U} 基本单元有 16、32、48、64、80、128 个 I/O 点数点，每个基本单元都可以通过 I/O 扩展单元扩充为 256 个或 384 个 I/O 点。FX_{3U} 的基本单元见表 1-2。

表 1-2 FX_{3U} 的基本单元

继电器输出	晶体管漏型输出	晶体管源型输出
FX_{3U}-16MR-ES-A	FX_{3U}-16MT-ES-A	FX_{3U}-16MT-ESS
FX_{3U}-32MR-ES-A	FX_{3U}-32MT-ES-A	FX_{3U}-32MT-ESS
FX_{3U}-48MR-ES-A	FX_{3U}-48MT-ES-A	FX_{3U}-48MT-ESS
FX_{3U}-64MR-ES-A	FX_{3U}-64MT-ES-A	FX_{3U}-64MT-ESS

(续)

继电器输出	晶体管漏型输出	晶体管源型输出
FX_{3U}-80MR-ES-A	FX_{3U}-80MT-ES-A	FX_{3U}-80MT-ESS
FX_{3U}-128MR-ES-A	FX_{3U}-128MT-ES-A	FX_{3U}-128MT-ESS
FX_{3U}-16MR-DS	FX_{3U}-16MT-DS	FX_{3U}-16MT-DSS
FX_{3U}-32MR-DS	FX_{3U}-32MT-DS	FX_{3U}-32MT-DSS
FX_{3U}-48MR-DS	FX_{3U}-48MT-DS	FX_{3U}-48MT-DSS
FX_{3U}-64MR-DS	FX_{3U}-64MT-DS	FX_{3U}-64MT-DSS
FX_{3U}-80MR-DS	FX_{3U}-80MT-DS	FX_{3U}-80MT-DSS

1.2.10 FX_{3U} 系列 PLC 的外部结构及其接线

FX_{3U} 系列 PLC 采用连接器输入/输出形式，其性能高、运算速度快、定位控制和通信网络控制功能强、I/O 点数多，其 I/O 点数可扩展到 348 个，完全兼容 FX_{2N} 系列 PLC 的全部功能。

FX_{3U} 的 I/O 连接可以采用漏型和源型两种方式。漏型输入和源型输入是针对直流输入来说的，对 PLC 来说，DC 电流从 PLC 公共端 COM 流入，从输入端 X 流出的，称为漏型输入；DC 电流从 PLC 输入端 X 流入，从公共端 COM 流出的，称为源型输入。晶体管输出型有漏型输出和源型输出两种类型。漏型输出是指负载电流流入输出端子 Y，而从公共端子 COM 流出；源型输出是指负载电流流出输出端子 Y，而从公共端子 COM 流入。FX_{3U} 系列 PLC 的外部特征图如图 1-38 所示。

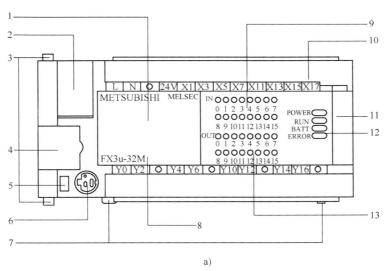

1—上盖板 2—电池盖板 3—连接特殊适配器用的卡扣 4—功能扩展板部分的空盖板 5—RUN/STOP 开关 6—连接外围设备用的连接口 7—安装 DIN 导轨用的卡扣 8—型号显示 9—显示输入用的 LED 10—端子排盖板 11—连接扩展设备用的连接器盖板 12—显示运行状态的 LED 13—显示输出用的 LED

图 1-38 FX_{3U} 系列 PLC 的外部特征图
a) 出厂时（标准）

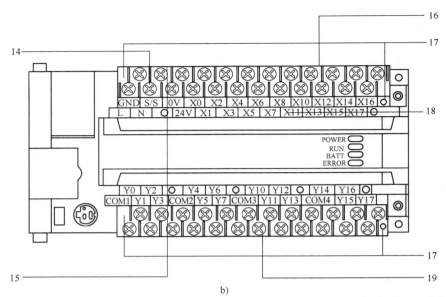

14—电源端子 15—保护用端子盖板 16—输入(X)端子 17—拆装端子排用的螺钉 18—端子名称 19—输出(Y)端子

图1-38 FX₃ᵤ系列PLC的外部特征图（续）
b) 端子盖板打开后的状态

（1）输入电路的连接

FX₃ᵤ PLC 输入端子既可以接收触点开关元件的输入信号，还可以接收漏型输入（连接NPN传感器）和源型输入（连接PNP传感器）信号。标准配置S/S端子，可根据用户的使用习惯和输入传感器的种类，选择输入连接方式。

1）漏型输入：将S/S端子与24V端子相连接，电流从PLC的输入端X流出。输入元件可以接NPN型晶体管传感器或其他触点开关元件，如图1-39所示。

2）源型输入：将S/S端子与0V端子相连接，电流从PLC的输入端X流入。输入元件可以接PNP型晶体管传感器或其他触点开关元件，如图1-40所示。

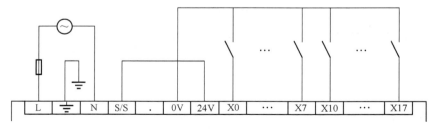

图1-39 FX₃ᵤ PLC 输入电路的漏型连接图

（2）输出电路的连接

输出电路就是PLC的负载驱动回路，其连接如图1-41所示。PLC仅提供输出点，通过输出点，将负载和负载电源连接成一个回路，这样负载的状态就由PLC的输出点接线控制，输出点动作负载得到驱动。负载必须接上电源，可以是直流电源，也可是交流电源，电源规格应根据负载的需要和输出点的技术规格进行选择。

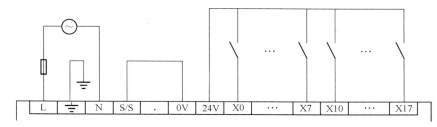

图 1-40 FX$_{3U}$ PLC 输入电路的源型连接图

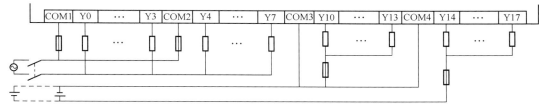

图 1-41 FX$_{3U}$ PLC 输出电路的连接

1.2.11 FX$_{5U}$ 产品简介

三菱最新的小型可编程控制器是 MELSEC iQ-F 系列（也叫 FX$_{5U}$ 系列），以基本性能的提升、与驱动产品的连接、软件环境的改善为亮点。FX$_{5U}$ 系列小而精，与 FX$_{3U}$ 产品相比，系统总线速度提升了 150 倍，最大可扩展 16 块智能扩展模块，内置 2 路输入 1 路输出模拟量功能，内置以太网接口、具有 4 轴 200kHz 高速定位功能。其 GX Works2 编程软件具有直观的图形化操作界面，可通过 FB 模块，消减开发工时。运用简易运动控制定位模块通过 SSCNET III/N 进行定位控制，实现丰富的运动控制。FX$_{5U}$ 系列产品的运用将会进一步提升伺服控制、变频器控制、人机界面的应用能力。

FX$_{5U}$ 的主要特点如下。
- 控制规模：32～256 点（CPU 单元：32/64/80 点，CC-Link，AnyWireASLINK 和 Bitty，包括远程 I/O 最大 512 点）。
- 程序存储器：64KB。
- 模拟量输入/输出：A/D，2 通道，12 位；D/A，1 通道，12 位。
- SD 卡插槽：最大 4GB（SD/ SDHC 存储卡）。
- 以太网端口：10BASE-T/100BASE-TX。
- RS-485 端口：RS-422/RS-485 标准。
- 定位：独立的 4 轴 200kHz 的脉冲输出。
- 高速计数器：最大 8 通道 200kHz 高速脉冲输入（FX$_{5U}$-32M 为 6 通道 200kHz+2 通道 10kHz 高速脉冲输入）。
- 编程软件：使用的 GX Works3 编程软件，增设了自锁继电器、链锁继电器、特殊继电器和特殊寄存器等软元件。专用指令由 FX$_{3U}$ 的 510 种增加到 FX$_{5U}$ 的 1014 种。

1.2.12 PLC 的安装

PLC 应安装在环境温度 0～55℃，相对湿度大于 35%而小于 89%、无粉尘和油烟、无腐蚀性及可燃性气体的场合。PLC 有两种安装方式：一是直接利用机箱上的安装孔，用螺丝钉将机箱固定在控制柜的背板或面板上；另一种是利用 DIN 导轨安装。先将 DIN 导轨固定好，再将 PLC 的基本单元、扩展单元、特殊模块等安装在 DIN 导轨上。安装时还要注意在 PLC 周围留足散热及接线的空间。

[知识拓展] FX_{3U} 和 FX_{2N} 的差异

FX_{3U} PLC 是基于市场对产品小型化、大容量存储、高性价比的需求而开发的第三代微型可编程序控制器，和 FX_{2N} PLC 相比，它在基本功能等方面得到了增强。

1. 基本功能得到了大幅提升

1）CPU 对每条指令的处理速度达到了 0.065μs。
2）内置了高达 64KB 的大容量 RAM 存储器。
3）大幅度增加了内部软元件的数量。

2. 集成了业界最高水平的多种功能

1）增加了高性能的显示模块。可以显示英、日、汉字和数字，最多能显示 4 行 16 个字符（半角）。该模块还可以进行软元件的监控、测试，时钟的设定，存储器与内置 RAM 间程序的传送、比较等多项操作。
2）增加了 3 轴独立、最高 100kHz 的定位功能；增加了带 DOG 搜索的原点回归（DSZR）和中断定位（DVIT）指令，使定位控制功能更强大。
3）增加了 6 点可同时进行 100kHz 的高速计数功能。
4）增加了 CC-Link/LT 主站功能。

3. 强化了通信功能

内置的编程口可以达到 115.2kbit/s 的高速通信，而且最多可以同时使用 3 个通信口（含编程口）；新增了模拟量适配器，包括模拟量输入适配器、模拟量输出适配器和温度输入适配器，这些适配器不占用系统点数，使用方便。FX_{2N} 和 FX_{3U} 基本性能对照见表 1-3。

表 1-3 FX_{2N} 和 FX_{3U} 基本性能对照表

项 目		FX_{2N}	FX_{3U}
最大 I/O 点数		256	348
机型		20 种	15 种
指令条数	基本指令	27 条	
	步进指令	2 条	
	功能指令	132 条	209 条
运算处理速度	基本指令	0.08μs/指令	0.065μs/指令
	应用指令	(1.52μs～数百微秒)/指令	(0.642μs～数百微秒)/指令
程序语言		梯形图、指令表，还可以用步进梯形图指令生成顺序控制指令	
程序容量存储器形式		内置 8000B 的 E^2PROM	内置 64KB E^2PROM
辅助继电器	通常用	M000～M499，500 点	
	锁存用	M500～M3071，共 2572 点	M500～M7679，共 7180 点
	特殊用	M8000～M8255，256 点	M8000～M8511，512 点

（续）

项　目			FX$_{2N}$	FX$_{3U}$
状态寄存器	初始化用		S0～S9，10 点	
	通常用		S10～S499，490 点	
	锁存用		S500～S899，400 点	S500～S899，S1000～S4095，3496 点
	报警用		S900～S999，100 点	
定时器	100ms		T0～T199(0.1～3276.7s)，200 点	
	10ms		T200～T245 (0.01～327.67s)，46 点	
	1ms			T256～T512 (0.01～327.67s)，256 点
	1ms（积算型）		T246～T249(0.001～32.767s)，4 点	
	100ms（积算型）		T250～T255(0.1～3 276.7s)，6 点	
计数器	增计数	通常用	C0～C99(0～32 767、16 位)，100 点	
		锁存用	C100～C199(0～32 767)(16 位)，100 点	
	增/减计数用	通常用	C200～C219(32 位) 20 点	
		锁存用	C220～C234(32 位)，15 点	
	高速用		C235～C255 中有：1 相 60kHz，2 点，10kHz，4 点或 2 相 30kHz，1 点，5kHz，1 点	
数据寄存器	通用数据寄存器	通常用	D0～D199(16 位)，200 点	
		锁存用	D200～D511(16 位)，312 点；D512～D7999，(16 位)7488 点	
	特殊用		D8000～D8255(16 位)，256 点	D8000～D8511(16 位)，512 点
	变址用		V0～V7，Z0～Z7(16 位)，16 点	
	文件寄存器		通用寄存器的 D1000 以后在 500 个单位设定文件寄存(MAX7000 点)	
指针	跳转、调用		P0～P127，128 点	P0～P4095，4 096 点
	输入中断、计时中断		I0～I8，9 点	
	计数中断		I010～I060，6 点	
使用 MC 和 MCR 的嵌套层数			N0～N7，8 点	
常数	十进制 K		16 位：-32 768 ～ +32 767；32 位：-2 147 483 648 ～ +2 147 483 647	
	十六进制 H		16 位：0～FFFF(H)；32 位：0～FFFFFFFF(H)	

任务 1.3　PLC 编程软件 GX Works2 的使用

能力目标：
- 能根据要求正确安装软件。
- 能初步操作 GX Works2 编程软件，实现程序的编写、传送和监测等操作，并对 PLC 程序进行调试、运行。
- 具有一定的分析问题和解决问题的能力。

知识目标：
- 软件的基本工具及功能。
- PLC 程序编写、传送、在线运行和模拟监控等方法。

[任务导入]

PLC 应用程序是由用户根据控制要求采用 PLC 专用的程序语言编制的，可以通过编程器或编程软件来编程。GX Works2 是三菱 PLC 编程软件，是专门用于 PLC 设计、调试、维护的编程工具，是 GX Developer 的升级产品。与 GX Developer 软件相比，GX Works2 提高了编程性能。怎样利用编程软件来编写如图 1-42 所示的梯形图程序并调试运行呢？

```
     X000   X001   X002
 0 ───┤├─────┤/├─────┤├─────────────────────────( Y000 )
     Y000
     ─┤├─

 5 ─────────────────────────────────────────────[ END ]
```

图 1-42 梯形图程序

[基础知识]

1.3.1 GX Works2 概述

1. GX Works2 编程环境

按照 Windows 软件安装的一般方法，安装 GX Works2 软件后，选择"开始"→"程序"→MELSOFT→GX Works2，或者在 GX Works2 的安装目录下（安装路径为\MELSOFT\GPPW2）双击 GD2.exe 文件，就可以进入 GX Works2 的编程环境，如图 1-43 所示。

图 1-43 编程环境（建立工程前）

当建立一个工程或双击用户程序的工程文件时，也可以进入 GX Works2 编程环境，如图 1-44 所示。

2. 工具栏

工具栏也称工具条，可以直接单击工具条上的图标，实现快捷的操作。如图 1-45 所示，GX Works2 编程环境中有多种工具栏，将鼠标的光标移动到某图标按钮上，图标按钮的名称会出现在图标按钮的下方，该按钮的名称会出现在状态栏里。单击工具栏中的图标按钮，即可实现相应的操作。

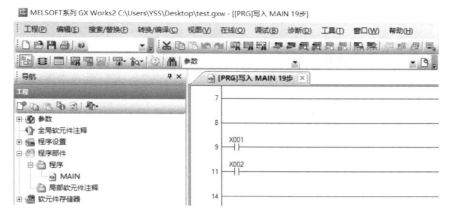

图 1-44 编程环境（建立工程后）

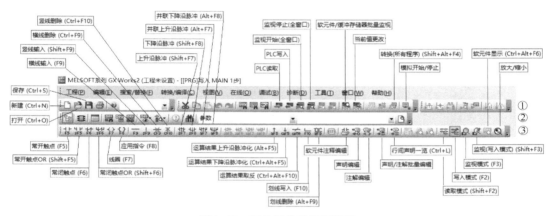

图 1-45 工具栏常见图标说明

①—从左自右依次为标准、程序、功能模块工具栏
②—从左自右依次为切换折叠窗口/工程数据工具栏
③—梯形图工具栏

工具栏的显示与关闭可通过菜单栏中的"视图"→"工具栏"命令进行选择，如图 1-46 所示。

图 1-46 工具栏的显示与关闭

3．程序编辑

（1）文件的操作

PLC 程序文件都与工程文档有关。如新建、打开、关闭、保存、另存 PLC 程序文件，PLC 程序文件的打印，改变 PLC 的类型等都可以通过"工程"菜单中的对应选项来完成。

其他格式的 PLC 程序文件的读取和写入可以通过"工程"菜单→"打开其他格式的数据"→"打开其他格式工程"命令来完成。

将程序从 PLC 传输到计算机（上载或读取），或者从计算机写入 PLC 中（下载或写入）时，可以通过"在线"菜单中的"PLC 读取"命令或者"PLC 写入"命令来完成。

图 1-47 所示为已经打开的"工程"菜单。

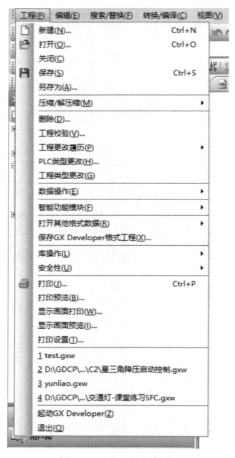

图 1-47 "工程"菜单

（2）梯形图程序编辑

梯形图程序可以使用梯形图工具栏中的图标按钮（如图 1-45 所示）进行输入，或通过"编辑"菜单→"梯形图标记"子菜单来输入。梯形图程序编辑可以使用主菜单上的"搜索/替换"和"编辑"菜单，或在梯形图写入状态下用鼠标右键菜单来完成。

（3）转换

在梯形图写入模式下，输入 PLC 程序后，需要通过"转换/编译"菜单→"转换"命令（快捷键〈F4〉）将梯形图转换为 PLC 所需格式。

4．程序模拟与调试

GX Works2 自带仿真功能，可以在一台计算机上就完成 PLC 应用程序的开发和调试而不需要连接实际的 PLC 机器，这极大地方便了 PLC 程序的调试与修改，为编程人员的工作带来了便利，减少了现场调试的工作量。

通过工具栏的"模拟开始/停止"图标按钮,调用或终止仿真过程,如图 1-48 所示。

图 1-48 通过图标按钮调用或终止仿真

1.3.2 工程的创建

GX Works2 是针对工程进行操作的,工程包括 PLC 硬件选择、程序编制、内存设定等方面的内容。对于工程的操作,主要在"工程"菜单中,包括新建、打开、删除等内容(如图 1-47 所示)。

通过"工程"→"新建"菜单命令(如图 1-47 所示),或者单击标准工具栏中的图标按钮 ,或者通过组合键〈Ctrl+N〉,即可打开创建新工程的界面,如图 1-49 所示。

在新建工程界面可对新建工程时所需要的 PLC 系列、PLC 机型、工程类型、程序语言进行设置。其中,PLC 系列分为 QCPU(Qmode)、QnA、QCPU(Amode)、ACPU、MOTION(SCPU)、FXCPU 等,PLC 机型指的是所使用的 CPU 型号。PLC 机型和系列要相匹配,本书中选择系列为 FXCPU、机型为 FX_{3U}/FX_{3UC}。

在"工程类型"中可以选择程序结构方式,包括"简单工程"和"结构化工程"。

在"程序语言"中可以选择编程语言,包括"梯形图"和"SFC"。

工程创建过程中无法设定工程名,已创建好的工程在保存时,需要设定工程名并设定相应的保存路径。

工程创建后,所生成的数据内容包括参数、程序、软元件注释等,可以在"导航"区域选择"工程"标签页,双击其下具体标签查看对应的数据内容,如图 1-50 所示。

图 1-49 新建工程界面

图 1-50 "导航"下的"工程"标签页

图 1-50 中主要标签的含义如下:

1)程序(MAIN)。"程序"条目下包含的是各程序体,对于 FX 系列 PLC,只能有一个程序体，而有些机型可以有多个程序体。程序体可以采用梯形图来编写，也可以采用 SFC 编写。当选择某个程序体时，可在操作编辑区内进行程序的查看和修改。

2）软元件注释。软元件注释用于对软元件功能进行简单的说明，并可显示在梯形图中，便于程序的阅读和理解。双击"全局软元件注释"即可在操作编辑区内打开软元件注释编辑表格，如图 1-51 所示。

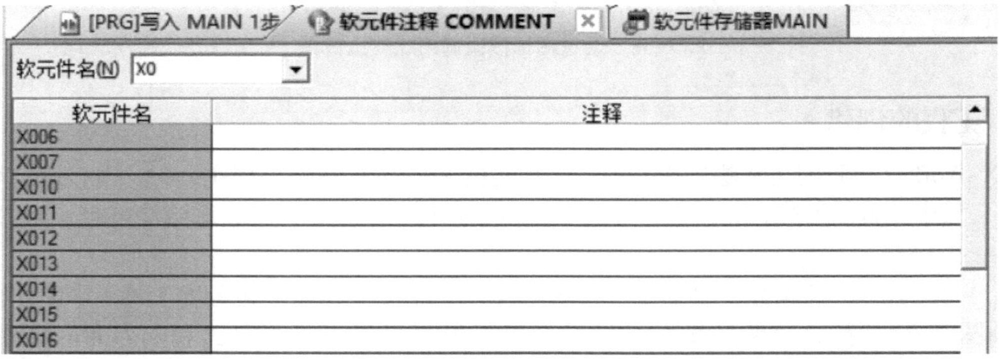

图 1-51　软元件注释编辑表格

在"软元件名"文本框处输入所需注释的软元件后按〈回车〉键，便可快速定位到该软元件"注释"单元格。在"注释"单元格填写对这个软元件的注释内容。一般来说，CPU 最多可写入 16 个半角字符（8 个全角中文字符）的注释，但在 FXGP（DOS）及 A6GPP 中，只能使用 15 个半角字符。因此全角字符及第 16 个字符不能显示。在注释时，应在 15 个半角字符以内输入软元件注释。

3）参数。根据所选择的机型及对应的硬件配置，在"参数"下面对 PLC 的内部软元件及其锁存情况、I/O 分配、通信参数进行相应的设置。

4）软元件存储器。软元件的数据寄存器、链接寄存器、文件寄存器等数据，可以在离线状态下对其进行设置，或从 CPU 中读取后进行编辑。由于 CPU 在启动后将设置好的软元件内容写入相应的软元件内存中，因此，事先设置软元件内存可以避免为之编写初始化程序。

1.3.3　梯形图程序的创建

1．梯形图的打开

梯形图的打开可以通过以下几种方式：
- 创建新工程，编制梯形图。
- 打开已有的 PLC 工程文件。
- 将梯形图从 PLC 传输到计算机（上载或者读取）。
- 读取其他格式的梯形图程序文件。

将程序从 PLC 传输到计算机上，可以通过"在线"菜单→"PLC 读取"命令来完成。单击工具栏中的图标按钮（如图 1-45 所示），在 PLC 系列的下拉列表中选择与 PLC 硬件相对应的机型，然后单击"确定"按钮即可打开工程文件。

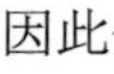

单击"工程"菜单中→"打开其他格式数据"命令，或者选择相应的文件格式读入 PLC 程序，如图 1-52 所示。

项目 1　PLC 认知

图 1-52　"打开其他格式数据"命令

2. 梯形图程序输入

（1）直接输入

梯形图的直接输入可以采用多种方式，如用梯形图工具栏中的图标按钮，如图 1-53 所示；或用"编辑"菜单→"梯形图符号"子菜单，如图 1-54 所示；或采用快捷键（对应图标按钮下方字母的快捷键）；或通过键盘输入指令代号（助记符）的方式创建。这些操作均会打开"梯形图输入"对话框，如图 1-55 所示。

图 1-53　梯形图工具栏

图 1-54　"梯形图符号"子菜单

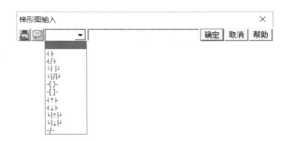

图 1-55　"梯形图输入"对话框

例如，要输入特殊继电器 M1000 的常开触点，可单击梯形图工具栏中的图标按钮，或者单击"梯形图符号"→"常开触点"命令，或者按〈F5〉键，会在 GX Works2 编程环境中显示如图 1-56 所示的软元件输入框，输入"m1000"，然后单击"确定"按钮。

图 1-56　软元件输入示例

（2）写入模式

在写入模式下才可以编辑程序，读取模式下无法修改程序内容。可以通过"编辑"菜单栏→"梯形图编辑模式"→"写入模式"命令（如图 1-57 所示），或单击工具栏中的"写入模式"图标按钮（如图 1-45 所示），或按〈F2〉键，将程序切换到写入模式。

35

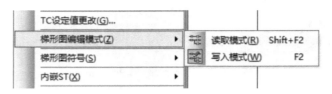

图 1-57 读取模式和写入模式

（3）插入模式和改写模式

在插入模式下，新输入的指令不会替换原有指令；而在改写模式下，新输入的指令将替换原有指令。插入模式和改写模式的转换是通过〈Insert〉键实现的。

3．程序的声明与注解

在编程过程中，为了便于程序的阅读和理解，除了对软元件进行注释和加入别名（机器名）外，还能为程序段添加声明，以及对程序中的执行动作（线圈）添加注解，以简单描述程序体的作用、执行动作的功能等。

（1）程序声明的添加和显示

在写入模式和插入模式下，将光标置于需要添加程序声明的程序段前面，GX Works2 自动在每个程序段生成编号，其位置如图 1-58 所示。

输入半角分号";"后，将显示"梯形图输入"对话框，可以进行声明的输入操作，如图 1-59 所示。

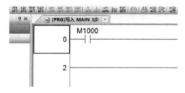

图 1-58 程序声明的写入位置　　　　　图 1-59 "梯形图输入"对话框

输入所需内容后，按〈Enter〉键或单击"确定"按钮，完成声明的输入。选择"视图"→"显示"→"声明显示"菜单命令，即可在程序中看到有*号标记的声明内容，如图 1-60 所示。

需要删除声明时，将光标移至要删除的声明上，按〈Delete〉键即可。

声明是按行输入的，每行最大显示 64 个半角字符（32 个全角字符），可以多行输入。

（2）程序注解的添加与显示

注解可以创建在各个线圈及应用指令中。在写入模式和改写模式下，将光标置于需要添加注解的线圈上面。不可用插入模式，否则将会增加一个线圈，显然是不对的。

按〈Enter〉键，或者用鼠标左键双击（本书后面简称为双击）需添加注解的线圈区域，将会弹出"梯形图输入"对话框，在"软元件/标签注释"栏填写注解内容，按〈Enter〉键或单击"确定"按钮，完成注解的输入。选择"显示"→"注释显示"菜单命令，即可在程序中看到绿色字体的注释内容，如图 1-61 所示。

需要删除注解时，需重新打开图 1-61 所示的对话框，将"软元件/标签注释"栏的注释内容删除即可。

注解只能单行输入，最大显示 32 个半角字符（16 个全角字符）。

4．梯形图程序的编辑

对梯形图程序进行编辑时，可以使用"搜索/替换"菜单和"编辑"菜单，或者在梯形图写入状态下单击鼠标右键,通过弹出的快捷键菜单来完成。编辑梯形图程序时,要处于梯形图写入模式。

图 1-60 声明显示效果

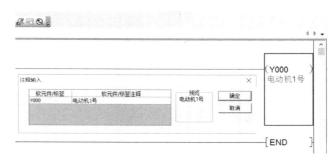

图 1-61 注释的编辑及显示

通过"搜索/替换"菜单,可以找到所要编辑的位置;通过"编辑"菜单,可进行行和列的插入或删除,以及剪切、复制、粘贴等操作。

5. 梯形图的转换

在梯形图写入模式下,输入 PLC 程序后,需要将梯形图转换为 PLC 内部格式。未转换时,梯形图背景呈灰色;转换完成时,梯形图背景呈白色。可以单击程序工具栏中的"转换"图标按钮 (如图 1-45 所示),或者执行"转换/编译"→"转换"菜单命令,或者按〈F4〉键来完成转换。"转换/编译"菜单中的相关命令如图 1-62 所示。

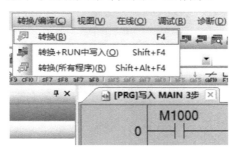

图 1-62 "转换/编译"菜单中的相关命令

如果有错误,或存在不能转换的梯形图,则不能完成转换,光标停留在出错处。修正错误后,才能转换。为避免错误累积,建议每输入一段程序,就进行一次转换。

6. 梯形图程序的检查

1)程序的运行。当 PLC 外围电路接好后,接通电源,将 PLC 的运行/停止开关(RUN/STOP)拨到运行(RUN)位置,程序开始运行。

2)程序的调试和监控。调试任务主要有程序检查、参数检查。可以执行"工具"→"程序检查"菜单命令,打开如图 1-63 所示的"程序检查"对话框。

7. 梯形图程序的存储

通过执行"工程"→"保存"菜单命令,或者按〈Ctrl+S〉组合键,或者单击标准工具栏中的相应图标,可以保存梯形图文件。

如果新建工程在之前没有保存过,则会出现如图 1-64 所示的"工程另存为"对话框。执行"工程"→"另存为"菜单命令,也会弹出如图 1-64 所示的对话框。选择合适的路径,设置工程名和工程标题,最后单击"保存"按钮,以确认新建,或者确认替换即可。

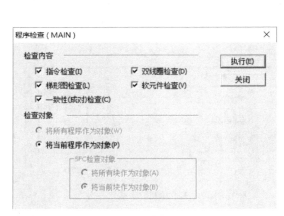
图 1-63 "程序检查"对话框

图 1-64 "工程另存为"对话框

1.3.4　SFC 程序的创建

创建工程时程序语言可以是"梯形图"或"SFC"，若选用 SFC 作为程序语言（如图 1-48 所示），则会进入 SFC 编程模式，需进行块信息设置，默认"块号"为 0，如图 1-65 所示。

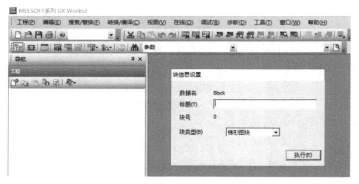
图 1-65　SFC 编程模式

1．初始步的创建

由于 SFC 程序是从初始状态开始的，故初始状态必须激活，而激活的常用方法是利用一段梯形图程序，且这一段梯形图程序必须放在 SFC 程序的开头。因此 SFC 编程中，初始状态的激活都由放在 SFC 程序中第一部分（即第一块）的一段梯形图程序来执行。在建立初始块时，应单击梯形图块，在图 1-65 中的"标题"文本框中填写该块的说明标题，也可以不填保持空白。

单击"执行"按钮后，弹出梯形图编辑窗口，该窗口中，输入初始状态的梯形图，如图 1-66 所示。

初始状态的激活一般采用辅助继电器 M8002 来完成，也可以采用其他触点方式来完成，只需要在它们之间建立一个并联电路就可以实现。

在梯形图编辑窗口中继续输入初始化梯形图，如图 1-67 所示。一般情况下，初始步中置位 S0 步状态继电器。输入完成后，执行"转换/编译"→"转换"菜单命令，或者按〈F4〉键，完成梯形图的转换。在完成程序的第一块梯形图块的编辑与转换后，双击工程参数列表中"程序"下的"MAIN"程序体,返回梯形图编辑窗口。在 SFC 程序的编制过程中,每一个状态中的梯形图编制完成后,必须进行转换,这样才能进行下一步工作,否则会弹出出错信息。

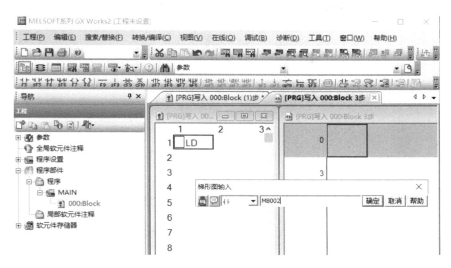

图 1-66　梯形图编辑窗口(一)

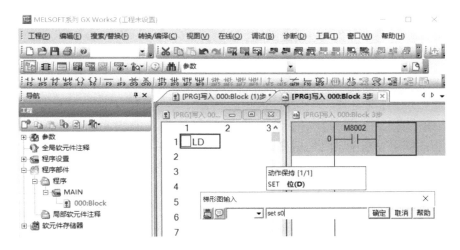

图 1-67　梯形图编辑窗口(二)

2．SFC 块的创建

单击"导航"区的"新建数据"图标按钮，或者在主程序 MAIN 的位置右击,在弹出的快捷菜单中执行"新建数据"命令,在弹出的"新建数据"对话框里选择"数据类型"为"程序",并单击"确定"按钮,如图 1-68 所示。在弹出的"块信息设置"对话框里选择"块类型"为"SFC 块",如图 1-69 所示。

3．顺序功能图的创建

SFC 的初始块为双线矩形,新出现的十字符号为状态转换条件符号。对于 SFC 程序而言,每一个状态或转换条件都是以 SFC 符号的形式出现在程序中的,每一种 SFC 符号都有对应的图标和图标号,如图 1-70 所示。

图 1-68 "新建数据"对话框

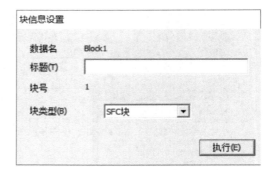
图 1-69 块信息设置对话框

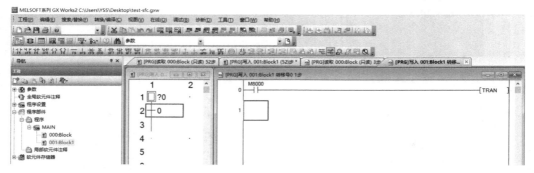
图 1-70 SFC 初始块及转换条件 0 的梯形图

(1) 转换条件输入

在 SFC 程序编辑窗口中,将光标移到转换条件符号处单击(即将空心矩形的光标移动到此处),在右侧将出现梯形图编辑窗口,在其中输入状态转换的梯形图。此处,应设置真正的系统起动条件(如起动按钮),对于系统一上电就进入工作状态的情况,可以采用 M8000 触点作为步转换条件。M8000 触点驱动的不是线圈,而是 TRAN 符号(可在梯形图中直接输入),表示转移(Transfer)。在 SFC 程序中,所有的转移都用 "TRAN" 表示,且每处转换条件经逻辑组合后只能驱动一个 "TRAN"。编辑完成后,应按〈F4〉键进行转换。完成转换后的 SFC 程序编辑窗口中,步序号前面的问号(?)会消失。

(2) 工序步及动作输入

在左侧的 SFC 程序编辑窗口中,把光标下移到方向线底端,单击工具栏中的图标按钮 或者直接按〈F5〉键,弹出 "SFC 符号输入" 对话框,如图 1-71 所示。

图 1-71 "SFC 符号输入"对话框

输入步序号(一般从 20 开始)后,单击"确定"按钮,这时光标将自动向下移动。此时,可看到步序号前面有一个问号（?），这表明此步现在还没进行梯形图编辑，同时右边的梯形图编辑窗口呈现灰色，也表明为不可编程状态，如图 1-72 所示。

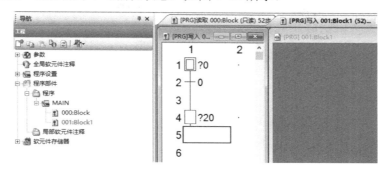

图 1-72　尚未编写的步 20 状态窗口

下面对通用工序步进行梯形图编程。将光标移到步序号符号处，在步序号上单击后，右边的窗口将变成可编程状态，再在此梯形图编辑窗口中输入梯形图。需注意，此处的梯形图是指程序运行到此工序步时驱动该输出线圈。在本例中，通用工序步 20 是驱动输出线圈 Y0 及 T0，其梯形图如图 1-73 所示。

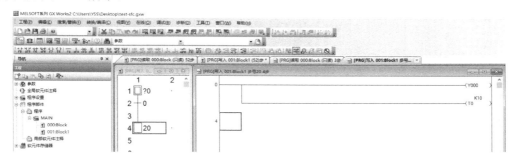

图 1-73　编写通用工序步 20 的梯形图

编写完成后，在梯形图编辑窗口的右侧，用鼠标依次在 SFC 符号的下方双击，就可以进行 SFC 图形编辑，如图 1-74、图 1-75 和图 1-76 所示。

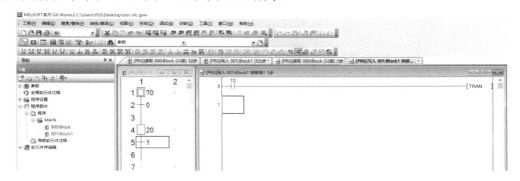

图 1-74　编写转换条件 1 的梯形图

（3）返回目标步后输入

SFC 程序在执行的过程中，一般需返回或跳转，这是执行周期性的循环所必需的。进行

SFC 程序跳转设计，可通过单击工具栏"跳转"图标按钮，或按〈F8〉键，在"SFC 符号输入"对话框（如图 1-71 所示）中选择"JUMP"指令并填写目标步序号。

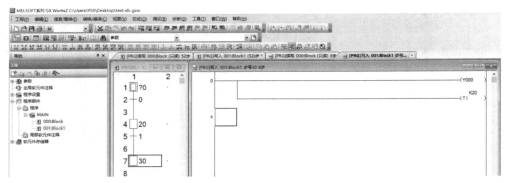

图 1-75　编写通用步 30 的梯形图

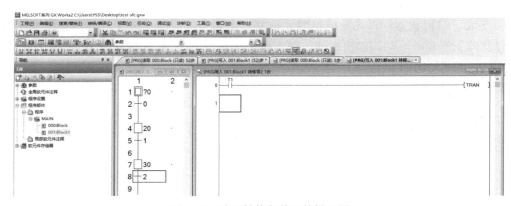

图 1-76　编写转换条件 2 的梯形图

当输入完跳转符号后，在 SFC 编辑窗口中，将会看到在有跳转返回条件的步序符号方框图中多出一个小黑点儿，这说明此工序步是跳转返回的目标步。至此程序完成了一个完整的动作，即在 PLC 上电后，其输出 Y0 和 Y1 交替闪烁，Y0 点亮的时间是 1s，Y1 点亮的时间是 2s。完整的 SFC 程序图如图 1-77 所示。

1-12 状态转移图绘制与模拟监控

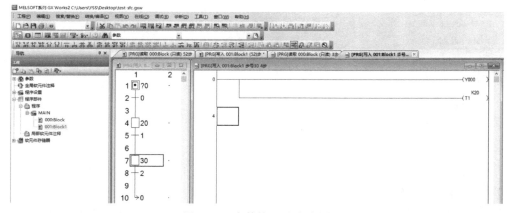

图 1-77　完整的 SFC 程序图

（4）转换

SFC 程序编辑完后，单击程序工具栏中的"转换"图标按钮（如图 1-45 所示），或者执行"转换/编译"→"转换"菜单命令，或者按〈F4〉键来完成转换。如果在转换时弹出"块信息设置"对话框，可不用理会，直接单击"执行"按钮即可。经过转换后的程序可通过仿真或写入 PLC 进行调试。

4. SFC 程序转换为梯形图程序

如果要查看 SFC 程序所对应的顺序控制梯形图，可以执行"工程"→"工程类型更改"菜单命令，在弹出的对话框里面选择"更改程序语言类型"并确定，可实现 SFC 程序转换成梯形图程序，如图 1-78 所示。

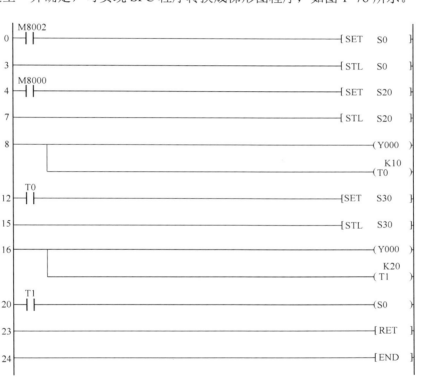

图 1-78　SFC 程序转换为梯形图程序

1.3.5　程序的读写和在线监视运行

1. GX Works2 与 PLC 的通信

使用专用数据线，把计算机与 PLC 连接起来，实现程序的读写、监控等操作。

使用数据线前，先安装数据接口驱动程序，并在连接后打开"设备管理器"窗口，查看端口，如图 1-79 所示。

单击 GX Works2 编程界面左下角"连接目标"图标按钮，再单击"当前连接目标"图标按钮，打开"连接目标设置"对话框，如图 1-80 所示。

图 1-79 在"设备管理器"窗口查看端口信息

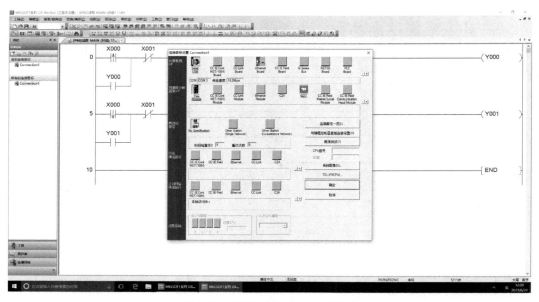

图 1-80 "连接目标设置"对话框

单击"连接目标设置"对话框左上角的"Serial USB"图标按钮，弹出"计算机侧 I/F 串行详细设置"对话框，根据资源管理器中查看到的端口信息设置"COM 端口"（如图 1-79 所示，本例中选择"COM3"，每台计算机的连接情况可能不同）和"传送速度"（如选择"19.2Kbps"，也可以选择其他速度），并单击"确定"按钮退出设置界面，如图 1-81 所示。

单击"连接目标设置"对话框中的"通信测试"按钮，测试成功后会显示"已成功与 FX3U/FX3UC CPU 连接"的信息，若不成功也有相关提示，最后单击"确定"按钮，如图 1-82 所示。

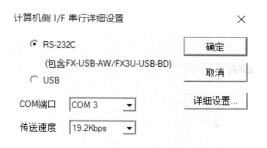

图 1-81 在"设备管理器"界面查看端口信息

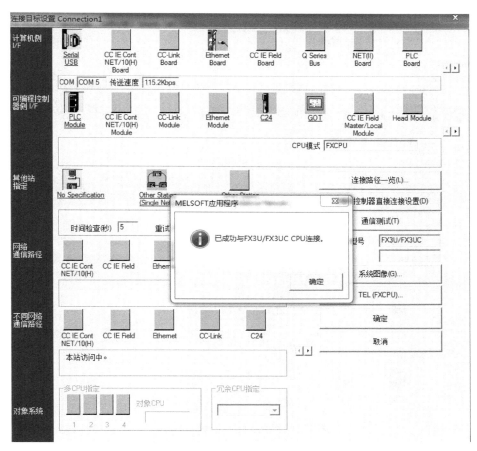

图 1-82 通信测试

2. PLC 存储器清除

在将程序写入 PLC 之前,必须先执行"PLC 存储器清除"命令,具体步骤是依次单击"在线"→"PLC 存储器操作"→"PLC 存储器清除"菜单命令,如图 1-83 所示。

在弹出的"PLC 存储器清除"对话框中,单击"PLC 存储器"复选框,单击"执行"按钮,即可实现 PLC 存储器清除,如图 1-84 所示。

3. PLC 程序的写入和读取

编写好的梯形图程序,可通过"PLC 写入"进行联机操作,具体步骤是单击"在线"→"PLC 写入"菜单命令,也可以单击"程序"工具栏"PLC 写入"图标(如图 1-45 所示),

弹出"在线数据操作"对话框，如图 1-85 所示。

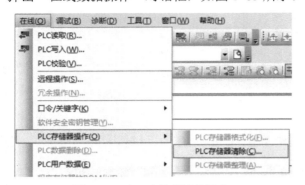

图 1-83　PLC 存储器清除操作

图 1-84　"PLC 存储器清除"对话框

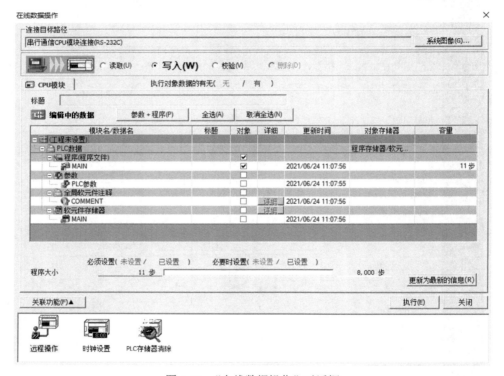

图 1-85　"在线数据操作"对话框

在"在线数据操作"对话框中，可以选择数据操作类型：读取、写入或校验。若需要将程序写入 PLC，则保持"写入"状态不变，并勾选"程序（程序文件）"对象，亦可根据情况同时勾选"参数""全局软元件注释"或"软元件存储器"等信息。单击"执行"按钮，进入 PLC 写入进程，如图 1-86 所示。

若单击"执行"按钮时，PLC 处于"运行"（RUN）状态，系统会自动弹出提醒。在确保安全的情况下，可以单击"是"按钮，此时 PLC 会切换到"停止"（STOP）状态，并开启"写入"进程，如图 1-85 所示。在完成程序"写入"后，系统会弹出是否将 PLC 切换到"运行"（RUN）"状态的提醒，在确保安全的情况下，可以单击"是"按钮。

项目 1 PLC 认知

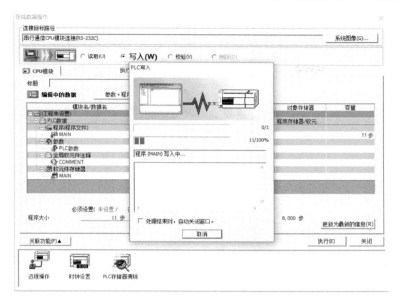

图 1-86 PLC 写入进程

从 PLC 中"读取"程序到 GX Works2 软件的过程，与"写入"过程相似，可以通过菜单操作、工具栏图标选择等进行操作。

4．程序的在线监视运行

PLC 在运行状态时，通过单击"在线"→"监视"→"监视开始"菜单命令，可监视程序的运行状况。

1.3.6 程序的模拟与调试

通过 GX Works2 自带的模拟模块，可以在计算机上实现无 PLC 硬件支持的梯形图程序仿真调试。单击功能模拟工具栏的"模拟开始/停止"按钮，弹出如图 1-87 所示的 PLC 程序写入仿真界面，可模拟 PLC 程序的写入。写入完成后，GX Simulator2 的监视界面如图 1-88 所示。

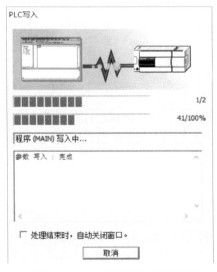

图 1-87 PLC 程序写入仿真界面

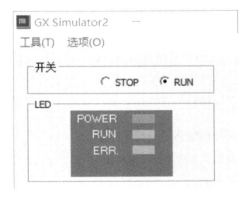

图 1-88 GX Simulator2 的监视界面

若要测试程序的功能，可通过在梯形图上单击鼠标右键（简称右击），从弹出的快捷菜单中单击"调试"→"当前值更改"命令（如图 1-89 所示），对相应的软元件进行强制操作，如图 1-90 所示，以仿真现场工作条件。

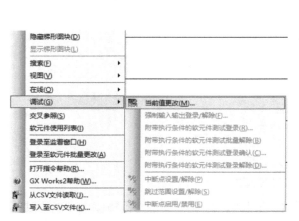
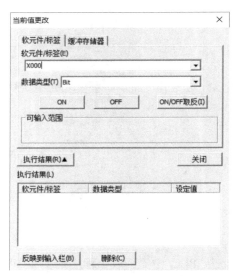

图 1-89　软元件"当前值更改"命令　　　　图 1-90　"当前值更改"对话框

此时，导通的元件将变成蓝色，导通的连线将变成蓝色粗线，这样有利于观察程序运行的状态，进一步得到程序的逻辑解算结果，从而达到仿真调试的目的。

1-15
程序模拟调试运行

1.3.7　梯形图导出指令表

从 GX Works2 梯形图程序导出指令表的方法是：
1）打开编写好的梯形图程序；
2）在左侧的导航栏中找到程序 MAIN 图标，右击，选择"写入至 CSV 文件"；
3）用 Excel 打开导出的 CSV 文件，即为程序的指令表。

[任务实施]

1.3.8　新工程的创建

单击"工程"→"新建"菜单命令，或者单击标准工具栏中"新建"图标按钮 ，或按组合键〈Ctrl+N〉，即可打开创建新工程的界面（如图 1-49 所示），选择"系列"为"FXCPU"，"机型"为"FX3U/FX3UC"，"工程类型"为"简单工程"，"程序语言"为"梯形图"，之后单击"确定"按钮。

1.3.9　程序输入

根据梯形图创建的方法，输入图 1-42 所示的梯形图程序，如图 1-91 所示。注意，此图的背景是灰色的。

项目 1　PLC 认知

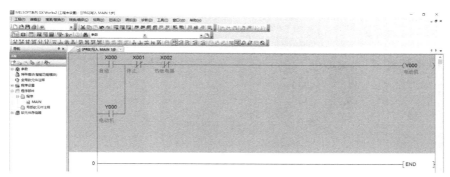

图 1-91　图 1-42 所示的梯形图程序

1.3.10　转换

单击程序工具栏中的"转换"图标按钮（如图 1-45 所示），或者单击"转换/编译"→"转换"菜单命令，或者按〈F4〉键来完成转换。转换结果如图 1-92 所示。注意：转换成功后，此图的背景是白色的。

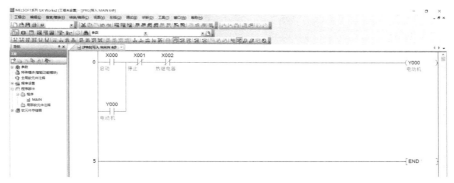

图 1-92　转换后的梯形图

1.3.11　程序调试

单击工具栏的"模拟开始/停止"按钮，模拟 PLC 程序的写入，向虚拟 PLC 写入程序，如图 1-93 所示。写入完成后，通过在梯形图上右击，从弹出的快捷菜单中单击"调试"→"当前值更改"命令，对相应的软元件进行强制操作，模拟现场工作条件，仿真调试程序，如图 1-94 所示。

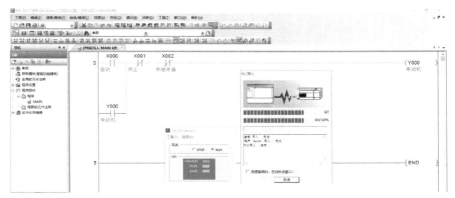

图 1-93　模拟写入状态

49

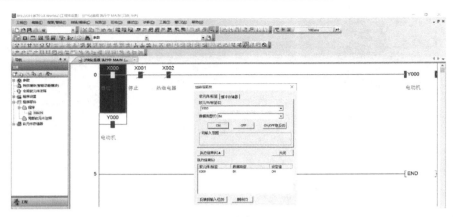

图 1-94　仿真调试

1.3.12　程序保存

单击"工程"→"保存"菜单命令，或者按〈Ctrl+S〉组合键，或者单击标准工具栏中的相应图标，可以保存梯形图文件。

[自测题]

1. 填空题

（1）PLC 是一种_____装置，专为在工业环境下应用而设计。

（2）PLC 的实质是一种专用于工业控制的计算机，其主要由_____、_____、_____、_____和_____组成。

（3）_____是 PLC 与现场输入/输出设备或其他外围设备之间的连接部件。

（4）PLC 的扫描工作过程可分为三个阶段：_____、_____和_____，这三个阶段是分时完成的。

（5）三菱 FX_{3U} 系列为_____PLC，采用_____的结构形式。

（6）三菱 FX_{3U} 系列 PLC 面板上 RUN 运行指示灯（绿灯）亮表示_____。

（7）开关量输入接口按所使用的外信号电源不同分为_____电路、_____电路等类型。

（8）开关量输出接口按 PLC 机内使用的元器件可分为_____输出、_____输出和_____输出三种类型。

（9）FX_{3U} 系列增强了_____功能，其内置的编程口可以达到_____的高速通信，且最多可以同时使用_____个通信口。

（10）外部的输入电路接通时，对应的输入映像寄存器为_____状态，梯形图中对应的输入继电器的常开触点_____，常闭触点_____。

（11）若梯形图中输出继电器的线圈"通电"，对应的输出映像寄存器为_____状态，在输出处理阶段后，继电器型输出模块中对应的硬件继电器的线圈_____，其常开触点_____，外部负载_____。

（12）将编程软件编写好的程序写入 PLC 时，PLC 必须处在_____模式。

2. 判断题

（1）PLC 是一种数字运算操作的电子系统，专为在工业环境下应用而设计，它采用可编程

项目 1　PLC 认知

序的存储器。　　　　　　　　　　　　　　　　　　　　　　　　　　　（　　）

（2）PLC 采用了典型的计算机结构，主要是由 CPU、RAM、ROM 和专门设计的输入、输出接口电路等组成。　　　　　　　　　　　　　　　　　　　　　　（　　）

（3）PLC 是以"并行"方式进行工作的。　　　　　　　　　　　　　（　　）

（4）PLC 的输入端可与机械系统上的触点开关、接近开关、传感器等直接连接。（　　）

（5）用户程序存储器是用来存放由 PLC 生产厂家编写好的系统程序，它关系到 PLC 的性能。　　　　　　　　　　　　　　　　　　　　　　　　　　　　　　（　　）

（6）连续扫描工作方式是 PLC 的一大特点，也可以说 PLC 是"串行"工作的，而继电器控制系统是"并行"工作的。　　　　　　　　　　　　　　　　　　　　　（　　）

（7）FX_{3U}-64MR 型 PLC 的输出形式是继电器触点输出。　　　　　　（　　）

（8）检测电器产生检测运行状态的信号，如行程开关、继电器的触点、传感器等，不能和输入继电器相连。　　　　　　　　　　　　　　　　　　　　　　　　（　　）

（9）输出公共端的类型是通常若干输出端子构成一组，所有输出继电器共用一个输出公共端。　　　　　　　　　　　　　　　　　　　　　　　　　　　　　（　　）

（10）继电器输出接口，可用于交流及直流两种电源，其开关速度慢，但过载能力强。
　　　　　　　　　　　　　　　　　　　　　　　　　　　　　　　　（　　）

3．选择题

（1）PLC 是一种（　　）。
　　A．单片机　　　　　　　　　　　　B．微处理器
　　C．工业现场用计算机　　　　　　　D．微型计算机

（2）PLC 是以（　　）为基本元件所组成的电子设备。
　　A．输入继电器触头　　　　　　　　B．输出继电器触头
　　C．集成电路　　　　　　　　　　　D．各种继电器触头

（3）世界第一台 PLC 诞生于（　　）年。
　　A．1958　　　　　　　　　　　　　B．1969
　　C．1974　　　　　　　　　　　　　D．1980

（4）PLC 的基本系统由哪些模块组成？（　　）
　　A．CPU 模块　　　　　　　　　　　B．存储器模块
　　C．电源模块和输入输出模块　　　　D．以上都要

（5）输入采样阶段，PLC 的中央处理器对各输入端进行扫描，将输入信号送入（　　）。
　　A．累加器　　　　　　　　　　　　B．指针寄存器
　　C．状态寄存器　　　　　　　　　　D．存储器

（6）PLC 将输入信息采样到输入端，执行（　　）后实现逻辑功能，最后输出以实现控制要求。
　　A．硬件　　　　　　　　　　　　　B．元件
　　C．用户程序　　　　　　　　　　　D．控制部件

[思考与习题]

1．简述三菱 FX_{3U} 系列 PLC 面板的构成。

2．PLC 的基本结构如何？试阐述其基本工作原理。

3．PLC 硬件由哪几部分组成？各有什么作用？

4．PLC 输出接口按输出开关器件的种类不同，有几种形式？分别可以驱动什么样的负载？

5．请说出 FX$_{3U}$-64MR 的型号含义？

6．FX$_{3U}$ 系列的基本单元的左边和右边分别安装什么硬件？

7．开关量源型输入电路和漏型输入电路各有什么特点？

8．怎样用 GX Works2 将梯形图转换为指令表？

9．如何将梯形图程序写入 PLC？

10．怎样用仿真软件调试 PLC 程序？

11．在一个扫描周期中，如果在程序执行期间输入状态发生变化，则输入映像寄存器的状态是否也随之变化？为什么？

12．PLC 控制系统与传统的继电接触控制系统有何区别？

科技兴国、技能报国

"科学技术是第一生产力"。当今世界的竞争也体现在科技的竞争，"科技兴则民族兴，科技强则国家强。"建成一个富强、民主、文明、和谐的社会主义现代化强国，科技是贯穿始终的不竭动力，大量的高技术、高技能人才就是建设强国的牢固基石。

项目 2　PLC 软元件及基本指令的程序设计

任务 2.1　电动机连续运行控制

能力目标：
- 能根据控制要求，分配 I/O 设备，设计出 PLC 的硬件接线图，完成 I/O 设备的连接。
- 能根据控制要求，利用所学的基本指令编写简单的 PLC 控制程序。
- 会操作 GX Works2 编程软件，实现程序的编写、传送和监测等操作，并对程序进行调试、运行。
- 具有一定的分析问题和解决问题的能力。

知识目标：
- PLC 内部编程元件的功能及应用。
- LD、LDI、OUT、AND、ANI、OR、ORI、NOP、END 指令的使用方法。
- 梯形图和指令表程序设计的方法。
- 梯形图的绘制和编程。
- 用 GX Works2 编程软件进行基本指令程序的编写和测试。
- PLC 外围设备的连接。

[任务导入]

三相异步电动机连续运行控制要求：按下起动按钮 SB1 时，电动机直接起动并连续运行；按下停止按钮 SB2，电动机立即停止；电动机出现过载并使热继电器 FR 动作时，立即停止。利用 PLC 实现上述控制要求。

[基础知识]

2.1.1　编程元件

PLC 内部有许多具有不同功能的编程元件，如输入继电器、输出继电器、定时器、计数器等，它们不是物理意义上的实物继电器，而是由电子电路和存储器组成的虚拟器件，又称为"软继电器"。"软继电器"实际上是 PLC 内部存储器某一位的状态，该状态为"1"相当于继电器得电；该状态为"0"相当于继电器失电。在 PLC 程序中出现的线圈和触点均属于软继电器（软元件），与继电接触控制中元器件最大的区别是其拥有任意对触点。继电器的线圈及触点符号如图 2-1 所示。

图 2-1　继电器的线圈及触点符号
a）线圈符号　b）触点符号

1. 输入继电器（X）

PLC 输入端子上连接的输入继电器 X 为光隔离的电子式继电器，它是专门用来接收外部开关线路送来信号的元件，有任意对常开和常闭触点。

输入继电器只能由外部信号驱动，而不能由内部程序来驱动，其触点也不能直接输出驱动负载。

输入继电器的编号按八进制编写，如 X0~X7、X10~X17 等，最多可达 128 点。

2. 输出继电器（Y）

输出继电器 Y 是用来将 PLC 内部信号输出给外部负载的元件。输出继电器线圈由 PLC 的指令驱动，其状态对应于输出刷新阶段锁存器的输出状态，同时，它还有无数对供编程使用的内部常开、常闭触点。

输出继电器的编号按八进制编写，如 Y0~Y7、Y10~Y17 等，最多可达 128 点。

2.1.2 编程指令

基本逻辑指令的格式为：步序、指令助记符、操作数（元件号）。

1. LD、LDI、OUT 指令（逻辑运算开始和线圈驱动指令）

（1）指令的格式和功能

逻辑运算开始和线圈驱动指令的助记符、功能、操作数和程序步见表 2-1。

表 2-1 逻辑运算开始和线圈驱动指令的助记符、功能、操作数和程序步

指令助记符及名称	功能	操作数	程序步
LD（取）	常开触点逻辑运算开始	X、Y、M、S、T、C	1
LDI（取反）	常闭触点逻辑运算开始	X、Y、M、S、T、C	1
OUT（输出）	驱动线圈	Y、M、S、T、C	Y、M：1 步；特殊 M：2 步；T：3 步；C：3~5 步

（2）使用说明

关于指令功能的几点说明如下。

1）LD 指令是将常开触点接到左母线上，而 LDI 指令是将常闭触点接到左母线上。在分支电路起点处，LD、LDI 可与 ANB、ORB 指令组合使用。

2）OUT 指令是对输出继电器、辅助继电器、状态继电器、定时器、计数器等线圈的驱动指令。这些线圈接于右母线。OUT 指令可对并联线圈做多次驱动。

以上指令的用法举例如图 2-2 所示。

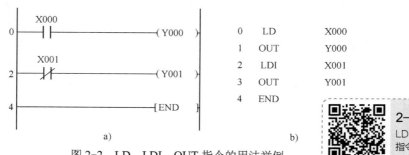

图 2-2 LD、LDI、OUT 指令的用法举例
a) 梯形图 b) 指令表

2. AND、ANI、OR、ORI 指令（触点串联、并联指令）

（1）指令的格式和功能

触点串联、并联指令的助记符、功能、操作数和程序步见表 2-2。

表 2-2　触点串联、并联指令的助记符、功能、操作数和程序步

指令助记符及名称	功　能	操　作　数	程　序　步
AND（与）	串联-常开触点	X、Y、M、S、T、C	1
ANI（与非）	串联-常闭触点	X、Y、M、S、T、C	1
OR（或）	并联-常开触点	X、Y、M、S、T、C	1
ORI（或非）	并联-常闭触点	X、Y、M、S、T、C	1

（2）使用说明

关于指令功能的两点说明如下：

1）AND、ANI 指令可进行一个触点的串联连接。串联触点的数量不受限制，可以多次使用。

2）OR、ORI 指令是从当前步开始，将一个触点与前面的 LD、LDI 指令步进行并联连接，即从当前步开始，将常开触点或常闭触点接到左母线。对于两个或两个以上触点的并联连接，将用到后面介绍的 ORB 指令。

以上指令的用法举例如图 2-3、图 2-4 所示。

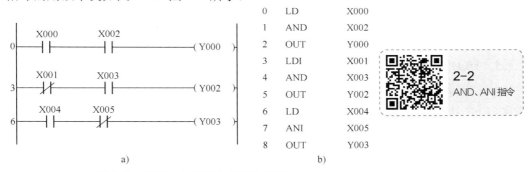

图 2-3　AND、ANI 指令的用法举例

a) 梯形图　b) 指令表

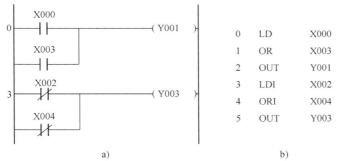

图 2-4　OR、ORI 指令的用法举例

a) 梯形图　b) 指令表

3. END 和 NOP 指令（程序结束和空操作指令）

（1）指令的格式和功能

程序结束和空操作指令的助记符、功能、操作数和程序步见表 2-3。

表 2-3 程序结束和空操作指令的助记符、功能、操作数和程序步

指令助记符及名称	功　能	操 作 数	程　序　步
END（程序结束）	输出处理、输入刷新，返回第 0 步	无	1
NOP（空操作）	无动作	无	1

（2）使用说明

关于指令功能的几点说明如下。

1）END 为程序结束指令，写在程序之末。当程序执行到 END 时，进行输出处理，并返回到第 0 步，进行输入刷新。

2）NOP 为空操作，在电路中无图形显示，常用于以下两种情况：
- 程序全部清除时，全部指令都变成 NOP。
- 编程时，为了修改或追加程序的需要，可以在指令与指令之间加入 NOP 指令，以便在此插入其他指令。在指令间插入 NOP 指令时，PLC 仍可照常工作。

3）在实际应用中，END 可用于程序的分析和调试。如果在一个大型程序中间分别插入若干个 END，则可分段依次检测各段程序的动作。当测试确认各电路段正确无误后，可依次删去各个 END。

[任务实施]

2.1.3 I/O 分配

由三相电动机连续运行控制要求可知，PLC 输入信号有起动按钮 SB1、停止按钮 SB2 和热继电器 FR 的保护触点；输出信号有接触器 KM，其 I/O 分配见表 2-4。

表 2-4 电动机连续运行 PLC 的 I/O 分配

输入设备	输入元件编号	输出设备	输出元件编号
起动按钮 SB1	X0	接触器 KM	Y0
停止按钮 SB2	X1		
热继电器 FR 保护触点	X2		

2.1.4 硬件接线

根据 PLC 的 I/O 分配，电动机连续运行控制 PLC 的外部接线如图 2-5 所示。

接线时应注意：

1）认真核对 PLC 的电源规格。PLC 的工作电源是 AC100～240V。交流电源须接在专用端子上，否则会烧坏 PLC。

2）PLC 输入信号端不要接电源。

3）PLC 输出信号端一定要外接电源。外接电源类型及电压大小需根据输出端负载来确定。

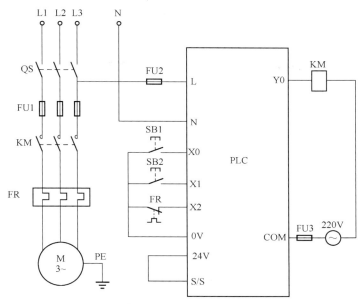

图 2-5 电动机连续运行控制的 PLC 的外部接线

2.1.5 程序设计

根据控制要求,电动机连续运行控制的梯形图如图 2-6 所示。

```
      X000   X001   X002
  0 ───┤├─────┤/├─────┤├─────────────────( Y000 )
      │
      Y000
     ─┤├─

  5 ─────────────────────────────────────[ END ]
```

图 2-6 电动机连续运行控制的梯形图

2.1.6 运行和调试

1)按图 2-5 将电动机主电路与 I/O 外部硬件连接起来。

2)用专门的通信电缆将装有 GX Works2 编程软件的计算机的 RS-232 接口与 PLC 的 RS-422 接口相连接。

3)接通 PLC 电源。将 PLC 的工作方式开关扳到"STOP"位置,使 PLC 处于编程状态。

4)用 GX Works2 编程软件,输入图 2-6 所示的程序并写入 PLC 中。

5)监控运行。在 GX Works2 软件中,在菜单栏选择"调试"→"模拟开始"命令,单击相关触点,右击,在弹出菜单中选择"调试"→"当前值更改"命令,更改当前值后就可以监控 PLC 程序的运行过程。

6)运行和调试。将 PLC 的工作方式开关扳到"RUN"位置,合上电源开关 QS,按下起动按钮 SB1,PLC 输入继电器 X0 通电,输出端指示灯 Y0 亮,接触器线圈 KM 得电,接触器主触点吸合,电动机得电起动运行。按下停止按钮 SB2,PLC 输入继电器 X1 通电,输出端指示灯 Y0 灭,接触器线圈 KM 断电,接触器主触点断开,电动机失电停止。

[知识拓展] SET、RST 指令

1. 指令的格式和功能

有些线圈在运算过程中需要一直置位，可使用自保持置位指令 SET 和复位指令 RST。

自保持置位与复位指令的助记符、功能、操作数和程序步见表 2-5。

表 2-5　自保持置位与复位指令的助记符、功能、操作数和程序步

指令助记符及名称	功　能	操　作　数	程　序　步
SET（置位）	保持动作	Y、M、S	Y、M：1步；S、特殊 M：2步；
RST（复位）	清除动作保持，寄存器清零	Y、M、S、C、D、V、Z	T、C：2步；D、V、Z：3步

2. 使用说明

关于指令功能的说明如下。

1）当控制触点接通时，SET 使作用的元件置位，RST 使作用的元件复位，如图 2-7 所示。图中，当 X0 接通时，Y0 置位得电。一直到 X2 接通，Y0 开始复位失电。

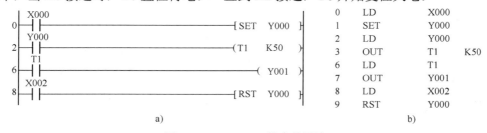

图 2-7　SET、RST 指令的用法

a) 梯形图　b) 指令表

2）对同一软元件，可以多次使用 SET、RST 指令，使用顺序也可随意，但最后执行的指令有效。

3）对计数器 C、数据寄存器 D 和变址寄存器 V、Z 的寄存内容清零，可以用 RST 指令。对积算定时器的当前值或触点复位时，也可以用 RST 指令。

3. 利用 SET 和 RST 指令实现电动机的连续运行控制程序

利用 SET 和 RST 指令实现电动机的连续运行控制的程序如图 2-8 所示。

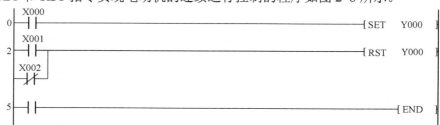

图 2-8　利用 SET 和 RST 指令实现电动机的连续运行控制程序

任务 2.2　电动机顺序起动控制

能力目标：

- 能根据控制要求，设计 PLC 的硬件接线图，完成 I/O 设备的连接。
- 能根据控制要求，利用已学的指令编写简单的 PLC 程序。

- 会用 GX Works2 编程软件完成程序的编写、传送、监测和运行等操作。
- 具有一定的分析问题和解决问题的能力。

知识目标：
- 熟悉定时器指令，掌握其功能及应用注意事项。
- 用 GX Works2 编程软件进行程序输入、修改、传送和测试的方法。

[任务导入]

某机械设备需两台电动机 M1 和 M2 拖动，其起动和停止控制要求为：

1）起动时，要求 M1 先起动 10s 后 M2 自行起动；

2）停止时，M2 先停止 3s 后 M1 自行停止；M2 运行时，M1 不能单独停止。利用 PLC 实现上述控制要求。

[基础知识]

2.2.1 常数 K/H

K 是表示十进制整数的符号，用于指定定时器或计数器的设定值，以及功能指令操作数中的数值。H 是表示十六进制数的符号，主要用来表示功能指令的操作数值。

例如，对于数值 30，用十进制表示时为 K30；若用十六进制表示时则为 H1E。

2.2.2 定时器（T）

PLC 的定时器与继电接触控制的通电延时型时间继电器相似，它是根据时钟脉冲累计计时的。定时器实际是内部脉冲计数器，可对内部 1ms、10ms 和 100ms 时钟脉冲进行加计数，当达到用户设定值时，触点动作。

定时器可以用用户程序存储器内的常数 K 或 H 作为设定值，也可以用数据寄存器 D 的内容作为设定值。K 的设定值为 1～32 767。

FX 系列定时器分为通用定时器和积算定时器两种。

- 通用定时器（T0～T245）：100ms 定时器 T0～T199 共 200 点，设定范围为 0.1～3276.7s；

10ms 定时器 T200～T245 共 46 点，设定范围为 0.01～327.67s。通用定时器的动作原理如图 2-9 所示。当 X0 闭合①，定时器 T0 线圈得电，开始延时，延时时间 Δt=100ms×100=10s，定时器常开触点 T0 闭合，驱动 Y0。当 X0 断开时，T0 失电，Y0 失电。

图 2-9 通用定时器的动作原理

- 积算定时器（T246～T255）：1ms 定时器 T246～T249 共 4 点，设定范围为 0.001～32.767s；100ms 定时器 T250～T255 共 6 点，设定范围为 0.1～3276.7s。积算定时器的动作原理如图 2-10 所示。积算定时器有断电保持功能。当 X0 断开或停电时，积算定时器

---

① 考虑到表示的简洁性，程序中 X000、X001、X002…和 Y000、Y001、Y002…都用 X0、X1、X2…和 Y0、Y1、Y2…来表示。

T250 的当前值能保留。当 X0 再次接通时，计时继续。当两次或多次延时时间之和等于设定值时，T250 的常开触点闭合，驱动 Y0。积算定时器动作完成之后，一般要用 RST 复位。定时器的设定值 K 为十进制数，其取值范围为 1≤K≤32 767。

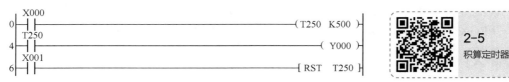

图 2-10 积算定时器的动作原理

[任务实施]

2.2.3　I/O 分配

由两台电动机顺序起动逆序停止控制要求可知，PLC 输入信号有起动按钮 SB1、停止按钮 SB2 和热继电器 FR1 和 FR2 的保护触点；输出信号有接触器 KM1 和 KM2。两台电动机顺序起动控制的 I/O 分配如表 2-6 所示。

表 2-6　两台电动机顺序起动控制的 I/O 分配

输入设备	输入软元件编号	输出设备	输出软元件编号
起动按钮 SB1	X0	控制 M1 电动机的接触器 KM1	Y0
停止按钮 SB2	X1	控制 M2 电动机的接触器 KM2	Y1
热继电器 FR1 和 FR2 保护触点	X2		

2.2.4　硬件接线

根据 PLC 的 I/O 分配，两台电动机顺序起动控制 PLC 的外部接线如图 2-11 所示。

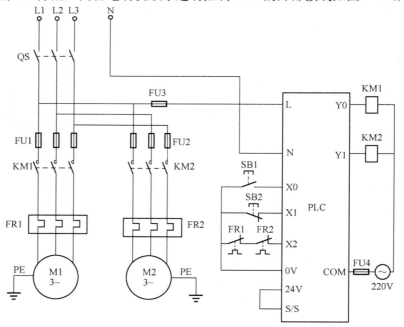

图 2-11　两台电动机顺序起动控制 PLC 的外部接线

2.2.5 程序设计

根据控制要求，两台电动机顺序起动控制的梯形图如图 2-12 所示。

图 2-12 两台电动机顺序起动控制的梯形图

2.2.6 运行和调试

1）按图 2-11 将电动机主电路与 I/O 外部硬件连接起来。

2）用通信电缆将装有 GX Works2 编程软件的计算机的 RS-232 接口与 PLC 的 RS-422 接口相连接。

3）接通 PLC 电源。将 PLC 的工作方式开关扳到"STOP"位置，使 PLC 处于编程状态。

4）用 GX Works2 编程软件输入如图 2-12 所示的程序并写入 PLC 中。

5）监控运行。在 GX Works2 软件中，在菜单栏选择"调试"→"模拟开始"命令，单击相关触点，右击，在弹出菜单中选择"调试"→"当前值更改"命令，更改当前值后就可以监控 PLC 程序的运行过程，注意观察定时器当前值的变化。

6）运行和调试。将 PLC 的工作方式开关扳到"RUN"位置，合上电源开关 QS，按下起动按钮 SB1，首先看到电动机 M1 得电起动运行，10s 后电动机 M2 得电起动运行；按下停止按钮 SB2，电动机 M2 失电先停止，过 3s 后电动机 M1 失电停止。

[技能拓展] 闪烁电路、延时接通和断开电路

1. 闪烁电路

图 2-13 所示为一闪烁电路梯形图及动作时序图。当 X0 一直接通时，启动脉冲发生器。T0 开始计时，延时 3s 后 Y0 接通；同时，T1 开始计时，当 T1 计时 5s 后 T1 计时时间到，T0、T1 复位，Y0 断开。由于 X0 一直接通，此时 T0 又开始得电计时，Y0 线圈将周期性地"通电"、"断电"输出一系列脉冲信号。此电路为一个具有一定周期的时钟脉冲电路，其周期为 8s，脉宽为 5s，只要改变定时器的设定值，就可以改变电路脉冲的占空比。

2. 延时接通和断开电路

图 2-14 所示为延时接通/断开电路梯形图及动作时序图。当 X0 动作时，其常开触点闭合，T0 得电计时，计时（延时）5s 后 Y0 得电并自锁；此时，若 X0 复位，其常开触点断开、常闭触点闭合，T1 得电计时，计时（延时）7s 后 Y0 失电。

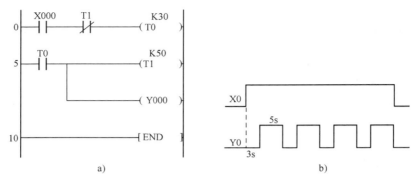

图 2-13 闪烁电路梯形图及动作时序图
a) 梯形图 b) 动作时序图

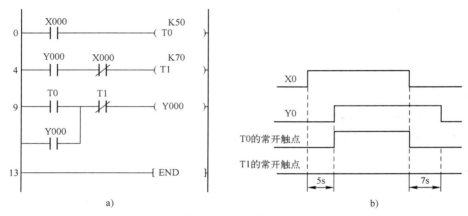

图 2-14 延时接通/断开电路梯形图及动作时序图
a) 梯形图 b) 动作时序图

任务 2.3 电动机两地起停控制

能力目标：
- 能根据控制要求，设计 PLC 的硬件接线图，完成 I/O 设备的连接。
- 能根据控制要求，利用已学的指令编写简单的 PLC 程序。
- 会用 GX Works2 编程软件进行程序的运行和调试。
- 具有一定的分析问题和解决问题的能力。

知识目标：
- ANB、ORB 指令的编程方法及应用。
- 用编程软件进行程序输入、修改、传送和测试的方法。
- 梯形图的特点及梯形图编程规则。

[任务导入]

现有一台三相交流异步电动机，需要在近地和异地两个不同地方均能用开关实现其起停控制。利用 PLC 实现上述控制要求。

[基础知识]

2.3.1 电路块的并联连接指令

1. 指令的格式及功能

电路块的并联连接指令的助记符、功能、操作数和程序步见表 2-7。

表 2-7 电路块的并联连接指令的助记符、功能、操作数和程序步

指令助记符及名称	功 能	操 作 数	程 序 步
ORB（电路块或）	串联电路块的并联连接	无	1

2. 使用说明

关于指令功能的几点说明如下：

1）两个或两个以上触点串联连接的电路块称为串联电路块。将串联电路块进行并联连接时，分支开始用 LD、LDI 指令，分支结束用 ORB 指令。

2）多个电路块并联时，可以分别使用 ORB 指令。

ORB 指令的用法如图 2-15 所示。

2-6 ORB 指令

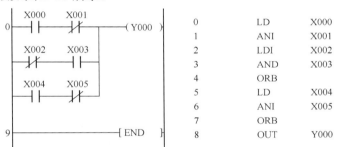

图 2-15 ORB 指令的用法

2.3.2 电路块的串联连接指令

1. 指令的格式及功能

电路块的串联连接指令的助记符、功能、操作数和程序步见表 2-8。

表 2-8 电路块的串联连接指令的助记符、功能、操作数和程序步

指令助记符及名称	功 能	操 作 数	程 序 步
ANB（电路块与）	并联电路块的串联连接	无	1

2. 使用说明

关于指令功能的几点说明如下：

1）由含有一个或多个触点的串联电路形成的并联分支电路称为并联电路块，对并联电路块进行串联连接时，应使用 ANB 指令。此电路块的起始用 LD、LDI 指令，结束用 ANB 指令。

2）多个电路块串联时，可以分别使用 ANB 指令。

ANB、ORB 指令的用法示例如图 2-16 所示。

2-7 ANB 指令

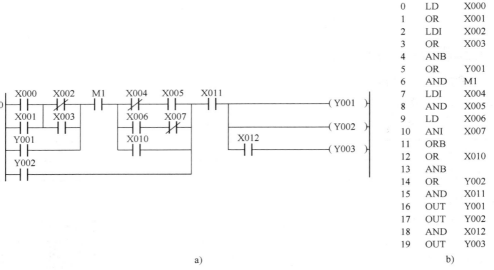

图 2-16 ANB、ORB 指令的用法示例
a) 梯形图   b) 指令表

[任务实施]

2.3.3　I/O 分配

由两地对一台电动机的控制要求可知,PLC 输入信号有近地控制开关 QS2、异地控制开关 QS3 和热继电器 FR 的保护触点;输出信号有接触器 KM。电动机两地运行控制的 I/O 分配见表 2-9。

表 2-9　电动机两地运行控制的 I/O 分配

输入设备	输入软元件编号	输出设备	输出软元件编号
近地控制开关 QS2	X0	控制电动机的接触器 KM	Y0
异地控制开关 QS3	X1		
热继电器 FR 保护触点	X2		

2.3.4　硬件接线

根据 PLC 的 I/O 分配,电动机两地运行控制的外部硬件接线如图 2-17 所示。

2.3.5　程序设计

根据控制要求,电动机两地运行控制的梯形图如图 2-18 所示。

2.3.6　运行和调试

1) 按图 2-17 将电动机主电路与 I/O 外部硬件连接起来。
2) 用通信电缆将装有 GX Works2 编程软件的计算机的 RS-232 接口与 PLC 的 RS-422 接口相连接。
3) 接通 PLC 电源。将 PLC 的工作方式开关扳到"STOP"位置,使 PLC 处于编程状态。
4) 用 GX Works2 编程软件,输入图 2-18 所示的程序并写入 PLC 中。

项目 2　PLC 软元件及基本指令的程序设计

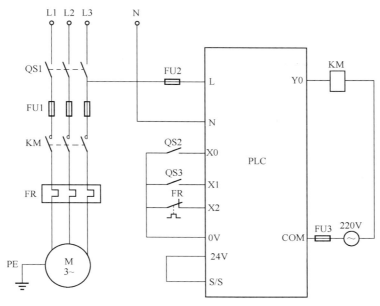

图 2-17　电动机两地运行控制的外部硬件接线

图 2-18　电动机两地运行控制的梯形图

5）监控运行。在 GX Works2 软件中，在菜单栏选择"调试"→"模拟开始"命令，单击相关触点，右击，在弹出菜单中选择"调试"→"当前值更改"命令，更改当前值后就可以监控 PLC 程序的运行过程。

6）运行和调试。将 PLC 的工作方式开关扳到"RUN"位置，合上电源开关 QS1，先合上开关 QS2，观察电动机 M 是否得电起动运行，断开 QS2，观察电动机 M 是否停止；再合上开关 QS3，观察电动机 M 是否得电起动运行，断开 QS3，观察电动机 M 是否停止。

[知识拓展] 梯形图的编程规则

1. 梯形图的编程规则

1）以左右两条垂直的线为母线，左母线与触点相连，右母线与线圈相连，中间是触点的逻辑连接（右母线可省略）。

2）触点使用次数不限，可以用于串行线路，也可用于并行线路。

3）线圈不能重复使用，输出线圈右边不能再接触点。

4）触点应画在水平线上，不能画在垂直线上。

5）改变触点的位置，将并联多的电路移近左母线，将串联触点多的电路放在上边，可节省存储空间，使程序简化。

6）PLC 的运行是串行的（继电器控制线路的运行是并行的）。

2．梯形图的特点

1）触点只能与左母线相连，不能与右母线相连。
2）线圈只能与右母线相连，不能直接与左母线相连，右母线可以省略。
3）线圈可以并联，不能串联连接。
4）应尽量避免双线圈输出。

3．梯形图与继电器控制图的异同点

1）相同点：电路结构形成大致相同；梯形图大致沿用继电控制电路元件符号，仅个别有些不同；信号输入、信息处理及输出控制的功能均相同。
2）不同点：组成器件不同，工作方式不同，触点数量不同，编程方式不同，联锁方式不同。

任务 2.4　电动机单按钮起停控制

能力目标：
- 能根据控制要求，设计 PLC 的硬件接线图，完成 I/O 设备的连接。
- 能根据控制要求，利用已学的指令编写简单的 PLC 程序。
- 会用 GX Works2 编程软件进行程序的运行和调试。
- 具有一定的分析问题和解决问题的能力。

知识目标：
- LDP、LDF、ANDP、ANDF、ORP、ORF、PLS、PLF 指令的编程方法及应用。
- 编程辅助继电器的应用。

[任务导入]

现要求设计一个只用一个按钮控制电动机起停的控制电路，其控制要求是：第一次按下该按钮，电动机起动，第二次按下该按钮，电动机停止。利用 PLC 实现上述控制要求。

[基础知识]

2.4.1　辅助继电器

辅助继电器不能直接输出，不能驱动外部负载，其由内部程序驱动，有无限个、多对的常开、常闭触点，用于 PLC 内部逻辑运算中状态的暂存。辅助继电器采用 M 和十进制共同编号的形式，主要包括以下三类。

1．通用辅助继电器

通用辅助继电器的线圈由用户程序驱动，若 PLC 在运行过程中突然断电，则通用辅助继电器将全部变为 OFF。若电源再次接通，除了因外部输入信号而变为 ON 的以外，其余的将变为 OFF。

FX_{3U} PLC 通用辅助继电器编号为 M0～M499，共 500 点。

2．断电保持辅助继电器

断电保持（又称锁存）辅助继电器用于保存停电前的状态，在电源断电时 PLC 用锂电池保持 RAM 中寄存器的内容。

FX$_{3U}$ PLC 断电保持辅助继电器编号为 M500～M7679，共 7180 点。其中，M500～M1023 可以使用参数设定来变更停电保持领域；M1024～M7679 是断电保持专用辅助继电器，无法用参数来改变其停电保持领域。

3．特殊辅助继电器

辅助继电器编号为 M8000～M8255，共 256 点，它们为特殊辅助继电器，它们用来表示 PLC 的某些状态，各自具有特定的功能。这些继电器通常分为两大类：

- 触点型。其线圈由 PLC 自动驱动，用户只可以利用其触点。举例如：

M8000：常为 ON，作运行（RUN）监视。

M8002：初始化脉冲（仅在 PLC 运行开始瞬间接通一个脉冲周期）。

M8011：产生 10ms 时钟脉冲。

M8012：产生 100ms 时钟脉冲。

M8013：产生 1s 时钟脉冲。

M8014：产生 1min 连续脉冲。

- 线圈驱动型。由用户程序驱动特殊辅助继电器的线圈，使 PLC 执行特定的操作，因此用户并不使用它们的触点。举例如：

M8030：当线圈"通电"后，锂电池电压降低，发光二极管熄灭。若锂电池电压跌落时，发光二极管指示灯点亮，提醒锂电池需更换。

M8033：当线圈"通电"后，PLC 进入"STOP"状态后，所有输出继电器的状态保持不变。PLC 处于"SOTP"时，映像寄存器和数据寄存器中的数据全部保持。

M8034：当线圈"通电"后，禁止全部输出（虽然输出全部禁止，但 PLC 中的程序及映像寄存器仍在运行）。

2.4.2 脉冲边沿检测指令

1．指令的格式和功能

脉冲边沿检测指令的助记符、功能、操作数和程序步见表 2-10。

表 2-10 脉冲边沿检测指令的助记符、功能、操作数和程序步

指令助记符及名称	功　能	操　作　数	程　序　步
LDP（取脉冲上升沿）	取脉冲上升沿与母线连接	X、Y、M、S、T、C	2
LDF（取脉冲下降沿）	取脉冲下降沿与母线连接	X、Y、M、S、T、C	2
ANDP（与脉冲上升沿）	串联连接脉冲上升沿	X、Y、M、S、T、C	2
ANDF（与脉冲下降沿）	串联连接脉冲下降沿	X、Y、M、S、T、C	2
ORP（或脉冲上升沿）	并联连接脉冲上升沿	X、Y、M、S、T、C	2
ORF（或脉冲下降沿）	并联连接脉冲下降沿	X、Y、M、S、T、C	2

2．使用说明

关于脉冲边沿检测指令功能的说明如下。

1）LDP、ANDP、ORP 使指定的位软元件在上升沿（0→1）时接通一个扫描周期。

2）LDF、ANDF、ORF 使指定的位软元件在下降沿（1→0）时

接通一个周期。

脉冲检测指令的用法举例如图 2-19 所示。

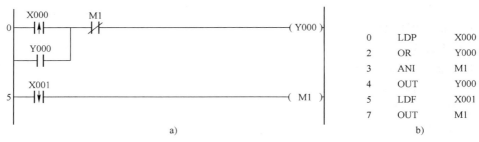

图 2-19 脉冲检测指令的用法举例
a) 梯形图 b) 指令表

[任务实施]

2.4.3 I/O 分配

由电动机单按钮起停控制要求可知，PLC 输入信号有按钮 SB1；输出信号有控制接触器 KM，其 I/O 分配见表 2-11。

表 2-11 电动机单按钮起停控制的 I/O 分配

输 入 设 备	输入软元件编号	输 出 设 备	输出软元件编号
按钮 SB1	X0	接触器 KM	Y0

2.4.4 硬件接线

根据 PLC 的 I/O 分配，电动机单按钮起停控制的外部接线如图 2-20 所示。

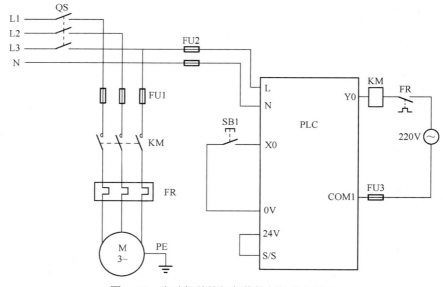

图 2-20 电动机单按钮起停控制的外部接线

2.4.5 程序设计

根据控制要求，利用脉冲检测指令，电动机单按钮起停控制的梯形图如图 2-21 所示。

图 2-21 电动机单按钮起停控制的梯形图

2.4.6 运行和调试

1）按图 2-20 将电动机主电路与 I/O 外部硬件连接起来。

2）用通信电缆将装有 GX Works2 编程软件的计算机的 RS-232 接口与 PLC 的 RS-422 接口相连接。

3）接通 PLC 电源。将 PLC 的工作方式开关扳到"STOP"位置，使 PLC 处于编程状态。

4）用 GX Works2 编程软件，输入如图 2-21 所示的程序并写入 PLC 中。

5）监控运行。在 GX Works2 软件中，在菜单栏执行"调试"→"模拟开始"命令，单击相关触点，右击，执行"调试"→"当前值更改"命令，更改当前值后就可以监控 PLC 程序的运行过程。

6）运行和调试。将 PLC 的工作方式开关扳到"RUN"位置，检查是否实现控制功能。

[知识拓展] 脉冲输出指令

1. 指令的格式和功能

脉冲输出指令的助记符、功能、操作数和程序步见表 2-12。

表 2-12 脉冲输出指令的助记符、功能、操作数和程序步

指令助记符及名称	功 能	操 作 数	程 序 步
PLS（上升沿脉冲）	上升沿微分输出	Y、M（特殊 M 除外）	2
PLF（下降沿脉冲）	下降沿微分输出	Y、M（特殊 M 除外）	2

2. 指令说明

关于脉冲输出指令功能的说明如下。

1）使用 PLS 指令时，仅在输入为 ON 后的一个扫描周期内使软元件 Y、M 动作；使用 PLF 指令时，仅在输入为 OFF 后的一个扫描周期内使软元件 Y、M 动作。上升沿和下降沿脉冲指令分别与 PLS、PLF 具有同样的动作功能。

2）使用计数器时，有时为了保证输入为 ON 后马上清零，需要使用 PLS 指令。

PLS、PLF 指令的用法举例如图 2-22 所示。

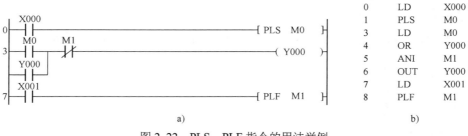

图 2-22 PLS、PLF 指令的用法举例
a) 梯形图 b) 指令表

3. 用 PLS 指令实现电动机单按钮起停控制的梯形图和动作时序图

用 PLS 指令实现电动机单按钮起停控制的梯形图和动作时序图如图 2-23 所示。

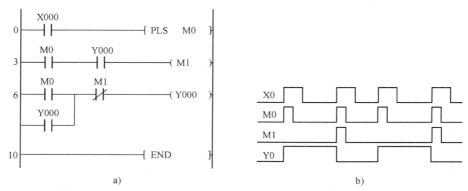

图 2-23 使用 PLS 指令实现电动机单按钮起停控制的梯形图及时序图
a) 梯形图 b) 时序图

任务 2.5　电动机正反转自动循环控制

能力目标：
- 能根据控制要求，设计 PLC 的硬件接线图，完成 I/O 设备的连接。
- 能根据控制要求，利用已学的指令编写简单的 PLC 程序。
- 能用 GX Works2 编程软件进行程序的运行、调试。
- 具有一定的分析问题和解决问题的能力。

知识目标：
- 计数器的应用。
- 长延时电路的原理。

[任务导入]

在实际生产中，对许多运动部件要求有正反两个运动方向，要求电动机能够实现正转和反转两个方向的运动。现有一台三相交流电动机，其控制要求是：按下起动按钮 SB1 时，电动机起动并正向运行 5s，停止 3s，再反向起动并运行 5S，停 3s，然后再正向运转，如此循环 10 次后停止运行。若按下停止按钮 SB2 时，电动机停止。当电动机过载时，电动机停止。现用 PLC 实现上述控制要求。

项目 2　PLC 软元件及基本指令的程序设计

[基础知识]

2.5.1　计数器概述

PLC 计数器（C）具有计数功能，它由等效计数线圈、复位线圈及对应的常开常闭触点组成。当复位线圈接通时，计数器复位。计数线圈每接通一次，计数器计数一次。当计数器的当前值与设定值相等时，其触点动作。

2.5.2　计数器的分类

FX 系列的计数器分为 16 位增计数器、32 位增/减计数器和高速计数器三类。

（1）16 位增计数器

16 位增计数器是一种 16 位二进制加法计数器，设定值为 1～32 767。16 位通用加计数器编号为 C0～C99；16 位锁存加计数器编号为 C100～C199。16 位增计数器的动作原理如图 2-24 所示。当 X0 闭合时，对计数器 C0 清零，X1 从 OFF→ON，计数器 C0 计数一次。当计数器的当前值等于设定值 K20 时，C0 常开触点闭合，驱动输出继电器 Y0。

图 2-24　16 位增计数器的动作原理

（2）32 位增/减计数器

32 位增/减计数器是 32 位二进制加法器，设定值为 -2 147 483 648～+2 147 483 647。在 FX 系列 PLC 中，只有 FX_{1N}、FX_{2N}、FX_{2NC}、FX_{3U} 等机型才有。32 位通用增/减计数器的对应编号为 C200～C219；32 位锁存增/减计数器的对应编号为 C220～C234。

增/减计数器的切换由特殊辅助继电器 M8200～M8234 实现。当 M82□□ 为 OFF 时，对应的 C2□□ 为增计数。当 M82□□ 为 ON 时，对应的 C2□□ 为减计数，其动作原理如图 2-25 所示。图中，当 X0 闭合时，M8210 为 ON，C210 为减计数器；当 X0 断开时，M8210 为 OFF，C210 为增计数器。

2-10 计数器

图 2-25　32 位增/减计数器的动作原理

（3）高速计数器

当计数频率较高时（如几千赫兹），需要使用高速计数器。

FX_{2N} 有高速计数器，其编号为 C235～C255，共 21 点，设定值为 -2 147 483 648～+2 147 483 647。高速计数器都有计数中断输入端，见表 2-13。

表 2-13 高速计数器的输入端情况

	1相1计数输入											1相2计数输入					2相2计数输入				
	C235	C236	C237	C238	C239	C240	C241	C242	C243	C244	C245	C246	C247	C248	C249	C250	C251	C252	C253	C254	C255
X000	U/D					U/D		U/D		U	U	U		U			A	A		A	
X001		U/D					R			R		D		D			B	B		B	
X002			U/D					U/D			U/D	R		R			R			R	
X003				U/D					R		R		U		U			A			A
X004					U/D					U/D			D		D			B			B
X005						U/D					R		R		R			R			R
X006								S					S					S			
X007											S				S						S

注: U 为增计数器输入, D 为减计数器输入, A 为 A 相输入, B 为 B 相输入, R 为复位输入, S 为起始输入。

高速计数器的计数中断输入端子是专门指定的。例如,X0 适用于 C235、C241、C244 等。若使用了 C235 计数器,则意味着选用 X0 作为它的中断输入端子,C241、C244 等就不能再使用了。

下面介绍单向单输入(C235~C245)的工作原理。这类高速计数器的方向由与之相应的特殊辅助继电器 M8235~M8245 负责切换。当 M82□□ 为 OFF 时,C2□□ 为增计数。当 M82□□ 为 ON 时,C2□□ 为减计数。其中 C235~C240 的复位要使用 RST 指令,C241~C245 复位要使用表 2-13 中所示的复位输入端。

图 2-26a 中的复位使用 RST 指令,其中断输入端用 X000。当 X012 闭合时,C235 按 X000 的输入 OFF→ON 时计数。当 M8235 为 ON 时,计数器 C235 为减计数器;当 M8235 为 OFF 时,计数器 C235 为增计数器。图 2-26b 中 C244 的复位端为 X001。当 X001 闭合时,C244 复位清零。C244 的复位也可通过程序中的 X011 执行。当 X012 接通时,由 X000 读入计数器值。

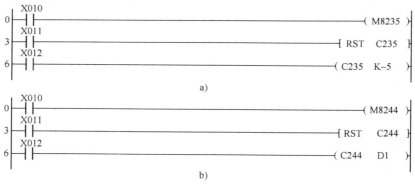

图 2-26 单相单输入计数器的工作原理
a) 用 M8235 切换 b) 用 M8244 切换

[任务实施]

2.5.3 I/O 分配

由电动机正反转控制的要求可知,PLC 输入信号有起动按钮 SB1、停止按钮 SB2 和热继电器 FR 的触点；输出信号有正转接触器 KM1、反转接触器 KM2，其 I/O 分配见表 2-14。

表 2-14 电动机正反转自动循环控制 PLC 的 I/O 分配

输 入 设 备	输入软元件编号	输 出 设 备	输出软元件编号
起动按钮 SB1	X0	正转接触器 KM1	Y0
停止按钮 SB2	X1	反转接触器 KM2	Y1
热继电器 FR 的触点	X2		

2.5.4 硬件接线

根据 PLC 的 I/O 分配，电动机正反转控制的外部接线如图 2-27 所示。

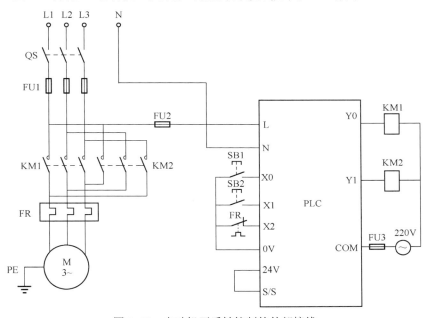

图 2-27 电动机正反转控制的外部接线

2.5.5 程序设计

根据控制要求，电动机正反转控制的梯形图如图 2-28 所示。

2.5.6 运行和调试

1）按图 2-27 将电动机主电路与 I/O 外部硬件连接起来。

2）用通信电缆将装有 GX Works2 编程软件的计算机的 RS-232 接口与 PLC 的 RS-422 接口相连接。

3）接通 PLC 电源。将 PLC 的工作方式开关扳到"STOP"位置，使 PLC 处于编程状态。

4）用 GX Works2 编程软件，输入如图 2-28 所示的程序并写入 PLC 中。

5）监控运行。在 GX Works2 软件中，在菜单栏执行"调试"→"模拟开始"命令，单击相关触点，右击，执行"调试"→"当前值更改"命令，更改当前值后就可以监控 PLC 程序的运行过程。

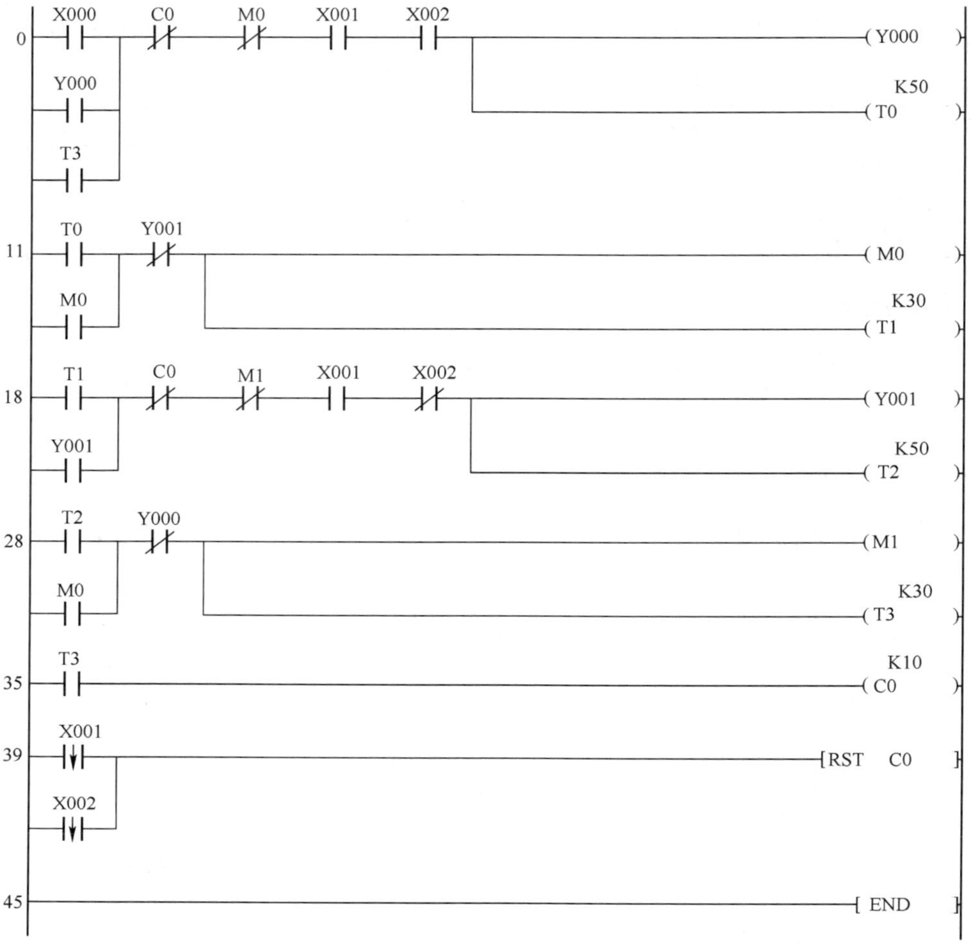

```
      X000   C0    M0    X001  X002
 0    ─┤├──┤/├──┤/├──┤├──┤├─────────────(Y000)
      Y000                                K50
      ─┤├─                              ─(T0)
      T3
      ─┤├─

      T0    Y001
11    ─┤├──┤/├──────────────────────────(M0)
      M0                                  K30
      ─┤├─                              ─(T1)

      T1    C0    M1    X001  X002
18    ─┤├──┤/├──┤/├──┤├──┤├─────────────(Y001)
      Y001                                K50
      ─┤├─                              ─(T2)

      T2    Y000
28    ─┤├──┤/├──────────────────────────(M1)
      M0                                  K30
      ─┤├─                              ─(T3)

      T3                                  K10
35    ─┤├───────────────────────────────(C0)

      X001
39    ─┤↓├──────────────────────[RST  C0]
      X002
      ─┤↓├─

45    ───────────────────────────────[END]
```

图 2-28　电动机正反转控制的梯形图

6）运行和调试。将 PLC 的工作方式开关扳到 "RUN" 位置，合上电源开关 QS，按 SB1，观察电动机是否是按正转-停-反转的要求进行；按 SB2，观察电动机是否停止。

[技能拓展] 长延时电路和常闭触点输入信号的处理

1. 计数器和定时器所构成的长延时电路

由于 FX 系列定时器最大定时时间为 3 276.7s，若需要更长的定时时间，可以将计数器和定时器联合使用。如图 2-29 所示为定时为 24h 的长延时控制的梯形图及时序图。当 X0 动作时，利用 T0 和 C0 构成延时电路，其延时时间 $T=0.1×K_T×K_C=0.1×28\,800×30\text{s}=86\,400\text{s}=24\text{h}$。

2. 常闭触点输入信号的处理

在继电器控制电路中，停止按钮和热继电器保护触点用常闭触点，但是在 PLC 控制时，它们可以用常开触点，也可以用常闭触点。若停止按钮接常开触点时，PLC 程序逻辑关系与继电器控制相同；若停止按钮接常闭触点时，PLC 逻辑关系与继电器控制相反，其相应程序如图 2-30 所示。热继电器触点和停止按钮一般接常闭触点，这样安全性好。

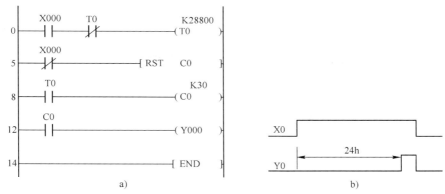

图 2-29 定时为 24h 的长延时控制的梯形图及时序图
a) 梯形图 b) 时序图

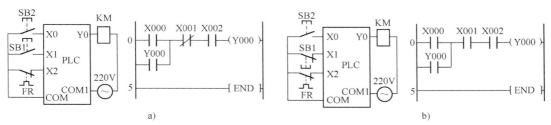

图 2-30 停止按钮接常闭或常开触点时的 PLC 程序
a) 停止按钮接常开触点 b) 停止按钮接常闭触点

任务 2.6 电动机星-三角降压起动控制

能力目标：
- 能根据控制要求，设计出 PLC 的硬件接线图，完成 I/O 设备的连接。
- 能根据控制要求，利用已学的指令编写简单的 PLC 程序。
- 能用 GX Works2 编程软件进行程序的运行、调试。
- 具有一定的分析问题、解决问题和创新能力。

知识目标：
- MC、MCR、MPS、MRD、MPP 指令的编程方法及应用。
- M、T 的应用。
- 主控指令和多重输出指令的异同。
- PLC 控制系统设计方法。

[任务导入]

现有一台电动机，其起动时要求是：按下起动按钮 SB1 时，接触器 KM1 和 KM3 得电，使电动机定子绕组接成星形（Y）并降压起动；起动 10s 后，接触器 KM1 和 KM2 得电，使电动机定子绕组接成三角形（△）并全压运行。当按下停止按钮 SB2 时，电动机停止。利用 PLC 实现上述控制要求。

[基础知识]

2.6.1 主控移位和复位指令

在编程时，常遇到具有主控点的电路，使用主控移位和复位指令会使编程简化。

1. 指令的格式和功能

主控移位和复位指令的助记符、功能、操作数和程序步见表 2-15。

表 2-15 主控移位和复位指令的助记符、功能、操作数和程序步

指令助记符及名称	功　能	操　作　数	程　序　步
MC（主控移位）	公共触点串联的连接	N（层次）、Y、M（特 M 除外）	3
MCR（主控复位）	公共触点串联的清除	N（层次）	2

2. 使用说明

主控移位和复位指令功能的说明如下。

1）当控制触点接通时，执行主控 MC 指令，相当于母线（LD、LDI 点）移到主控触点后，直接执行从 MC 到 MCR 之间的指令。MCR 令其返回原母线。MC、MCR 指令的用法如图 2-31 所示。当 X000 接通时，执行 MC 指令，母线移动，主控线圈 M1 得电，其主控触点 M1 闭合，执行从 MC 到 MCR 之间的程序。当程序运行到 MCR 指令时，母线返回，再执行下面的程序。当 MC 指令的控制触点断开时（如图 2-31 中，X000 为断开状态），不能执行从 MC 到 MCR 之间的指令。

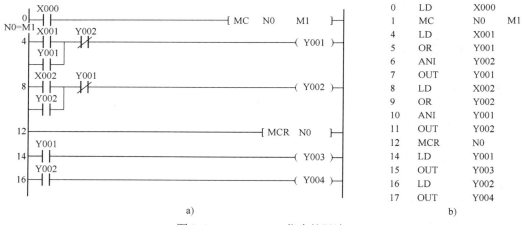

图 2-31 MC、MCR 指令的用法
a) 梯形图　b) 指令表

2）当多次使用主控指令（但没有嵌套）时，可以通过改变 Y、M 地址号，通常用 N0 进行编程。N0 的使用次数没有限制。

3）MC、MCR 指令可以嵌套。嵌套时，MC 指令的嵌套级 N 的地址号从 N0 开始，按顺序增大。使用返回指令 MCR 时，嵌套级地址号顺次减少。

2.6.2 多重输出指令

1. 指令的格式和功能

多重输出是指在某一点经串联触点驱动线圈之后，再由这一点驱动另一线圈，或再经串联

触点驱动另一线圈的输出方式。

多重输出指令的助记符、功能、操作数和程序步见表 2-16。

表 2-16 多重输出指令的助记符、功能、操作数和程序步

指令助记符及名称	功 能	操 作 数	程 序 步
MPS（进栈）	将运算结果（或数据）压入栈存储器第一层，并将先前送入的数据依次移到栈的下一层	无	1
MRD（读栈）	将栈存储器第一层的内容读出，且该数据继续保存在栈存储器第一层，栈内数据不发生移动	无	1
MPP（出栈）	将栈存储器第一层的内容弹出，且该数据从栈中消失，并将栈中其他数据依次上移一层	无	1

多重输出指令的用法示例如图 2-32 所示。

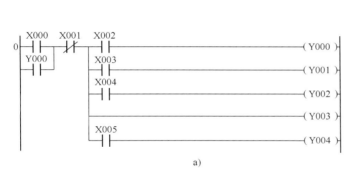
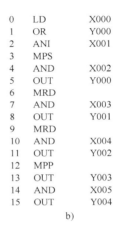

图 2-32 多重输出指令的用法示例
a) 梯形图 b) 指令表

由图 2-32 可知，编程时要注意多重输出与纵接输出的区别。Y0、Y1、Y2、Y3 构成多重输出，但 Y3、Y4 构成纵接输出。

2. 使用说明

1）MPS、MRD、MPP 指令无操作软元件。

2）MPS、MPP 指令可重复使用，但连续使用不能超过 11 次，且两者必须成对使用。

3）MRD 指令根据情况可以不用，也可多次连续重复使用，但不能超过 24 次。

4）MPS、MRD、MPP 指令后串联的是单个常开或常闭触点，应使用 AND 或 ANI 指令。

5）MPS、MRD、MPP 指令后串联的是并联电路块，应使用 ANB 指令。

[任务实施]

2.6.3 I/O 分配

由电动机星-三角形起动控制要求可知，PLC 输入信号有起动按钮 SB1、停止按钮 SB2、热继电器过载保护触点 FR；输出信号有控制接触器 KM1、KM2、KM3，其 I/O 分配见表 2-17。

表 2-17 电动机星-三角形起动控制的 I/O 分配

输入设备	输入软元件编号	输出设备	输出软元件编号
起动按钮 SB1	X0	接触器 KM1	Y0
停止按钮 SB2	X1	接触器 KM3	Y1
热继电器过载保护触点 FR	X2	接触器 KM2	Y2

2.6.4 硬件接线

根据 PLC 的 I/O 分配，电动机星-三角形起动控制主电路及 PLC 外部接线如图 2-33 所示。

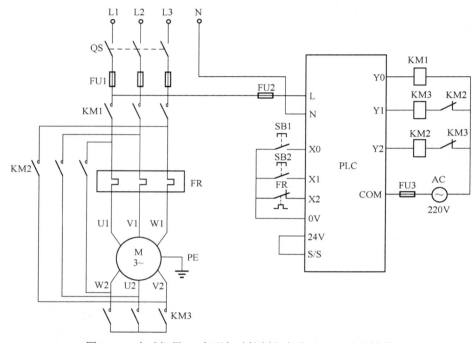

图 2-33 电动机星-三角形起动控制主电路及 PLC 外部接线

2.6.5 程序设计

1．利用主控指令的程序

根据控制要求，用主控指令的梯形图如图 2-34 所示。

2．利用多重指令的程序

根据控制要求，利用多重指令的梯形图和指令表如图 2-35 所示。

2.6.6 运行和调试

1）按图 2-33 将电动机控制主电路与 I/O 外部硬件连接起来。

2）用通信电缆将装有 GX Works2 编程软件的计算机的 RS-232 接口与 PLC 的 RS-422 接口相连接。

3）接通 PLC 电源。将 PLC 的工作方式开关扳到"STOP"位置，使 PLC 处于编程状态。

4）用 GX Works2 编程软件，输入图 2-34 或图 2-35 所示的程序并写入 PLC 中。

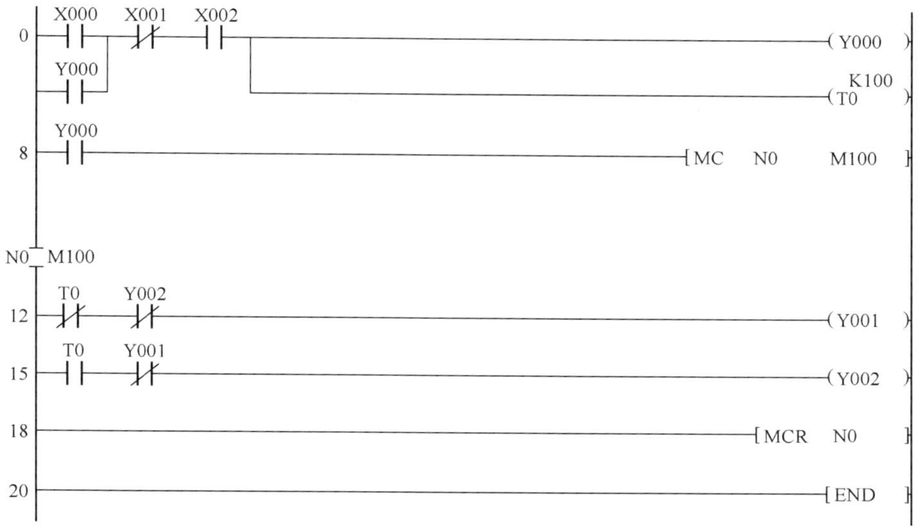

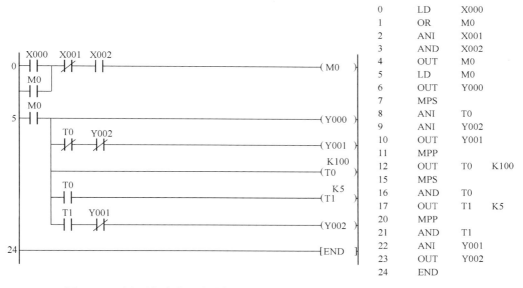

图 2-34　用主控指令实现电动机星-三角形起动控制梯形图

0	LD	X000	
1	OR	M0	
2	ANI	X001	
3	AND	X002	
4	OUT	M0	
5	LD	M0	
6	OUT	Y000	
7	MPS		
8	ANI	T0	
9	ANI	Y002	
10	OUT	Y001	
11	MPP		
12	OUT	T0	K100
15	MPS		
16	AND	T0	
17	OUT	T1	K5
20	MPP		
21	AND	T1	
22	ANI	Y001	
23	OUT	Y002	
24	END		

图 2-35　用多重指令实现电动机星-三角形起动控制 PLC 的梯形图和指令表

5）监控运行。在 GX Works2 软件中，在菜单栏执行“调试”→“模拟开始”命令，单击相关触点，右击，执行“调试”→“当前值更改”命令，更改当前值后就可以监控 PLC 程序的运行过程。

6）运行和调试。将 PLC 的工作方式开关扳到“RUN”位置，检查是否实现控制功能。

[知识拓展] PLC 控制系统设计

1. PLC 控制系统设计的原则

PLC 控制系统设计包括硬件设计和软件设计两部分，基本原则主要有以下几点。

1）充分发挥 PLC 的控制功能，最大限度地满足生产要求。设计前，应深入现场进行调查研究，并与相关部门的设计人员和实际操作人员紧密配合，共同制定控制方案，协同解决设计中出现的各种问题。

2）在满足控制要求的前提下，力求使控制系统经济、简单，使用、维护方便。

3）保证控制系统安全、可靠。在满足控制要求的同时，要注意硬件的安全防护。

4）考虑到生产发展、工艺改进和系统扩充的需要，在选用 PLC 时，在 I/O 点数和内存容量上要适当留有余量。

5）采用模块化设计，尽量减少程序量，并全面注释，便于维修。

6）软件设计主要是编写程序，要求程序结构清楚、可读性强、程序简洁、占用内存少、扫描周期短。

2．PLC 控制系统的设计内容

1）根据设计任务书进行工艺分析，并确定控制方案。

2）选择输入设备（如开关、按钮、传感器等）和输出设备（如接触器、电磁阀、指示灯等执行机构）。

3）选择 PLC 的型号（包括机型、容量、I/O 模块和电源等）。

4）分配 PLC 的 I/O 点，绘制 I/O 硬件接线图。

5）编写程序并调试。

6）设计控制系统的操作台、电气控制柜及安装接线图。

7）编写设计说明书和使用说明书。

3．PLC 控制系统的设计步骤

（1）工艺分析

深入了解控制对象的工艺过程、工作特点、控制要求，并划分控制的各个阶段，归纳各个阶段的控制特点和各阶段之间的转换条件，画出控制流程图或功能流程图。

（2）选择合适的 PLC 类型

选择 PLC 机型的基本原则是获得最佳的性价比。PLC 的型号种类很多，选用时，应考虑 PLC 的性能、PLC 的 I/O 点数和内存。

（3）分配 I/O 点

分配 PLC 的 I/O 点，编写 I/O 分配表或绘制 I/O 的接线图，之后就可以进行 PLC 程序设计，同时进行控制柜或操作台的设计及现场施工。

（4）程序设计及调试

在编写程序时，常用的方法有经验法、解析法、图解法及计算机辅助设计法。

1）经验法：运用自己或别人的经验进行设计。设计前，选择与当前设计要求类似的成功例子，增删部分功能，或运用其中的部分程序。

2）解析法：利用组合逻辑或时序逻辑的理论，并采用相应的解析方法进行逻辑求解，根据其解编制程序。这种方法可使程序优化或算法优化，是较为有效的方法。

3）图解法：通过画图进行设计，常用的有梯形图法、波形图法和状态转移图法。梯形图法是基本方法，无论经验法还是解析法，一般都用梯形图法来实现；波形图法主要用于时间控制电路，先画出信号波形，再依时间变化用逻辑关系进行组合，可以很方便地设计出程序；状态转移图法用于描述控制系统的控制过程、功能和特性，是设计 PLC 顺序控制程序的一种便利的工具。

4）计算机辅助设计法：利用应用软件，在计算机上设计出梯形图，然后传送到 PLC 中。目前普遍采用这种方法。然后对程序进行模拟调试和修改，直到满足控制要求为止。

（5）控制柜或操作台设计和现场施工

设计控制柜及操作台的电气元件布置图和安装接线图；设计电气控制系统各部分的电气互锁图；根据图纸进行现场接线，并检查。

（6）应用系统整体调试

若控制系统由几个部分组成，则应先进行局部调试，再进行整体调试；若控制程序的步序较多，则可先进行分段调试，然后连接起来总调。调试时，主电路一定要断电，只对控制电路进行联机调试。

（7）编制技术文件

技术文件包括 PLC 的外部接线图、电气元件布置图、电气元件明细表、功能流程图、带注释的梯形图和说明。说明书中通常应对程序的控制要求、程序的结构、流程图等进行必要的说明，并介绍程序的安装操作、使用步骤等。

[自测题]

1．填空题

（1）PLC 内部与输入端子连接的输入继电器 X 是用_____的电子继电器，它们的编号与接线端子的编号一致，按_____进行编号。

（2）输出继电器线圈的通断由_____驱动，输出继电器也按_____编号。

（3）三菱 FX_{3U} 系列 PLC 所提供的定时器相当于一个_____继电器。定时器通常分为以下两类：_____定时器和_____定时器。

（4）定时器的线圈_____时开始定时，定时时间到时，其常开触点_____，常闭触点_____；通用定时器的_____时被复位，复位后其常开触点_____，常闭触点_____，当前值等于_____。

（5）计数器计数当前值等于设定值时，其常开触点_____，常闭触点_____。再次输入计数脉冲时，当前值_____。复位输入电路_____时，计数器被复位，复位后其常开触点_____，常闭触点_____，当前值为_____。

（6）PLC 指令中，计数器 C230 为_____计数器，当它作为减计数时，相对应的特殊辅助继电器_____。

（7）_____相当于中间继电器，用于存储运算中间的临时数据，它没有向外的任何联系，只供内部编程使用。

（8）_____是初始化脉冲，当 PLC 由_____时，它接通一个扫描周期。当 PLC 处于 RUN 状态时，M8000 一直为_____。

（9）_____为产生 100ms 时钟脉冲的特殊辅助继电器，_____为产生 1s 脉冲的特殊辅助继电器。

（10）取指令 LD 的功能是_____相连；取反指令 LDI 的功能是取用_____相连。

（11）与指令 AND 的功能是_____串联连接；与反指令 ANI 的功能是_____串联连接。

（12）OUT 指令不能用于_____继电器。

（13）两个以上的触点串联连接的电路称为_____，当串联电路块和其他电路并联连接时，支路的起点用 LD、LDI 指令开始，分支结束要使用_____指令。

（14）两个以上的触点并联连接的电路称为_____。支路的起点用 LD、LDI 指令开始，并联电路块结束后，使用_____指令与前面串联。

（15）FX₃ᵤ PLC 提供了_____个存储器给用户，用于存储中间运算结果，称为_____。多重输出指令就是对该堆栈存储器进行操作的指令，包括_____、_____和_____。

（16）_____的功能是通过 MC 指令操作元件的常开触点将左母线移位，产生一根临时的左母线，形成主控电路块。与主控触点下端相连的常闭触点应使用_____指令。

（17）脉冲下降沿微分指令 PLF 的功能是_____，其操作元件为输出继电器 Y、辅助继电器 M，但不能是_____。

（18）与脉冲下降沿指令 ANDF 用以检测_____，仅在指定串联软元件的_____时刻，接通一个扫描周期。

2．判断题

（1）FX 系列 PLC 输入继电器是用程序驱动的。（　　）

（2）LD 与 LDI 指令用于与母线相连的接点，作为一个逻辑行的开始，还可用于分支电路的起点。（　　）

（3）驱动指令 OUT 又称为输出指令，它的功能是驱动一个线圈，通常作为一个逻辑行的开始。（　　）

（4）AND、ANDI 指令用于一个触点的并联，但并联触点的数量不限，这两个指令可连续使用。（　　）

（5）OR、ORI 可连续使用并且不受使用次数的限制。（　　）

（6）FX₃ᵤ PLC 所提供的定时器相当于一个通电延时时间继电器，若要实现断电延时功能，必须依靠编程实现。（　　）

（7）进行串联的电路块编程时，也可以在这些电路块的末尾集中使用 ANB 指令，但此时 ANB 指令使用次数不允许超过 10 次。（　　）

（8）M8002 为初始脉冲特殊辅助继电器，在 PLC 运行开始后始终处于接通状态。（　　）

（9）当使用 MPS 指令进栈后，未使用 MPP 指令出栈，而再次使用 MPS 指令进栈的形式称为嵌套，MPS 指令的连续使用不得超过 20 次。（　　）

（10）主控复位指令 MCR 的功能是使主控指令产生的临时左母线复位，即左母线返回，结束主控电路块。MCR 指令的操作元件为主控标志（N0～N7），且必须与主控指令相一致，返回时一定是从 N7→N1 使用。（　　）

（11）脉冲上升沿微分指令 PLS 的功能是在输入信号的上升沿产生一个周期的脉冲输出。其操作元件为输出继电器 Y、辅助继电器 M，但不能是特殊辅助继电器。（　　）

（12）取脉冲上升沿指令 LDP 可用于检测连接到母线触点的上升沿，仅在指定软元件的上升沿（从 ON→OFF）时刻，接通 1 个扫描周期。（　　）

（13）置位指令 SET 的功能是使被操作的元件接通并保持；复位指令 RST 的功能是使被操作的元件断开并保持。（　　）

（14）输入继电器仅是一种形象说法，并不是真实继电器，它是编程语言中专用的"软元件"。（　　）

（15）所有内部辅助继电器均带有停电记忆功能。（　　）

3．选择题

（1）一般而言，PLC 的 I/O 点数要冗余（　　）。

A. 10% B. 5% C. 15% D. 20%

（2）FX 系列 PLC 中的 OUT 表示（　　）指令。
　　A. 下降沿　　B. 输出　　C. 输入有效　　D. 输出有效

（3）FX 系列 PLC 中的 SET 表示（　　）指令。
　　A. 下降沿　　B. 上升沿　　C. 输入有效　　D. 置位

（4）FX 系列 PLC 中的 RST 表示（　　）指令。
　　A. 下降沿　　B. 上升沿　　C. 复位　　D. 输出有效

（5）M8013 的脉冲输出周期是（　　）秒。
　　A. 5　　B. 13　　C. 10　　D. 1

（6）M8013 脉冲的占空比是（　　）。
　　A. 50%　　B. 100%　　C. 40%　　D. 60%

（7）表示 1s 时钟脉冲的特殊辅助继电器是（　　）。
　　A. M8000　　B. M8002　　C. M8011　　D. M8013

（8）在 PLC 指令表中，分别表示置位和复位的指令是（　　）。
　　A. STL、RST　　B. SET、RST　　C. MPS、MPP　　D. PLS、PLF

（9）FX 系列 PLC 中的 LDP 表示（　　）指令。
　　A. 下降沿　　B. 上升沿　　C. 输入有效　　D. 输出有效

（10）FX 系列 PLC，主控指令应采用（　　）。
　　A. CJ　　B. MC　　C. GO TO　　D. SUB

（11）与主控触点相连的触点必须用（　　）指令。
　　A. LD 或 LDI
　　B. AND 或 ANI
　　C. OR 或 ORI
　　D. ORB 或 ANB

（12）MC 和 MCR 指令中包括嵌套的层数最多有（　　）层。
　　A. 5　　B. 6　　C. 4　　D. 8

[思考与习题]

1. FX 系列 PLC 共有几种类型的定时器？各有何特点？
2. 简述计数器的分类、用途。计数器的计数范围是多少？
3. 如何将 C200～C255 设置为加计数器或减计数器？
4. FX 系列 PLC 共有几种类型的辅助继电器？各有何特点？
5. 请将图 2-36 的梯形图转换成指令表。

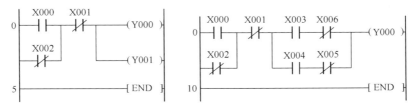

图 2-36　思考与习题 5 的梯形图

6. 将图 2-37 的指令表转换成梯形图。

```
0  LD    X002
1  ANI   M2
2  LDP   X003
4  AND   M3
5  ORB
6  ORI   X020
7  OUT   Y000
8  END
       a)
```

```
0   LD    X002
1   ORP   X003
3   LDI   M2
4   OR    M3
5   ANB
6   OUT   Y000
7   MPS
8   AND   X004
9   OUT   C0     K5
12  MPP
13  ANI   X006
14  OUT   T0     K100
17  END
           b)
```

图 2-37 思考与习题 6 的指令表

7. 在 PLC 控制电路中，停止按钮和热继电器使用外部常闭触点或常开触点时，PLC 的程序相同吗？实际使用时采用哪一种？为什么？

8. 在 PLC 控制电路中，为了节约 PLC 的 I/O 点数，常将热继电器的常闭触点接在接触器的线圈电路中，试画出该电路。

9. 某控制系统有一盏红灯，当合上开关 K1 后，红灯亮 1s、灭 1s，累计点亮半个小时后自行关闭。试编写控制程序。

10. 将三个指示灯接在输出端上，要求 SB0、SB1、SB2 三个按钮任意一个按下时，灯 HL0 亮；任意两个按钮按下时，灯 HL1 点亮；三个按钮同时按下时，灯 HL2 点亮，没有按钮按下时，所有灯不亮。试用 PLC 来实现上述控制要求。

11. 试用计数器实现单按钮起停控制程序。

12. 自动冲水设备在有人使用时光电开关 X000 为 ON，冲水控制系统在使用者使用 3s 后令冲水阀 Y000 为 ON 并冲水 2s，使用者离开后，冲水 5s 后停止，试编写程序。

13. 试设计一个控制电路，该电路中有三台电动机，并且它们用一个按钮控制。第 1 次按下按钮时，M1 起动；第 2 次按下按钮时，M2 起动；第 3 次按下按钮时，M3 起动；再按一次按钮三台电动机都停止。

心中有规、行为有则

《孟子·离娄章句上》言："不以规矩，不能成方圆。"规矩从古至今都十分重要。规矩意识就是让我们"知敬畏、存戒惧、守底线"。

项目3 PLC步进顺控指令的程序设计

任务3.1 自动运料小车控制

能力目标:
- 能根据被控对象的输入、输出信号及所选定的PLC,分配PLC的I/O设备并接线。
- 能根据控制要求,绘制单流程的顺序功能图。
- 能利用步进指令将顺序功能图转换成梯形图。
- 能熟练用GX Works2编程软件,实现步进梯形图程序的编写、传送和监测等操作,并对PLC程序进行调试、运行。
- 能对控制系统进行调试、运行。
- 具有一定的分析问题和解决问题的能力。

知识目标:
- PLC内部编程软元件——状态继电器的应用。
- 顺序功能图的组成要素和基本结构。
- PLC步进指令的使用方法。
- 单流程顺序功能图的编程方法,顺序功能图与梯形图、指令表之间的转换。
- 单流程顺序功能图的编程思路。

[任务导入]

图3-1所示为运料小车往返运行控制示意图,其动作要求如下。

1) 按下起动按钮SB(X000),小车电动机M正转(Y0),小车第一次前进,碰到限位开关SQ1(X001)后,小车电动机M反转(Y1),小车后退。

2) 小车后退,碰到限位开关SQ2(X002)后,小车电动机M停转。停5s后,第二次前进,碰到限位开关SQ3(X003),再次后退。

3) 第二次后退碰到限位开关SQ2(X002)时,小车停止。

利用PLC实现上述控制要求。

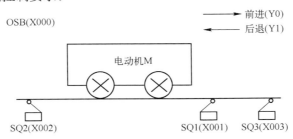

图3-1 运料小车往返运行控制示意图

[基础知识]

3.1.1 步进顺控概述

一个步进顺序控制过程可以分为若干个阶段，每个阶段只执行一个或少量几个单一的动作。阶段也称为状态或步。步与步之间由转移条件分隔，当相邻两步之间的转移条件得到满足时就实现状态转移。状态转移只有一种方向的称为单流程顺控结构。例如，自动小车的控制过程就是单流程顺控结构。

3.1.2 状态继电器

状态继电器是步进顺序控制中的重要编程元件（状态标志），它常与步进顺控指令 STL 组合使用，主要用于编程过程中顺控状态的描述和初始化。其编号为十进制。

FX$_{3U}$ PLC 的状态器共有 4096 点，分 5 类。

1）初始化用的状态继电器：S0～S9，共 10 点，用于 SFC 的初始状态。
2）通用状态继电器：S10～S499，共 490 点，用于 SFC 的中间状态。
3）断电保持用状态继电器：S500～S899，共 400 点，用于停电保持状态。对该类继电器，在重复使用时要用 RST 指令复位。
4）报警用的状态继电器：S900～S999，共 100 点，用作报警元件。对该类继电器，要联合使用特殊辅助继电器 M8048、M8049 和应用指令 ANS 及 ANR。
5）断电保持专用状态继电器：S1000～S4095，共 3096 点，不能通过参数变更来改变断电保持特性。

3.1.3 顺序功能图

顺序功能图（SFC）是一种通用的 PLC 程序设计语言，是一种表明步进顺序控制系统控制过程功能和特性的图形。

1．顺序功能图的组成

顺序功能图主要由步、动作、有向连线、转移条件等要素组成，如图 3-2 所示。

（1）步

将一个复杂的顺序控制程序分解为若干个状态，这些状态称为步。步用单线方框表示，框中编号可以是 PLC 中的辅助继电器 M 或状态继电器 S 的编号。

一个控制系统必须有一个初始状态，称为初始步，用双线方框表示，初始状态继电器为 S0～S9。

步又分为活动步和静步。活动步是指当前正在运行的步，静步是没有运行的步。步处于活动状态时，相应的动作被执行。

（2）动作

步方框右边用线条连接的符号为本步的工作对象，简称为动作。当状态继电器 S 或辅助继电器 M 通电时（ON），工作对象通电动作。

（3）有向连线

有向连线表示状态转移的方向。在画顺序功能图时，将代表各步的方框按先后顺序排列，并用有向连线连接它们。表示从上到下或从左到右这两个方向的有向连线的箭头可以省略。

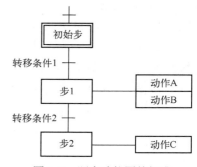

图 3-2 顺序功能图的组成

（4）转移条件

转移用与有向连线垂直的短画线来表示，将相邻的两状态隔开。转移条件是与转移逻辑相关的触点，可以是常开触点、常闭触点或它们的串并联组合，标注在转移短线的旁边。

2．顺序功能图的分类

按照生产工艺和系统复杂程序的不同，顺序功能图可分为单分支、选择性分支、并行性分支、循环分支 4 类，如图 3-3 所示。

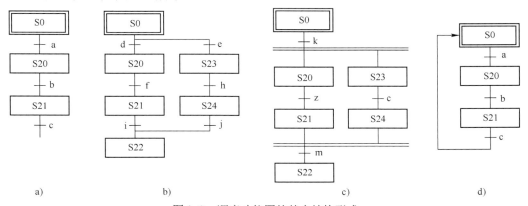

图 3-3　顺序功能图的基本结构形式
a）单分支　b）选择性分支　c）并行性分支　d）循环分支

（1）单分支

单分支由一系列相继激活的步组成，每个步的后面仅有一个转移，每个转移后面只有一个步。

（2）选择性分支

选择性分支是有两个或以上的分支。分支时，先分支后条件；汇合时，先条件后汇合。

（3）并行性分支

并行性分支是有两个或以上的分支。分支时，先条件后分支；汇合时，先汇合后条件。

（4）循环分支

循环分支是用于一个顺序控制过程的多次反复执行。当满足条件时，回到指定步开始新一轮的循环。

3．顺序功能图的绘制规则

1）步与步之间必须有转移隔开。

2）转移和转移之间必须有步隔开。

3）步和转移、转移和步之间用有向线段连接，通常绘制顺序功能图的方向是从上到下或从左到右。按照正常顺序画图时，有向线段可以不加箭头，否则必须加箭头。

4）一个顺序功能图中至少有一个初始步。

5）自动控制系统会多次重复执行同一工艺过程，因此在 SFC 中由步和有向连线构成一闭环回路，以体现工作周期的完整性。即在完成一次工艺过程的全部操作后，会从最后一步返回到初始步，使系统停留在初始状态（单周期操作）；在连续循环工作方式时，将从最后一步返回到下一工作周期开始的第一步。

3.1.4　步进顺控指令

步进顺控指令有两个：步进触点驱动指令 STL 和步进返回指令 RET。

1. 指令格式及功能

步进顺控指令的助记符、功能、操作数及程序步如表 3-1 所示。

表 3-1　步进顺控指令的助记符、功能、操作数和程序步

指令助记符及名称	功　　能	操作数	程序步
STL（步进触点驱动）	步进开始（使状态继电器 S 的步进触点与左母线连接）	S	1
RET（步进返回）	步进结束（返回左母线）	—	1

2. 指令说明

1）STL 步进触点属于常开触点（无常闭触点），与普通常开触点的画法有区别，只有状态继电器 S 才对应步进指令。也就是说，STL 指令必须和状态继电器 S 结合使用。当状态继电器 S 作为 STL 指令的目标元件时，就具有一般辅助继电器的功能。

2）当 STL 步进触点激活时，则与其相连的电路接通。如果 STL 步进触点未激活，则与其相连的电路断开。

3）STL 指令具有主控含义，即与 STL 步进触点相连的起始触点要使用 LD、LDI 指令。

4）RET 指令是在步进顺控流程结束，返回主程序时使用，该指令无操作数。在一系列 STL 指令的后面，在步进程序的结尾处必须使用 RET 指令，表示步进顺控功能的结束。

3.1.5　顺序功能图与梯形图之间的转换

图 3-4 为一个简单的单流程顺序功能图。其中，S0 为初始状态，用双线方框表示，由 M8002 驱动。在 PLC 由 STOP→RUN 切换瞬间，初始化脉冲 M8002 使 S0 置 1。方框间的线段表示状态转移的方向，习惯上，由上至下，或从左到右。线段间的短横线表示状态转移的条件。当状态转移时，源态复位，目标态置 1。与状态框连接的横线和线圈等表示状态驱动负载。

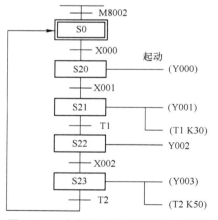

图 3-4　一个简单的单流程顺序功能图

图 3-4 的单流程顺序控制的原理是：当 PLC 开始运行（RUN）时，初始脉冲 M8002 使初态 S0 置 1。当按起动按钮 X000 时，状态从 S0 转移到 S20，S20 置 1，而 S0 复位为零。S20 状态为 1，驱动 Y000。当转移条件 X001 接通时，状态转移到 S21，S21 置 1，而 S20 复位为零，Y000 线圈失电。S21 状态为 1，驱动 Y001 及定时器 T1。T1 延时 3s 时间到，转移条件 T1 常开触点接通，状态转移到 S22，而 S21 复位为零，Y001、T1 失电。S22 状态为 1，驱动 Y002。当转移条件 X2 接通时，状态转移到 S23，而 S22 复位为零，Y002 失电。S23 状态为 1，驱动 Y003 及 T2。T2 5s 延

时时间到，T2 常开触点闭合，状态转移返回 S0，初始化状态 S0 又置位。当 X000 又接通时，另一循环动作开始。返回指令 RET 接于最末一个状态元件下，而且单独成一逻辑行。

图 3-4 所对应的梯形图和指令表如图 3-5 所示。

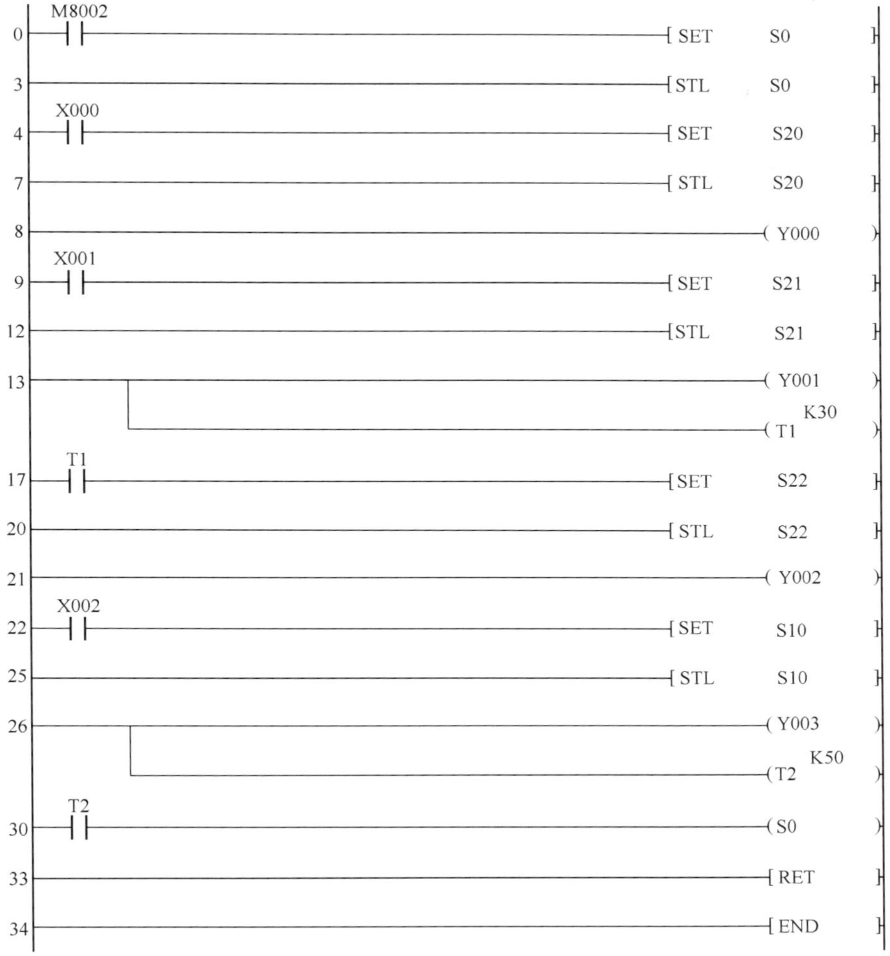

```
0    M8002 ──────────────────[ SET  S0 ]
3          ──────────────────[ STL  S0 ]
4    X000  ──────────────────[ SET  S20 ]
7          ──────────────────[ STL  S20 ]
8          ─────────────────────( Y000 )
9    X001  ──────────────────[ SET  S21 ]
12         ──────────────────[ STL  S21 ]
13         ─────────────────────( Y001 )
                                 K30
                              ( T1 )
17    T1   ──────────────────[ SET  S22 ]
20         ──────────────────[ STL  S22 ]
21         ─────────────────────( Y002 )
22   X002  ──────────────────[ SET  S10 ]
25         ──────────────────[ STL  S10 ]
26         ─────────────────────( Y003 )
                                 K50
                              ( T2 )
30    T2   ─────────────────────( S0 )
33         ──────────────────────[ RET ]
34         ──────────────────────[ END ]
```

a)

```
0    LD   M8002        18   SET  S22
1    SET  S0           20   STL  S22
3    STL  S0           21   OUT  Y002
4    LD   X000         22   LD   X002
5    SET  S20          23   SET  S23
7    STL  S20          25   STL  S23
8    OUT  Y000         26   OUT  Y003
9    LD   X001         27   OUT  T2 K50
10   SET  S21          30   LD   T2
12   STL  S21          31   OUT  S0
13   OUT  Y001         33   RET
14   OUT  T1 K30       34   END
17   LD   T1
```

b)

图 3-5 图 3-4 所对应的梯形图和指令表
a) 梯形图 b) 指令表

3-2
顺序功能图绘制与模拟监控

在图 3-5 中，从 STL S0 到 RET 为步进顺序控制部分，称为 SFC，而第一行与最末行 END 为使用基本逻辑指令的梯形图部分。

3.1.6 顺控梯形图编程应注意的问题

1）初始状态元件用 M8002 或其他条件置位。

2）各状态元件置位时，其常开触点闭合，可驱动线圈或在条件满足时做状态转移。

3）与 STL 步进触点相连的触点应使用 LD 或 LDI 指令，即 LD 点移到 STL 步进触点的右侧，该点成为 STL 内的母线。下一条 STL 指令的出现，意味着当前 STL 程序区的结束和新的 STL 程序区的开始。RET 指令意味着整个 STL 程序区的结束，LD 点返回左母线。各 STL 步进触点驱动的电路一般放在一起，最后一个 STL 电路结束时，一定要使用 RET 指令，否则将出现 "程序错误" 信息，PLC 不能执行用户程序。

4）在 SFC 编程中，可允许 "双线圈"，即相同编号的线圈可以出现在相邻或不相邻的状态上。但要慎用相邻状态出现相同编号的定时器。

5）STL 状态子母线的输出，若连成图 3-6a 所示的形式，则程序出错，必须连成图 3-6b 所示的形式。

6）使用基本逻辑指令时，除 MC、MCR 不能使用，MPS、MRD、MPP 使用时应注意使用条件外，其余指令均可使用。

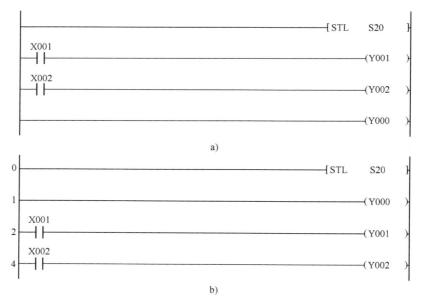

图 3-6　STL 状态子母线的输出
a) 错误　b) 正确

[任务实施]

由运料小车往返运行控制的工艺要求可知，这是一个单分支顺序控制过程，运用步进顺控设计法，设计其顺序功能图。

3.1.7 I/O 分配

由运料小车往返运行控制要求可知,PLC 输入信号有起动按钮 SB1、位置开关 SQ1、SQ2、SQ3 的常开触点;输出信号有正转接触器 KM1 和反转接触器 KM2,其 I/O 分配如表 3-2 所示。

表 3-2 PLC 的 I/O 分配

输入设备	输入软元件编号	输出设备	输出软元件编号
起动按钮 SB1	X0	接触器 KM1	Y0
位置开关 SQ1	X1	接触器 KM2	Y1
位置开关 SQ2	X2		
位置开关 SQ3	X3		

3.1.8 硬件接线

根据 PLC 的 I/O 分配,运料小车 PLC 的外部硬件接线如图 3-7 所示。

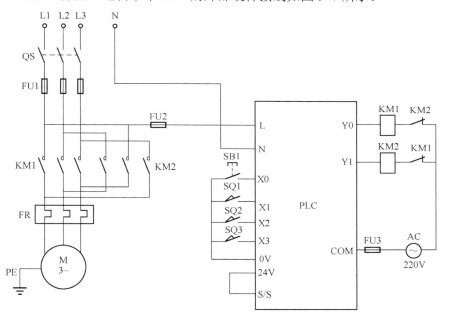

图 3-7 运料小车往返运行控制的外部接线

3.1.9 顺序功能图设计

1. 确定步数

将整个工作过程按工序进行分解,每个工序对应一个步(即状态),步的分配如下。

初始状态:S0。

前进:S20。

后退:S21。

停留:S22。

第 2 次前进：S23。

第 2 次后退：S24。

从以上工作过程的分解可以看出，该控制系统一共有 6 步。

2．确定每步的功能、作用

根据工作过程，每步的功能如下。

S0：无动作。

S20：驱动 Y0，小车前进。

S21：驱动 Y1，小车后退。

S22：驱动 T37，停留计时，定时 5s。

S23：驱动 Y0，小车第二次前进。

S24：驱动 Y1，小车第二次后退。

3．确定每步的转移条件

根据工作过程，每步的转移条件如下。

S0：PLC 上电之初由初始化脉冲 M8002（只闭合一个扫描周期）将其置位为 ON，为以后活动步的转移做准备，在工作过程中，由限位开关 SQ2 将其置位为 ON。

S20：按起动按钮 SB1。

S21：接通限位开关 SQ1 的常开触点。

S22：接通限位开关 SQ2 的常开触点。

S23：接通定时器 T37 的常开触点。

S24：接通限位开关 SQ3 的常开触点。

4．绘制顺序功能图

根据上述步骤，运料小车往返运行控制的顺序功能图如图 3-8 所示。

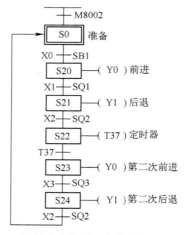

图 3-8　运料小车往返运行控制的顺序功能图

3.1.10　将顺序功能图转换成梯形图

图 3-8 所示的运料小车控制系统的顺序功能图，转换后的梯形图如图 3-9 所示。

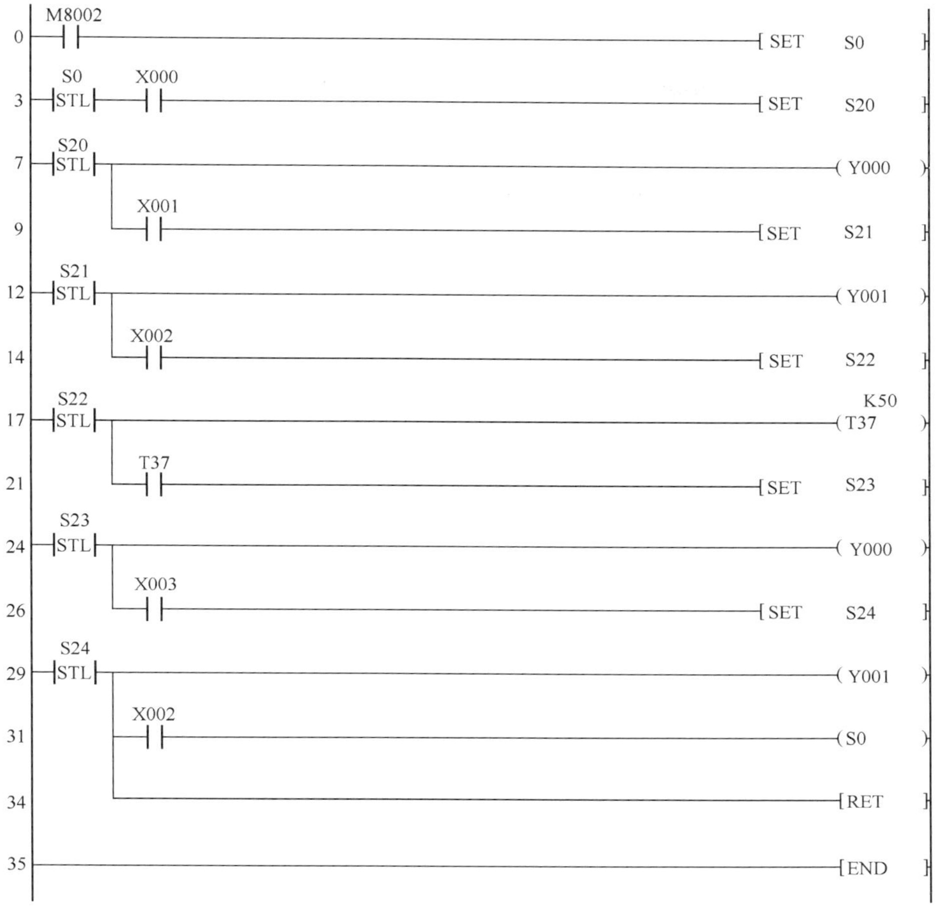

```
  0  ┤├──M8002─────────────────────────────[SET  S0]
  3  ┤STL S0├──┤├X000─────────────────────[SET  S20]
  7  ┤STL S20├──────────────────────────────(Y000)
  9       ├──┤├X001─────────────────────────[SET  S21]
 12  ┤STL S21├──────────────────────────────(Y001)
 14       ├──┤├X002─────────────────────────[SET  S22]
 17  ┤STL S22├──────────────────────────(T37 K50)
 21       ├──┤├T37──────────────────────────[SET  S23]
 24  ┤STL S23├──────────────────────────────(Y000)
 26       ├──┤├X003─────────────────────────[SET  S24]
 29  ┤STL S24├──────────────────────────────(Y001)
 31       ├──┤├X002─────────────────────────(S0)
 34       ├──────────────────────────────────[RET]
 35       ├──────────────────────────────────[END]
```

图 3-9 运料小车往返运行控制的梯形图

3.1.11 运行和调试

1) 按图 3-7 将电动机控制主电路与 I/O 外部硬件连接起来。

2) 用通信电缆将装有 GX Works2 编程软件的计算机的 RS-232 接口与 PLC 的 RS-422 接口相连接。

3) 接通 PLC 电源。将 PLC 的工作方式开关扳到 "STOP" 位置，使 PLC 处于编程状态。

4) 用 GX Works2 编程软件，输入图 3-9 所示的程序并写入 PLC 中。

5) 监控运行。在 GX Works2 软件中，在菜单栏单击 "调试" → "模拟开始" 命令，单击相关触点，右击，单击 "调试" → "当前值更改" 命令，更改当前值后就可以监控 PLC 程序的运行过程。

6) 运行和调试。将 PLC 的工作方式开关扳到 "RUN" 位置，根据图 3-8，首先按下 X0，观察 Y0 是否得电，以此类推，按照顺序功能图的顺序对程序进行调试，观察程序能否达到控制要求。

[技能拓展] 连续、单周期和单步工作方式的编程

1. 自动工作方式分类

运料小车的自动工作方式分为连续、单周期和单步等。各工作方式的含义如下。

连续工作方式：在原点位置按起动按钮，开始连续地反复运行。

单周期工作方式：在原点位置按起动按钮，自动运行一个周期后在原点停止，再按一次起动按钮后才开始下一个周期的运行。

单步工作方式：按一次起动按钮，前进一个工步（或工序），系统每进行一步都会停下来。此工作方式适合系统的调试和检修。

2．运料小车自动工作方式程序

图 3-8 所示的是运料小车单周期运行的顺序功能图，若需要运料小车实现连续、单周期和单步三种工作方式，则需增加一个工作方式选择转换开关 SA，同时增加停止按钮 SQ2。其输入/输出接线、顺序功能图及附加程序如图 3-10 所示。

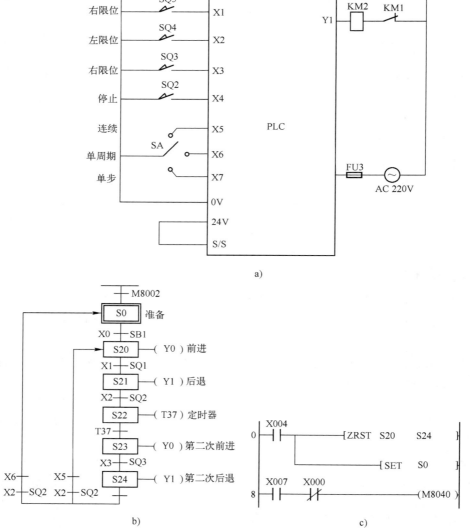

图 3-10　运料小车在连续、单周期和单步等多工作方式下的 I/O 接线、顺序功能图及附加程序
a) I/O 接线图　b) 顺序功能图　c) 附加程序

任务 3.2　按钮式人行横道红绿灯控制

能力目标：
- 能根据被控对象的输入、输出信号及所选定的 PLC，分配 PLC 的 I/O 设备并接线。
- 能根据控制要求，绘制并行性分支的顺序功能图。
- 能用步进指令将顺序功能图转换成梯形图。
- 能熟练操作 GX Works2 编程软件，实现并行性分支步进梯形图程序的编写、传送和监测等操作，并对 PLC 程序进行调试、运行。
- 能对控制系统进行调试、运行。
- 具有一定的信息处理、分析问题和解决问题能力。

知识目标：
- 掌握并行性分支流程图编程的方法，顺序功能图与梯形图、指令表之间的转换。
- 掌握并行性分支梯形图的编程思路。

[任务导入]

在以车辆纵向行驶为主的交通系统中，也需要考虑横向人行通道的信号灯控制，以便满足行人的安全出行需求。人行横道通常采用按钮进行起停控制。一般情况下，车辆在车道上正常行驶，若行人需要通过交通交叉路口时，先按按钮，待人行横道绿灯亮时方可通行。此交通路口控制要求是：按下起动按钮，纵向车道：绿灯继续亮 10s 后、闪 3 次，黄灯亮 3s，红灯亮；人行横道红灯亮 16s 后，绿灯亮 10s 后、闪 6 次，红灯亮。待下次按钮启动时，又重复这样的动作。利用 PLC 实现上述控制要求。

[基础知识]

3.2.1　并行性分支

在很多步进顺序控制中，往往有两列或多列的步进顺控过程。在顺序功能图中，有两个或两个以上的状态转移支路。按照驱动条件的不同，多分支流程的步进顺控可分为选择性分支和并行性分支。

并行性分支是指同时处理多个并行的程序流程，其特点是：①分支时先条件后分支；②会合时先会合后条件；③各分支完成各自的状态转移后，才会合向下一状态转移。

3.2.2　并行性分支顺序功能图及梯形图

图 3-11 为并行性分支的顺序功能图。

从图 3-11 可以看到，当初始脉冲 M8002 使 S0 置 1 后，接通 X0，则状态并行且同时转移到 S20、S30、S40。程序首先对 S20 响应（STL S20），其次对 S30 响应，最后对 S40 响应。当这三个并行性分支同时达到各自支路的最后一个状态，也就是说，当 STL S21、STL S31、STL S41 同时为 1，且 X31 闭合时，状态才会转移到 S50。

图 3-12 为图 3-11 所对应的梯形图。

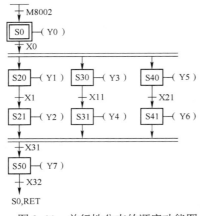

图 3-11　并行性分支的顺序功能图

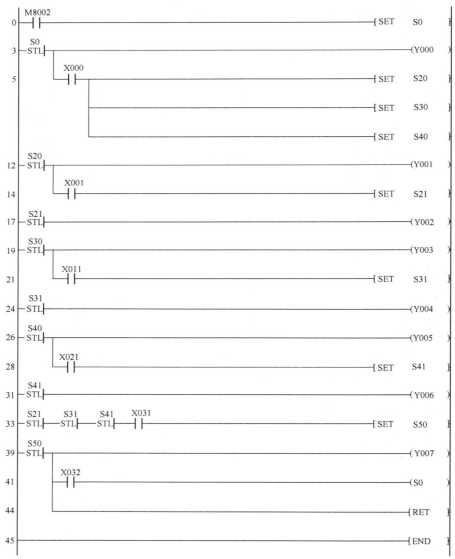

图 3-12　图 3-11 所对应的梯形图

项目 3　PLC 步进顺控指令的程序设计

[任务实施]

3.2.3　I/O 分配

由交通灯控制要求可知，PLC 输入信号有左起动按钮 SB1、右起动按钮 SB2 的常开触点；输出信号有车道绿灯 L1、车道黄灯 L2、车道红灯 L3、人行道绿灯 L4、人行道绿灯 L5，其 I/O 分配见表 3-3。

表 3-3　交通灯 PLC 的 I/O 分配

输入设备	输入软元件编号	输出设备	输出软元件编号
左起动按钮 SB1	X0	车道绿灯 L1	Y0
右起动按钮 SB2	X1	车道黄灯 L2	Y1
		车道红灯 L3	Y2
		人行道红灯 L4	Y4
		人行道绿灯 L5	Y5

3.2.4　硬件接线

根据 PLC 的 I/O 分配，交通灯控制的外部接线如图 3-13 所示。

3.2.5　顺序功能图设计

根据控制要求，当未按下起动按钮 SB1 或 SB2 时，车道绿灯和人行道红灯亮；当按下起动按钮 SB1 或 SB2 时，车道和人行道的指示灯同时开始运行，系统开始进入有两个分支的并行性流程。当车道红灯亮且人行道绿灯闪烁时，进入汇合状态；当绿灯闪烁的定时时间到，回到初始状态 S0。交通灯控制的顺序功能图如图 3-14 所示。

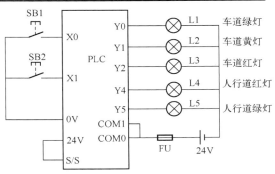

图 3-13　交通灯控制的外部接线

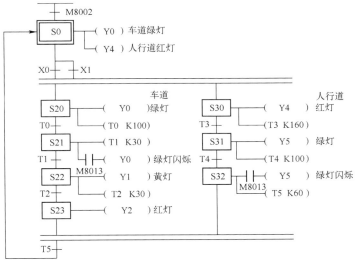

图 3-14　交通灯控制的顺序功能图

3.2.6　将顺序功能图转换成梯形图

图 3-14 所示的交通灯控制的顺序功能图，转换后的梯形图如图 3-15 所示。

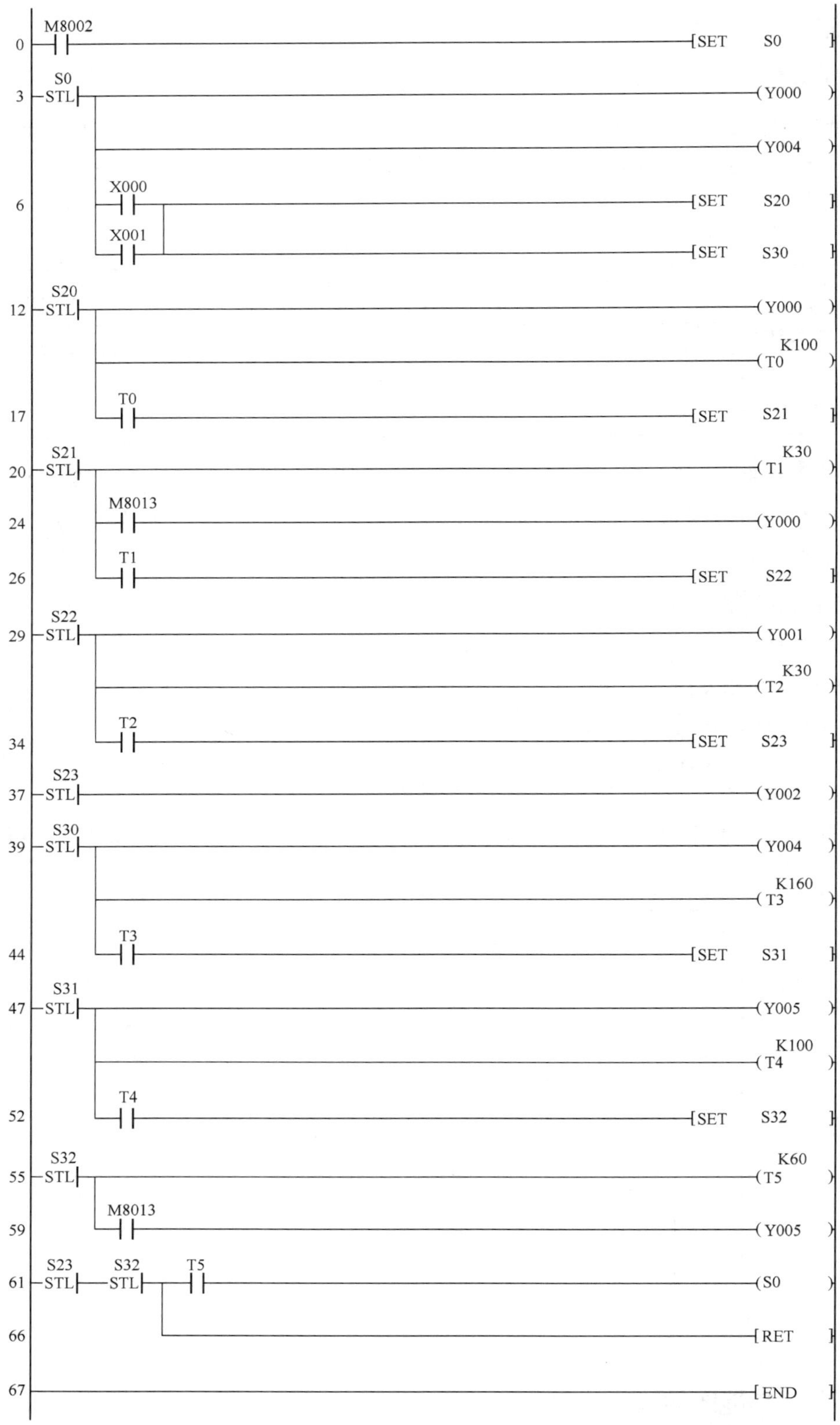

```
  0  ─┤M8002├─────────────────────────────────[SET  S0]
  3  ─┤S0 STL├────────────────────────────────(Y000)
                                                (Y004)
  6  ─┤X000├┬──────────────────────────────────[SET  S20]
     ─┤X001├┘
                                                [SET  S30]
 12  ─┤S20 STL├──────────────────────────────(Y000)
                                                K100
                                                (T0)
 17  ─┤T0├────────────────────────────────────[SET  S21]
 20  ─┤S21 STL├──────────────────────────────  K30
                                                (T1)
 24  ─┤M8013├─────────────────────────────────(Y000)
 26  ─┤T1├────────────────────────────────────[SET  S22]
 29  ─┤S22 STL├──────────────────────────────(Y001)
                                                K30
                                                (T2)
 34  ─┤T2├────────────────────────────────────[SET  S23]
 37  ─┤S23 STL├──────────────────────────────(Y002)
 39  ─┤S30 STL├──────────────────────────────(Y004)
                                                K160
                                                (T3)
 44  ─┤T3├────────────────────────────────────[SET  S31]
 47  ─┤S31 STL├──────────────────────────────(Y005)
                                                K100
                                                (T4)
 52  ─┤T4├────────────────────────────────────[SET  S32]
 55  ─┤S32 STL├──────────────────────────────  K60
                                                (T5)
 59  ─┤M8013├─────────────────────────────────(Y005)
 61  ─┤S23 STL├─┤S32 STL├─┤T5├────────────────(S0)
 66  ─────────────────────────────────────────[RET]
 67  ─────────────────────────────────────────[END]
```

图 3-15　交通灯控制系统的梯形图

3.2.7 运行和调试

1）按图 3-13 所示将交通灯与 I/O 外部硬件连接起来。

2）用通信电缆将装有 GX Works2 编程软件的计算机的 RS-232 接口与 PLC 的 RS-422 接口相连接。

3）接通 PLC 电源。将 PLC 的工作方式开关扳到"STOP"位置，使 PLC 处于编程状态。

4）用 GX Works2 编程软件，输入如图 3-15 所示的程序并写入 PLC 中。

5）监控运行。在 GX Works2 软件中，在菜单栏执行"调试"→"模拟开始"命令，单击相关触点，右击，执行"调试"→"当前值更改"命令，更改当前值后就可以监控 PLC 程序的运行过程。

6）运行和调试。将 PLC 的工作方式开关扳到"RUN"位置，根据图 3-14，首先观察 Y0、Y4 是否得电，然后按下 X0 或 X1，观察车道和人行道交通灯变化是否达到控制要求。

任务 3.3 产品分拣控制

能力目标：
- 能根据被控对象的输入、输出信号及所选定的 PLC，分配 I/O 设备并接线。
- 能根据控制要求，绘制选择性分支流程的顺序功能图。
- 能用步进指令将选择性分支顺序功能图转换成梯形图。
- 熟悉操作 GX Works2 编程软件，实现步进梯形图程序的编写、传送和监测等操作，并对 PLC 程序进行调试、运行。
- 能对控制系统进行调试、运行。
- 具有一定的信息处理、分析问题和解决问题的能力。

知识目标：
- 掌握选择性分支流程图编程的方法，以及顺序功能图和梯形图、指令表之间的转换。
- 掌握选择性分支梯形图的编程思路。

[任务导入]

大小球分拣传送系统如图 3-16 所示。工作开始前，机械臂应处于原点位置（左上方）。工作过程如下：合上起动开关 KS0，机械臂一个周期的动作顺序为：下行→吸住球→上行→右行→下行→放下球→上行→左行到原点。机械臂在上、下、左、右等位置均设置行程开关。大小球识别是利用下限位置开关 SQ2 来实现的。若吸附的是大球，则 SQ2 不动作；若吸附的是小球，则 SQ2 动作。为保证球能可靠地吸合或释放，吸合及释放时间各为 1s。用 PLC 实现上述控制要求。

[基础知识]

3.3.1 选择性分支

从多个分支流程中选择执行某一个单支流程，称为选择性分支流程。选择性分支流程的特点如下：①分支时，先分支后条件；②会合时，先条件后会合；③各分支不能同时进行。

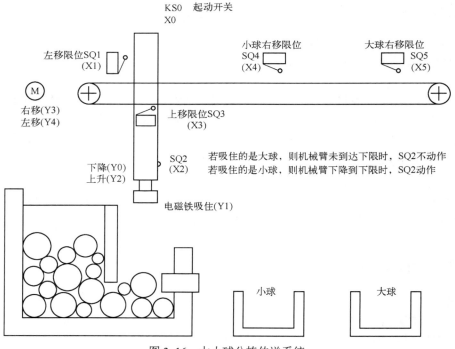

图 3-16 大小球分拣传送系统

3.3.2 选择性分支顺序功能图及其梯形图

图 3-17 为选择性分支顺序功能图。

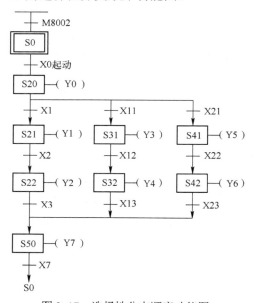

图 3-17 选择性分支顺序功能图

从图 3-17 中可以看到，当 PLC 从"STOP"状态转到"RUN"状态时，初始脉冲 M8002 使初态 S0 置 1。接通起动按钮 X0，状态转移到 S20，使 S20 置 1，驱动 Y0，同时等待状态转移。当 X1 闭合时，状态转移到 S21；当 X11 闭合时，状态转移到 S31；当 X21 闭合时，状态转移到 S41，但 X1、X11、X21 不能同时闭合。当某一分支条件满足时，某一分支工作。

例如，当 X1 闭合时，S21 置 1，驱动 Y1；当条件 X2 满足闭合条件时，状态转移到 S22，Y2 得电；当 X3 闭合时，状态转移到 S50。同理，当 X11 或 X21 闭合时，则流程沿第二分支或第三分支进行。

图 3-18 为图 3-17 所对应的梯形图。

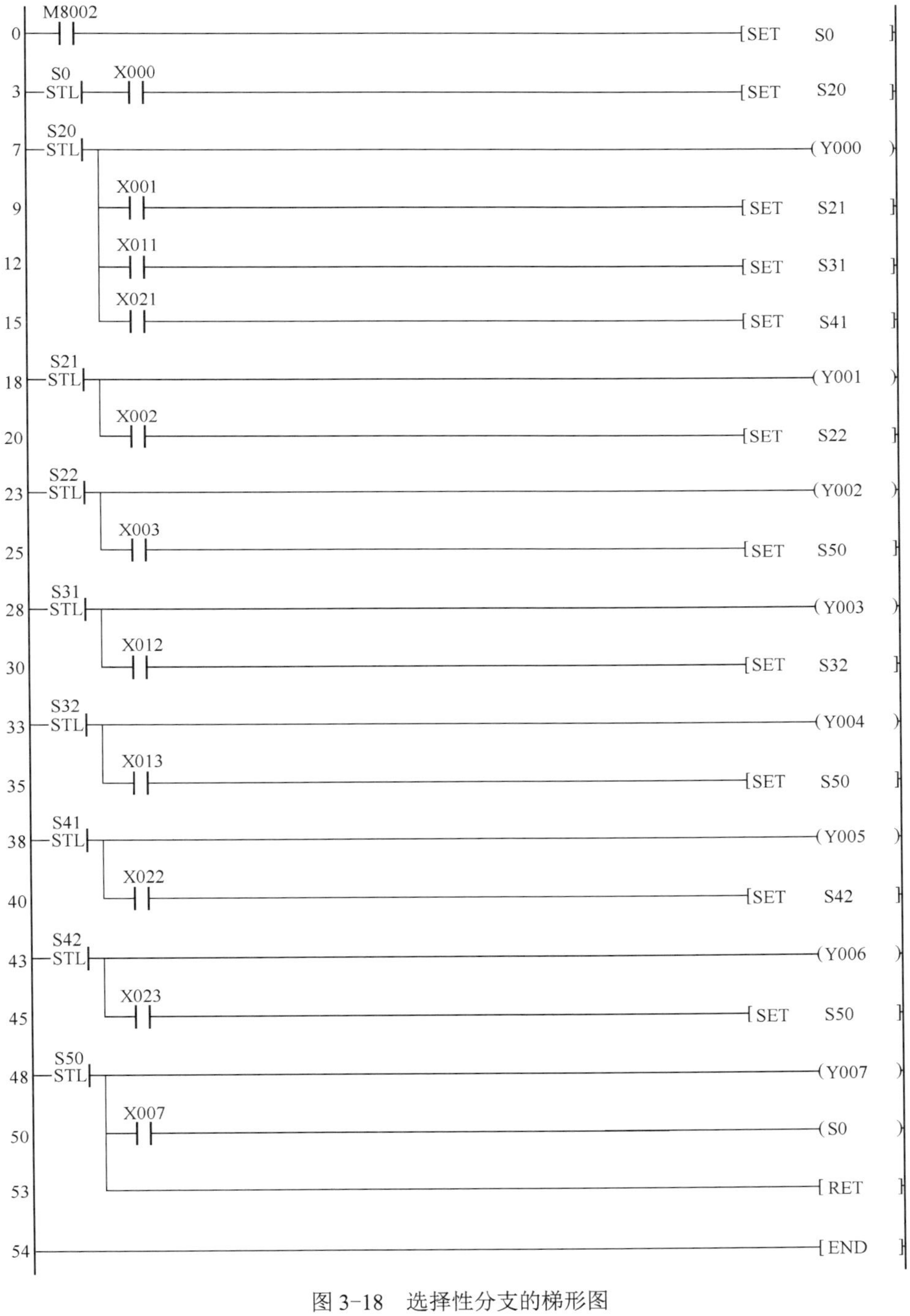

```
  0  ├─M8002─────────────────────────[SET  S0 ]
  3  ├─S0─┤X000├──────────────────────[SET  S20]
         STL
  7  ├─S20──────────────────────────────(Y000)
         STL
  9       ├─X001├────────────────────[SET  S21]
 12       ├─X011├────────────────────[SET  S31]
 15       ├─X021├────────────────────[SET  S41]
 18  ├─S21──────────────────────────────(Y001)
         STL
 20       ├─X002├────────────────────[SET  S22]
 23  ├─S22──────────────────────────────(Y002)
         STL
 25       ├─X003├────────────────────[SET  S50]
 28  ├─S31──────────────────────────────(Y003)
         STL
 30       ├─X012├────────────────────[SET  S32]
 33  ├─S32──────────────────────────────(Y004)
         STL
 35       ├─X013├────────────────────[SET  S50]
 38  ├─S41──────────────────────────────(Y005)
         STL
 40       ├─X022├────────────────────[SET  S42]
 43  ├─S42──────────────────────────────(Y006)
         STL
 45       ├─X023├────────────────────[SET  S50]
 48  ├─S50──────────────────────────────(Y007)
         STL
 50       ├─X007├──────────────────────(S0)
 53                                    [RET]
 54                                    [END]
```

图 3-18　选择性分支的梯形图

FX 系列的选择性分支电路，最多可允许 8 种选择性分支，每个分支最多允许 250 个状态。

[任务实施]

3.3.3　I/O 分配

由大小球分拣传送系统控制要求可知，PLC 输入信号有起动开关 KS0、左限位开关 SQ1、下限位开关 SQ2、上限位开关 SQ3、小球右限位开关 SQ4、大球右限位开关 SQ5、手动回原点按钮 SB2；输出信号有下降接触器 KM0、吸住接触器 KM1、上升接触器 KM2、右移接触器 KM3、左移接触器 KM4、原位指示灯 LD，其 I/O 分配如表 3-4 所示。

表 3-4　大小球分拣传送系统控制的 I/O 分配

输入设备	输入软元件编号	输出设备	输出软元件编号
起动开关 KS0	X0	下降接触器 KM0	Y0
机械臂左限位开关 SQ1	X1	吸住接触器 KM1	Y1
机械臂下限位开关 SQ2	X2	上升接触器 KM2	Y2
机械臂上限位开关 SQ3	X3	右移接触器 KM3	Y3
小球右限位开关 SQ4	X4	左移接触器 KM4	Y4
大球右限位开关 SQ5	X5	原位指示灯 LD	Y5
手动回原点按钮 SB2	X6		

3.3.4　硬件接线

根据 PLC 的 I/O 分配，大小球分拣传送系统控制 PLC 的外部硬件接线如图 3-19 所示。

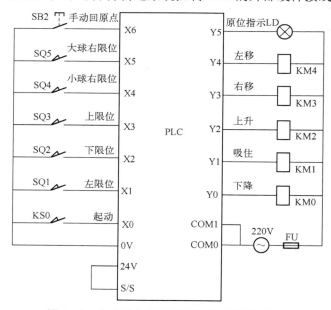

图 3-19　大小球分拣传送系统控制的外部接线

3.3.5 顺序功能图设计

根据控制要求，当未合上起动开关 KS0 时，机械臂应在原点（左上位置），若未在原点，应按 SB2，使机械臂回原点。此时，合上开关 KS0，机械臂下降吸球，系统开始进入选择性分支流程。若吸着的是小球，则执行左边的分支流程；若吸着的是大球，则执行右边的分支流程。当机械臂碰到右边的限位开关时，进入汇合状态，完成机械臂的下降、释放（大、小球）、上升及左行回原点后回到初始步 S0，这样就完成了一个周期。大小球分拣系统控制的顺序功能图如图 3-20 所示。

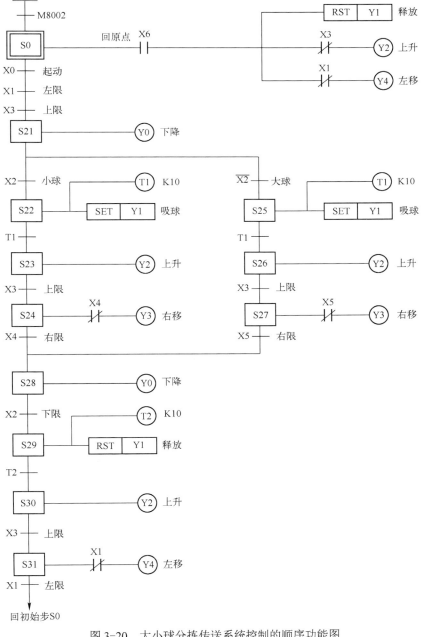

图 3-20 大小球分拣传送系统控制的顺序功能图

3.3.6 将顺序功能图转换成梯形图

图 3-20 所示的大小球分拣传送系统的顺序功能图，转换后的梯形图如图 3-21 所示。

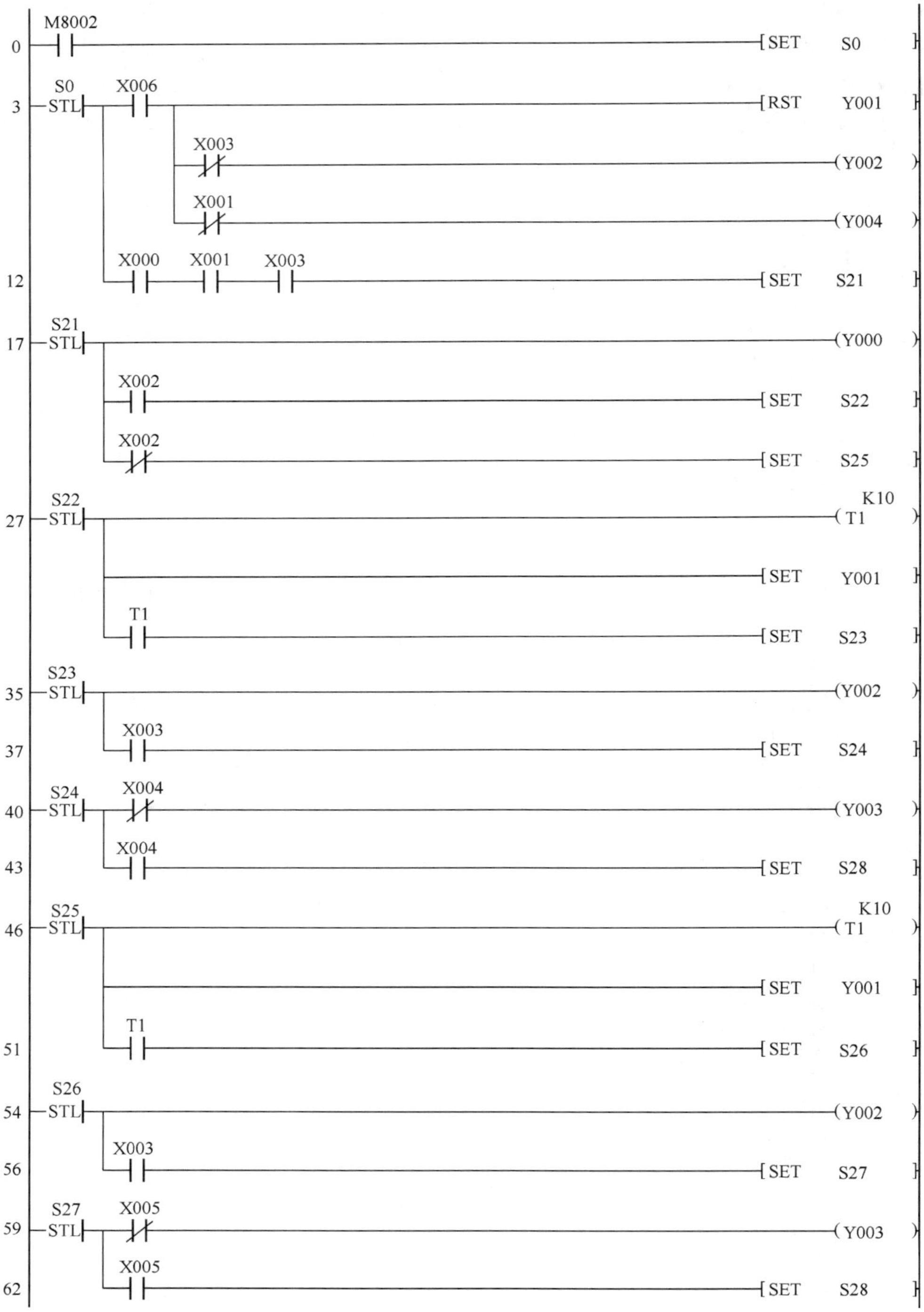

```
0    ┤├M8002─────────────────────────────[SET  S0]

3    ─S0─┤├X006──────────────────────────[RST  Y001]
      STL
            ─┤/├X003──────────────────────(Y002)
            ─┤/├X001──────────────────────(Y004)

12         ─┤├X000─┤├X001─┤├X003─────────[SET  S21]

17   ─S21─────────────────────────────────(Y000)
      STL
            ─┤├X002───────────────────────[SET  S22]
            ─┤/├X002──────────────────────[SET  S25]

27   ─S22─────────────────────────────────(T1  K10)
      STL
            ──────────────────────────────[SET  Y001]
            ─┤├T1─────────────────────────[SET  S23]

35   ─S23─────────────────────────────────(Y002)
      STL
37         ─┤├X003───────────────────────[SET  S24]

40   ─S24─┤/├X004────────────────────────(Y003)
      STL
43         ─┤├X004───────────────────────[SET  S28]

46   ─S25─────────────────────────────────(T1  K10)
      STL
            ──────────────────────────────[SET  Y001]
51         ─┤├T1─────────────────────────[SET  S26]

54   ─S26─────────────────────────────────(Y002)
      STL
56         ─┤├X003───────────────────────[SET  S27]

59   ─S27─┤/├X005────────────────────────(Y003)
      STL
62         ─┤├X005───────────────────────[SET  S28]
```

图 3-21 大小球分拣传送系统控制的梯形图

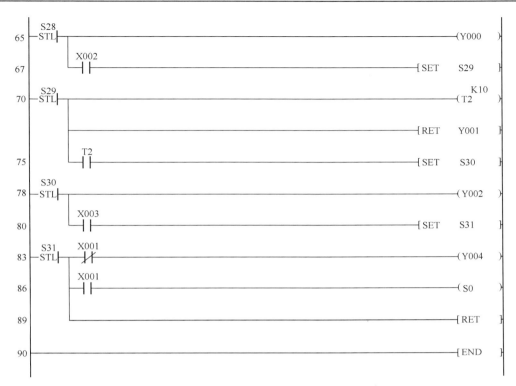

图 3-21 大小球分拣传送系统控制的梯形图（续）

3.3.7 运行和调试

1）按图 3-19 将大小球分拣传送系统控制的 I/O 外部硬件连接起来。

2）用通信电缆将装有 GX Works2 编程软件的计算机的 RS-232 接口与 PLC 的 RS-422 接口相连接。

3）接通 PLC 电源。将 PLC 的工作方式开关扳到"STOP"位置，使 PLC 处于编程状态。

4）用 GX Works2 编程软件，输入如图 3-21 所示的程序并写入 PLC 中。

5）监控运行。在 GX Works2 软件中，在菜单栏执行"调试"→"模拟开始"命令，单击相关触点，右击，执行"调试"→"当前值更改"命令，更改当前值后就可以监控 PLC 程序的运行过程。

6）运行和调试。将 PLC 的工作方式开关扳到"RUN"位置，根据图 3-20，首先按下 X6，观察 Y2、Y4 是否得电，机械臂是否在左上的位置。以此类推，按照顺序功能图的顺序对程序进行调试，观察程序能否达到控制要求。

[自测题]

1. 填空题

（1）_____是构成顺序功能图的重要软元件，它要与_____指令配合使用。

（2）与 STL 步进触点相连的触点应使用_____或_____指令。

（3）顺序功能图的编程原则为：先进行_____，然后进行_____。

（4）顺序功能图中，在运行开始时，必须做好预驱动，一般可用_____进行驱动。

(5) FX 系列 PLC 的状态继电器中，初始状态继电器为_____，通用状态继电器为_____。

2．判断题

（1）状态元件 S 是进行步进顺控编程的重要软元件，随状态动作的转移，原状态元件自动复位，但状态元件的常开/常闭触点使用次数有所限制。（　　）

（2）在状态转移过程中，在一个扫描周期内会出现两个状态同时动作的可能，因此两个状态中若不允许驱动元件同时动作，则它们之间应进行联锁控制。（　　）

（3）PLC 步进指令中的每个状态元件需具备三个功能：驱动有关负载、指定转移目标、指定转移条件。（　　）

（4）PLC 中的选择性流程指的是多个流程分支可同时执行的分支流程。（　　）

（5）用 PLC 步进指令编程时，首先要分析控制过程，确定步进和转移条件，按规则画出状态转换图；其次根据状态转换图画出梯形图；最后由梯形图写出程序表。（　　）

（6）当状态元件不用于步进顺控时，状态元件也可作为输出继电器用于程序当中。（　　）

（7）在步进接点后面的电路块中不允许使用主控或主控复位指令。（　　）

（8）由于步进接点指令具有主控和跳转作用，因此不必每一条 STL 指令后都加一条 RET 指令，只需在最后使用一条 RET 指令即可。（　　）

（9）STL 触点的右边可以使用入栈 MPS 指令。（　　）

3．选择题

（1）（　　）通常由初始状态、一般状态、转移线和转移条件组成。
　　A．状态转移图　　　　　　　　B．电气控制图
　　C．电气安装图　　　　　　　　D．梯形图

（2）在状态转移图中，控制过程的初始状态用（　　）来表示。
　　A．单线框　　　　　　　　　　B．双线框
　　C．菱形框　　　　　　　　　　D．椭圆形

（3）状态元件 S 是用于步进顺控编程的重要软元件，其中初始状态元件为（　　）。
　　A．S10-S19　　　　　　　　　　B．S20～S499
　　C．S0～S9　　　　　　　　　　D．S500～S899

（4）向前面状态进行转移的流程称为（　　），用箭头指向转移的目标状态。
　　A．顺序　　　　　　　　　　　B．置位
　　C．复位　　　　　　　　　　　D．循环

（5）有多条路径而只能选择其中一条路径来执行时，这种分支方式称为（　　）。
　　A．选择分支　　　　　　　　　B．并行分支
　　C．跳转　　　　　　　　　　　D．循环

（6）（　　）是转移条件满足时，同时执行几个分支，当所有分支都执行结束后，若转移条件满足，再转向汇合状态。
　　A．选择分支　　　　　　　　　B．并行分支
　　C．跳转　　　　　　　　　　　D．循环

（7）既可以向下面状态的直接转移，又可以向系列外的状态转移的结构是（　　）。
　　A．选择分支　　　　　　　　　B．并行分支
　　C．跳转程序结构　　　　　　　D．循环

（8）STL 指令的操作元件为（　　）。

A．定时器 T B．计数器 C
C．辅助继电器 M D．状态元件 S

（9）步进触点只有（   ）。
A．常闭触点 B．常开触点 C．动断触点 D．循环

（10）PLC 中步进触点返回指令 RET 的功能是（   ）。
A．程序的复位指令
B．程序的结束指令
C．将步进触点由子母线返回到原来的左母线
D．将步进触点由左母线返回到原来的副母线

[思考与习题]

1．什么是顺序功能图？它由哪几部分组成？顺序功能图分为几类？
2．FX 系列 PLC 的步进指令有几条？如何使用？
3．如何将顺序功能图转换成梯形图？其编程规则有哪些？
4．简述划分步的原则。
5．选择分支的顺序功能图在分支和汇合上有什么特点？如何编程？
6．将图 3-22 转换成梯形图和指令表。
7．有一并行分支的顺序功能图如图 3-23 所示。请绘制出其梯形图程序。

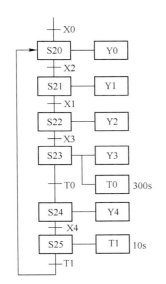

图 3-22　思考与习题 6 的顺序功能图

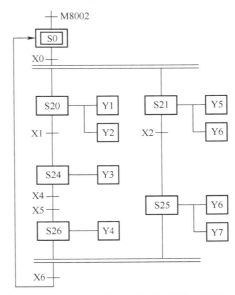

图 3-23　思考与习题 7 的顺序功能图

8．按下起动按钮 X0，某加热炉送料系统控制 Y0～Y3，依次完成开炉门、推料、推料机返回和关炉门几个动作，X1～X4 分别是各动作结束的限位开关。请画出控制系统的顺序功能图。

9．设计一个汽车库自动门控制系统，要求：汽车到达车库门前，超声波开关接收到来车的信号，门电动机正转，门上升，当门升到顶点碰到上限开关时，停止上升。汽车驶入车库后，光电开关发出信号，门电动机反转，门下降，当下降到下限开关后门电动机停止。试画出 PLC 的 I/O 接线图，并设计梯形图程序。

10. 用步进顺控指令编写一个简单的直流电动机控制程序,要求:直流电动机能够首先正向运行 10s,停 5s 后,反向运行 10s,如此循环 5 次,自动停机。

11. 抢答器控制系统可实现 4 组抢答,每组两人,共有 8 个抢答按钮,各按钮对应的输入信号为 X000、X001、X002、X003、X004、X005、X006、X007;主持人的控制按钮的输入信号为 X010;各组对应指示灯的输出控制信号分别为 Y001、Y002、Y003、Y004。前三组中任意一人按下抢答按钮即获得答题权;最后一组必须同时按下抢答按钮才可以获得答题权;主持人可以对各输出信号复位。试设计抢答器控制系统的顺序功能图。

12. 图 3-24 所示为按钮式人行横道红绿灯交通控制系统。正常情况下,汽车通行,即 Y3 绿灯亮、Y5 红灯亮;当行人需要过马路时,则按下按钮 X0(或 X1),30s 后主干道交通灯的变化为绿→黄→红,当主干道红灯亮时,人行横道从红灯转成绿灯亮,15s 后人行横道绿灯开始闪烁,闪烁 5 次后转入主干道绿灯亮,人行横道红灯亮。交通灯各方向三色灯的工作时序图如图 3-25 所示。试编写其控制程序。

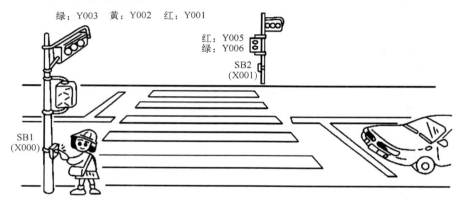

图 3-24 按钮式人行横道红绿灯交通控制系统

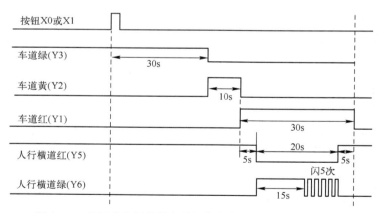

图 3-25 按钮式人行横道交通灯各方向三色灯的工作时序图

大国工匠,精益求精

《道德经》中提到:天下难事,必作于易;天下大事,必作于细。而从易、细处着手来解决大事和难事,需要有精雕细琢、一丝不苟、兢兢业业、追求卓越的工匠精神做支持。

项目 4 PLC 功能指令的程序设计

任务 4.1 电动机运行时间控制

能力目标:
- 能用传送和运算指令等功能指令进行编程。
- 能运用基本指令和功能指令编写程序并调试。
- 能运用传送和运算指令解决实际问题。
- 具有一定的信息处理、分析问题和解决问题的能力。

知识目标:
- PLC 处理的数据形式。
- 功能指令的作用及表示形式。
- 用传送、运算等功能指令进行程序设计的方法。
- 用编程软件进行程序的设计和调试的方法。

[任务导入]

控制一台电动机,其要求如下:当按下起动按钮时,电动机起动并运行;电动机运行一段时间后能自行停止运行;电动机运行时间的长短可通过按钮来调整,时间调整间距为 10s,初始设定时间为 600s,最小设定时间为 200s,最大设定时间为 2000s。当按下停止按钮时,电动机停止运行。用 PLC 实现上述控制要求。

[基础知识]

功能指令可分为程序流向控制指令、数据传送和比较指令、算术逻辑运算指令、移位和循环指令、数据处理指令、便捷指令、外部输入/输出处理和通信指令等。

功能指令冠以 FNC 符号,FX_{3U} 系列功能指令的功能号为 FNC00~FNC305。

4.1.1 功能指令的形式

1. 组成

功能指令由指令助记符、功能号、操作元件等组成,其一般形式见表 4-1。

表 4-1 功能指令的一般形式

MOV FNC12 (P)(16)/(32) (数据传送)	操作元件	[S]							
	K, H	KnX	KnY	KnM	KnS	T	C	D	V, Z
	步数	n	[D]						

注:MOV—指令助记符;FNC12—功能号;(P)—脉冲执行功能;(16)—只能进行 16 位操作;(16/32)—可进行 16 或 32 位操作。

2．说明

1) 助记符和功能号：每一个助记符表示一种应用指令，每一种指令都有对应的功能号。如助记符 MOV（数据传送）指令的功能号为 FNC12。

2) 操作元件由 1~4 个操作数组成，具体说明如下。

- [S]是源操作数。若使用变址功能时，表示为[S.]形式。若源操作数不止一个时，可用 [S1.]、[S2.]表示。
- [D]是目标操作数。若使用变址功能时，表示为[D.]形式。若目标操作数不止一个时，则用[D1.]、[D2.]表示。
- m 或 n 是其他操作数。用来表示常数或作为源操作数和目标操作数的补充说明。常数时，用十进制 K 和十六进制 H 表示。

3) 功能助记符后有符号（P），表示具有脉冲执行功能，如图 4-1 所示。

4) 功能指令中有符号（D），表示能处理 32 位数据；没有符号（D）的，只能处理 16 位数据。

图 4-1　功能助记符后有符号（P）或符号（D）的举例

在图 4-1 中，当 X1 为 ON 时，将 D21 和 D20 组成的 32 位数据送到 D31 和 D30 组成的数据 32 位中；当 X3 由 OFF→ON 时，将 D0 中的数据送到 D2 中。

4.1.2　功能指令的数据结构

1．位软元件

只有 ON/OFF 状态的元件称为位软元件，如 X、Y、M、S。

2．字软元件

处理数字数据的元件称为字软元件，如 T、C、D、V、Z 等。

但对于位软元件，由 Kn 加首元件号所形成的组合也可以处理数字数据，成为字软元件，位软元件的 4 位为一组组合单元。K1 表示 4 位数据；K2 表示 8 位数据；K3 表示 12 位数据；K4 表示 16 位数据。如 K1X0 表示 X3~X0 4 位数据；K4M10 表示 M25~M10 的 16 位数据。

对于不同长度的字软元件之间的数据传送，由于数据长度不同，在传送过程中，应按如下要求处理。

- 长数据→数据短的传送：长数据的高位保持不变。
- 短数据→数据长的传送：长数据的高位全部清零。

4.1.3　数据寄存器

数据寄存器 D 是存储数据的软元件。这些寄存器都是 16 位的，可存储 16 位二进制数，最高位为符号位（0 为正数，1 为负数）。一个数据寄存器能处理的数值为 -32 768~+32 767。将两个相邻的寄存器组合，可存储 32 位二进制数。如果指定低位（如 D0），则紧接低位地址号的高位（D1）便被自动占用。指定低位一般用地址号的偶数软元件号。32 位寄存器可处理的数值为

-2 147 483 648～+2 147 483 647。

FX 系列数据寄存器可分为通用、断电保持和特殊三类。其中：
- 通用数据寄存器：D0～D199。
- 断电保持数据寄存器：D200～D7999。
- 特殊数据寄存器：D8000～D8255，用来监控 PLC 内部的各种工作方式和元件，如电池电压、扫描时间等。同特殊辅助继电器（M）一样，如果对特殊数据寄存器的含义不清，或没有定义，一定不要使用。

4.1.4 变址寄存器

变址寄存器 V、Z 与通用的数据寄存器一样，是进行数据读入、写出的 16 位数据寄存器。将 V 和 Z 组合，可进行 32 位运算，此时，V 作为高位数据存储，分别组成为(V0,Z0)、(V1,Z1)、(V2,Z2)、…、(V7,Z7)，可指定 Z 为变址寄存器的首地址。

变址寄存器主要用于改变软元件的地址号。例如，当 V=8，Z=4 时，则：

X2V = X12	X0Z = X4
Y3V = Y13	Y3Z = Y7
M10V = M18	M10Z = M14
S20V = S28	S20Z = S24
T3V = T11	T3Z = T7
C4V = C12	C4Z = C8
D5V = D13	D5Z = D9

4.1.5 数据传送指令

1. 指令格式和功能

数据传送指令的助记符、功能、操作数及程序步见表 4-2。

表 4-2 数据传送指令的助记符、功能、操作数及程序步

助记符	功能	操作数		程序步
		(S.)	(D.)	
MOV(FNC12)	将一个存储单元的数据存到另一个存储单元	K、H、KnX、KnY、KnM、KnS、T、C、D、V、Z	KnY、KnM、KnS、T、C、D、V、Z	MOV、MOV(P)：5 步 DMOV、DMOV(P)：9 步

2. 使用说明

MOV 指令的用法示例如图 4-2 所示。

图 4-2 MOV 指令的用法示例

1）当 X000 闭合时，将源操作数 K150 传送到目标操作数 D0，传送时 K150 自动进行二进制变换；当 X001 闭合时，将 T2 的当前值传送到 D10。

2）当 X002 闭合时，用 DMOV 指令，将 D3 和 D2 中的 32 位数据传送到 D7 和 D6 中，D3、D7 将自动被占用。

4.1.6 触点比较指令

触点比较指令共 18 条，分为 3 类，即取比较指令、串联比较指令和并联比较指令。

1. 指令格式和功能

触点比较指令的助记符、比较条件和功能见表 4-3。

表 4-3 触点比较指令的助记符、比较条件和功能

指　令	助　记　符	比　较　条　件	功　　　能
取比较指令	LD= (FNC224)	[s1]=[s2]	连接母线接点，当[s1]与[s2]相等时接通
	LD> (FNC225)	[s1]>[s2]	连接母线接点，当[s1]大于[s2]时接通
	LD< (FNC226)	[s1]<[s2]	连接母线接点，当[s1]小于[s2]时接通
	LD<= (FNC229)	[s1]<=[s2]	连接母线接点，当[s1]小于或等于[s2]时接通
	LD>= (FNC230)	[s1]>=[s2]	连接母线接点，当[s1]大于或等于[s2]时接通
串联比较指令	AND= (FNC232)	[s1]=[s2]	触点串联，当[s1]与[s2]相等时接通
	AND> (FNC233)	[s1]>[s2]	触点串联，当[s1]大于[s2]时接通
	AND< (FNC234)	[s1]<[s2]	触点串联，当[s1]小于[s2]时接通
	AND<= (FNC237)	[s1]<=[s2]	触点串联，当[s1]小于或等于[s2]时接通
	AND>= (FNC238)	[s1]>=[s2]	触点串联，当[s1]大于或等于[s2]时接通
并联比较指令	OR= (FNC240)	[s1]=[s2]	触点并联，当[s1]与[s2]相等时接通
	OR> (FNC241)	[s1]>[s2]	触点并联，当[s1]大于[s2]时接通
	OR< (FNC242)	[s1]<[s2]	触点并联，当[s1]小于[s2]时接通
	OR<= (FNC245)	[s1]<=[s2]	触点并联，当[s1]小于或等于[s2]时接通
	OR>= (FNC246)	[s1]>=[s2]	触点并联，当[s1]大于或等于[s2]时接通

2. 使用说明

触点比较指令的用法示例如图 4-3 所示。

```
 0 ├[= D0   K200 ]────────────────(Y000)
    X001
 6 ├─┤├─┤[= K100 C1 ]─────────────(Y001)
    X002
13 ├─┤├─┬───────────────────────(Y002)
        │
        └[= K5 C10 ]
20 ├──────────────────────────────[END]
```

4-3 触点比较指令

图 4-3 触点比较指令的用法示列

1）将 D0 中的数据与 K200 相比较，若相等，则此触点接通，Y000 得电。

2）当 X1 接通，且 C1 中的当前值等于 K100 时，该触点接通，Y001 得电。

3）当 X2 闭合，或 C10 中的当前值等于 K5 时，Y002 得电。

4.1.7 算术运算指令

算术运算包括二进制的加、减、乘、除。

1．指令格式和功能

算术运算指令的助记符、功能、操作数及程序步见表 4-4。

表 4-4 算术运算指令的助记符、功能、操作数及程序步

助记符	功能	操作数			程序步
		(S1.)	(S2.)	(D.)	
ADD(FNC20)	将两数相加，结果存放到目标元件中	K、H、KnX、KnY、KnM、KnS、T、C、D、V、Z	K、H、KnX、KnY、KnM、KnS、T、C、D、V、Z	KnY、KnM、KnS、T、C、D、V、Z	ADD(P)：7 步 DADD(P)：13 步
SUB(FNC21)	将两数相减，结果存放到目标元件中	K、H、KnX、KnY、KnM、KnS、T、C、D、V、Z	K、H、KnX、KnY、KnM、KnS、T、C、D、V、Z	KnY、KnM、KnS、T、C、D、V、Z	SUB(P)：7 步 DSUB(P)：13 步
MUL(FNC22)	将两数相乘，结果存放到目标元件中	K、H、KnX、KnY、KnM、KnS、T、C、D、V、Z	K、H、KnX、KnY、KnM、KnS、T、C、D、V、Z	KnY、KnM、KnS、T、C、D、V、Z	MUL(P)：7 步 DMUL(P)：13 步
DIV(FNC23)	将两数相除，结果存放到目标元件中	K、H、KnX、KnY、KnM、KnS、T、C、D、V、Z	K、H、KnX、KnY、KnM、KnS、T、C、D、V、Z	KnY、KnM、KnS、T、C、D、V、Z	DIV(P)：7 步 DDIV(P)：13 步

2．使用说明

算术运算指令的用法示例如图 4-4 所示。

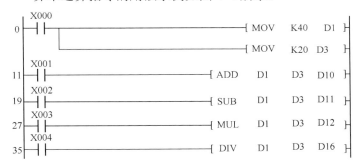

图 4-4 算术运算指令的用法示例

1）当 X001 接通时，执行"D1+D3→D10"，是代数相加运算。

ADD 加法指令有 3 个常用标志：M8020 为零标志，M8021 为借位标志，M8022 为进位标志。若计算结果为 0，则 M8020 置 ON；若结果超过 32 767（16 位）或 2 147 483 687（32 位），则进位标志 M8022 置 ON；若结果小于-32 767（16 位）或-2 147 483 687（32 位），则借位标志 M8021 置 ON。如果目标元件的位数小于计算结果的位数，则仅写入相应的目标元件的位。

2）当 X002 接通时，执行"D1-D3→D11"，是代数相减运算。其运算结果的借位情况与 1）相同。

3）当 X003 接通时，执行"D1×D3→D12"，是代数相乘运算。若 D1、D3 为 16 位，则其运算结果为 32 位，目标元件 D12 存放低 16 位地址，D13 存放高 16 位地址。若 D1、D3 为 32 位，则目标元件 D12 存放低 16 位地址，此时(D2,D1)×(D4,D3)→(D15,D14,D13,D12)。

4) 当 X004 接通时,执行 "D1÷D3→D16",代数相除运算。若 D1、D3 为 16 位,则商存放在 D16,余数存放在 D17。若 D1、D3 为 32 位,则商和余数均为 32 位,D17、D16 存放商,D19、D18 存放余数。

5) 图 4-4 所示程序执行运算后,D10 为 60,D11 为 20,D12 为 800,D16 为 2。

[任务实施]

4.1.8　I/O 分配

由电动机运行时间控制要求可知,PLC 输入信号有起动按钮 SB1、停止按钮 SB2、运行时间增加按钮 SB3、运行时间减少按钮 SB4;输出信号有接触器 KM。电动机运行时间控制的 I/O 分配见表 4-5。

表 4-5　电动机运行时间控制的 I/O 分配

输 入 设 备	输入软元件编号	输 出 设 备	输出软元件编号
起动按钮 SB1	X0	接触器 KM	Y0
停止按钮 SB2	X1		
运行时间增加按钮 SB3	X2		
运行时间减少按钮 SB4	X3		

4.1.9　硬件接线

根据 PLC 的 I/O 分配,电动机运行时间控制的外部接线如图 4-5 所示。

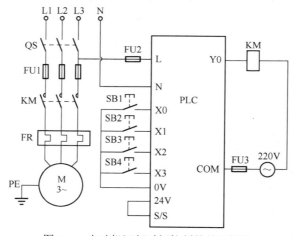

图 4-5　电动机运行时间控制的外部接线

4.1.10　程序设计

电动机运行时间控制的梯形图如图 4-6 所示。

电动机运行时间采用定时器控制。定时器的设定值由数据寄存器 D0 确定。通过运算指令改变寄存器 D0 的数值,从而改变定时器的设定值,即改变了电动机运行的时间。

步 0~5 是设置电动机初始时间设定控制程序,当系统上电后,继电器 M8002 常开触点闭合,执行 MOV K6000 D0,即将 "K6000" 送到 D0,电动机运行时间为 600s。

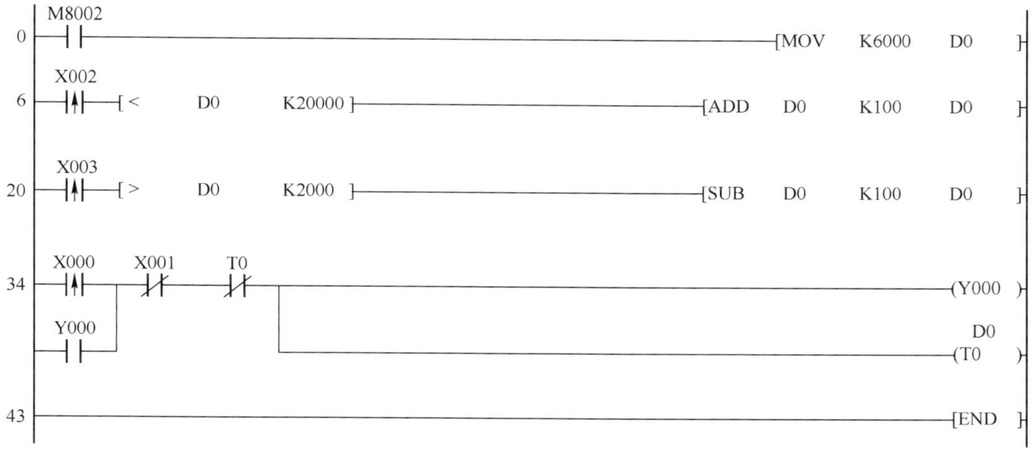

项目 4　PLC 功能指令的程序设计

```
         M8002
    0    ─┤├──────────────────────────────────────[MOV   K6000   D0 ]
         X002
    6    ─┤↑├──[<   D0   K20000]──────────────────[ADD   D0   K100   D0]
         X003
   20    ─┤↑├──[>   D0   K2000 ]──────────────────[SUB   D0   K100   D0]
         X000   X001   T0
   34    ─┤├────┤/├───┤/├──────────────────────────────────────(Y000)
         Y000                                                    D0
         ─┤├─                                                   (T0)
   43                                                          [END]
```

图 4-6　电动机运行时间控制的梯形图

步 6~19 是增加运行时间控制程序，当 X2 闭合 1 次且设定值小于 20 000 时，执行 ADD D0 K100 D0 程序，即将 D0 数值增加 100，电动机运行时间增加 10s。

步 20~33 是减少运行时间控制程序，当 X3 闭合 1 次且设定值大于 2000 时，执行 SUB D0 K100 D0 程序，即将 D0 数值减少 100，电动机运行时间减少 10s。

步 34~42 是起动和停止控制程序。当 X0 闭合时，Y0 得电自锁，同时 T0 得电计时，电动机起动运行。当 T0 定时时间到，或者按 X1，Y0 失电，电动机停止运行。

步 43 是程序结束。

4.1.11　运行和调试

1）按图 4-5 将电动机与 I/O 外部硬件连接起来。

2）用通信电缆将装有 GX Works2 编程软件的计算机的 RS-232 接口与 PLC 的 RS-422 接口相连接。

3）接通 PLC 电源。将 PLC 的工作方式开关扳到"STOP"位置，使 PLC 处于编程状态。

4）用 GX Works2 编程软件，输入图 4-6 所示的程序并写入 PLC 中。

5）运行和调试。将 PLC 的工作方式开关扳到"RUN"位置，根据图 4-5，首先按下起动按钮 SB1，观察电动机是否得电起动运行，看程序能否达到控制要求。

[知识拓展]　二进制数加 1 和减 1 运算

1. 指令格式和功能

二进制数加 1 和减 1 运算指令的助记符、功能、操作数及程序步见表 4-6。

表 4-6　二进制数加 1 和减 1 运算指令的助记符、功能、操作数及程序步

助　记　符	功　　能	操　作　数 (D.)	程　序　步
INC(FNC24)	目标元件加 1	KnY、KnM、KnS、T、C、D、V、Z（V、Z 不能进行 32 位操作）	INC(P)：3 步 DINC(P)：5 步
DEC(FNC25)	目标元件减 1	KnY、KnM、KnS、T、C、D、V、Z（V、Z 不能进行 32 位操作）	INC(P)：3 步 DINC(P)：5 步

2. 使用说明

二进制数加 1 和减 1 指令的用法示例如图 4-7 所示。

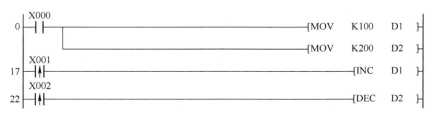

图 4-7 二进制数加 1 和减 1 指令的用法示例

1）当 X001 由 OFF→ON 时，执行 "D1+1→D1"。在 16 位运算中，+32 767 加 1 则成为-32 768；在 32 位运算中，+2 147 483 647 加 1 则成为-2 147 483 648。

2）当 X002 由 OFF→ON 时，执行 "D2-1→D2"。16 位和 32 位的运算与 1）的相同。

3）若用连续指令时，则 INC 或 DEC 指令在各扫描周期都做加 1 运算或减 1 运算。

任务 4.2　循环灯光控制

能力目标：
- 能利用传送和循环移位等功能指令进行梯形图编程。
- 能运用 PLC 的基本指令和功能指令编程，并调试。
- 能运用传送和移位指令解决实际问题。
- 具有一定的信息处理、分析问题和解决问题的能力。

知识目标：
- PLC 循环移位功能指令的使用方法。
- 传送、移位等常用功能指令编程方法。
- 用编程软件对功能指令应用程序的编写和调试的方法。

[任务导入]

现有 8 盏灯 L1~L8，其控制要求如下：按下起动按钮后，灯 L1~L8 以正序每隔 1s 轮流被点亮，当 L8 亮后停 3s，然后反向逆序每隔 1s 轮流点亮，当 L1 亮后停 8s，重复上述工作过程。当按下停止按键后，L1~L8 全部停止工作。

[基础知识]

4.2.1　循环右移、循环左移指令

1. 指令格式和功能

循环右移、循环左移指令助记符、功能、操作数和程序步如表 4-7 所示。

表 4-7　循环右移、循环左移指令的助记符、功能、操作数和程序步

助记符	功能	操作数		程序步
		(D.)	n	
ROR(FNC30)	将目标元件的位循环右移 n 位	KnY、KnM、KnS、T、C、D、V、Z	K、H 16 位，n≤16 32 位，n≤32	ROR(P)：5 步 DROR(P)：9 步
ROL(FNC31)	将目标元件的位循环左移 n 位	KnY、KnM、KnS、T、C、D、V、Z		ROL(P)：5 步 DROL(P)：9 步

2. 使用说明

循环右移和循环左移指令的用法示例如图 4-8 所示。

图 4-8 循环右移和循环左移指令的用法示例

1）每执行一次 ROR 指令，目标元件中的位循环右移 n 位，最后从低位被移出的位同时存入进位标志 M8022 中。

2）每执行一次 ROL 指令，目标元件中的位循环左移 n 位，最后从高位被移出的位同时存入进位标志 M8022 中。

3）当 X0 闭合时，D10 的值为 245。

4）图 4-9 是图 4-8 运行一次后的执行情况。当 X1 由 OFF→ON 时，执行 ROR D10 K3 指令 1 次，D10 中的数据右移 3 位，此时 D10 = −24 546，同时进位标志 M8022 为 "1"，如图 4-9a 所示。当 X2 由 OFF→ON，执行 ROL D10 K2 指令 1 次，D10 的数据左移 2 位，此时 D10 = 980，同时，进位标志 M8022 为 "0"，如图 4-9b 所示。

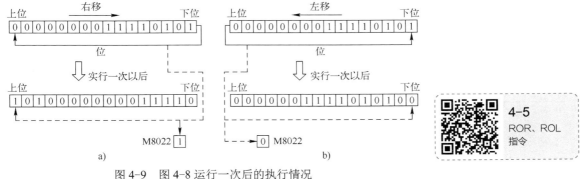

图 4-9 图 4-8 运行一次后的执行情况
a) 循环右移指令的使用情况 b) 循环左移指令的使用情况

4-5 ROR、ROL 指令

5）在指定位软元件场合，只有 K4（16 位）或 K8（32 位）才有效。例如，K4Y0、K8M0 有效，而 K1Y0、K2M0 无效。

4.2.2 带进位的循环移位指令

1. 指令格式及功能

带进位的循环移位指令的助记符、功能、操作数和程序步如表 4-8 所示。

表 4-8 带进位的循环移位指令的助记符、功能、操作数和程序步

助记符	功　能	操 作 数		程 序 步
		(D.)	n	
RCR(FNC32)	将目标元件位和进位一起右移 n 位	KnY、KnM、KnS、T、C、D、V、Z	K、H 16 位，$n \leqslant 16$ 32 位，$n \leqslant 32$	RCR(P): 5 步 DRCR(P): 7 步
RCL(FNC33)	将目标元件位和进位一起左移 n 位	KnY、KnM、KnS、T、C、D、V、Z		RCL(P): 5 步 DRCL(P): 7 步

2. 使用说明

带进位的循环移位指令的用法示例如图 4-10 所示。

图 4-10 带进位的循环移位指令的用法示例

1）每执行一次 RCR 指令，目标元件中的位实现带进位循环右移 n 位，最后被移出的位放入进位标志 M8022 中。运行下一次 RCR 指令时，M8022 中的位首先进入目标元件中。

2）每执行一次 RCL 指令，目标元件中的位实现带进位循环左移 n 位，最后被移出的位放入进位标志 M8022 中。运行下一次 RCL 指令时，M8022 中的位首先进入目标元件中。

3）当 X000 闭合时，将 K255 传送到 D1 中；当 X001 由 OFF→ON 时，执行 RCR D1 K4 指令；当 X002 由 OFF→ON 时，执行 RCL D1 K4 指令；当 X003 闭合时，D1 中数据复位（清零）。图 4-11 为图 4-10 运行一次后的执行情况。图 4-11a 为带进位循环右移的情况，执行一次，其结果为-4081；图 4-11b 为带进位循环左移的情况，执行一次，其结果为 4088。

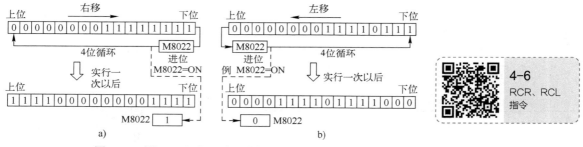

图 4-11 图 4-10 运行一次后的执行情况
a) 带进位循环右移的情况　b) 带进位循环左移的情况

4）在指定位软元件场合，只有 K4（16 位）或 K8（32 位）才有效，如 K4Y0、K8M0。

[任务实施]

4.2.3 I/O 分配

由循环灯光控制要求可知，PLC 输入信号有起动按钮 SB1 及停止按钮 SB2；输出信号有 L1~L8 指示灯，其 I/O 分配见表 4-9。

表 4-9 循环灯光控制的 I/O 分配

输入设备	输入软元件编号	输出设备	输出软元件编号
起动按钮 SB1	X0	L1~L8 指示灯	Y0~Y7
停止按钮 SB2	X1		

4.2.4 硬件接线

根据 PLC 的 I/O 分配，循环灯光控制的外部接线如图 4-12 所示。

SB1
SB2
X0
X1
0V
24V
S/S
PLC
Y0
Y1
Y2
Y3
Y4
Y5
Y6
Y7
COM1
COM2
FU1
DC 24V

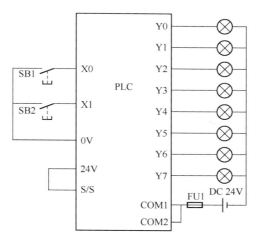

图 4-12　循环灯光控制的外部接线

4.2.5　程序设计

循环灯光控制的梯形图如图 4-13 所示。

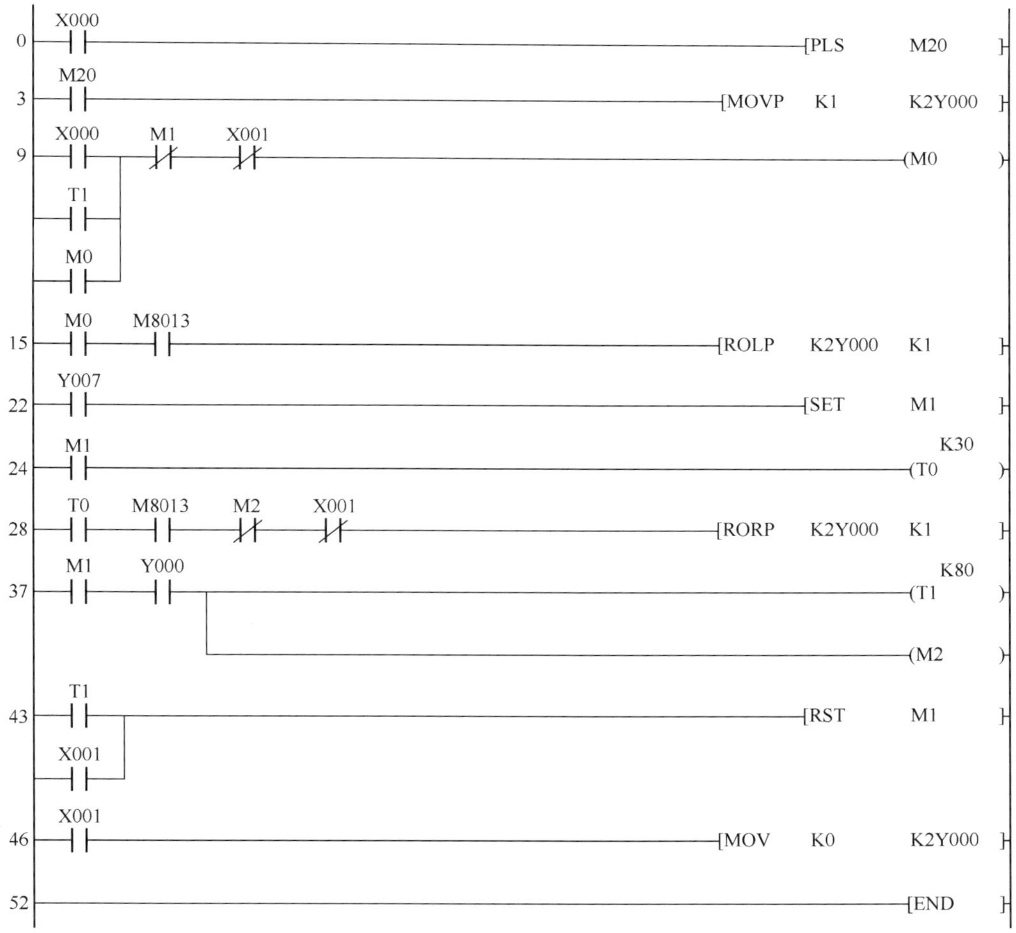

0 X000 [PLS M20]
3 M20 [MOVP K1 K2Y000]
9 X000 M1 X001 (M0)
T1
M0
15 M0 M8013 [ROLP K2Y000 K1]
22 Y007 [SET M1]
24 M1 K30 (T0)
28 T0 M8013 M2 X001 [RORP K2Y000 K1]
37 M1 Y000 K80 (T1)
(M2)
43 T1 [RST M1]
X001
46 X001 [MOV K0 K2Y000]
52 [END]

图 4-13　循环灯光控制的梯形图

步 0~14 是起动程序，当 X0 闭合时，执行 MOVP K1 K2Y0，即将"1"送到 Y0，点亮 L1 灯。

步 15~27 是正序，每隔 1s 轮流点亮 L2~L8，当 L8 点亮后停 3s。

步 28~42 是反序，每隔 1s 轮流点亮 L1~L8，当 L1 点亮后停 8s。

步 43~51 是停止程序。

4.2.6 运行和调试

1）按图 4-12 将循环灯光控制的 I/O 外部硬件连接起来。

2）用通信电缆将装有 GX Works2 编程软件的计算机的 RS-232 接口与 PLC 的 RS-422 接口相连接。

3）接通 PLC 电源。将 PLC 的工作方式开关扳到"STOP"位置，使 PLC 处于编程状态。

4）用 GX Works2 编程软件，输入图 4-13 所示的程序并写入 PLC 中。

5）运行和调试。将 PLC 的工作方式开关扳到"RUN"位置，根据图 4-12，首先按下 X0，观察 L1~L8 得电情况，看程序能否达到控制要求。

[知识拓展] 位右移和位左移指令

1. 指令格式和功能

位右移和位左移指令的助记符、功能、操作数和程序步见表 4-10。

表 4-10 位右移和位左移指令的助记符、功能、操作数和程序步

助记符	功能	操作数				程序步
		(S.)	(D.)	n_1	n_2	
SFTR(FNC34)	将源操作数元件状态存入堆栈中，堆栈右移	X、Y、M、S	Y、M、S	K、H $n_2 \leq n_1 \leq 1024$		SFTR(P)：9 步
SFTL(FNC35)	将源操作数元件状态存入堆栈中，堆栈左移	X、Y、M、S	Y、M、S	K、H $n_2 \leq n_1 \leq 1024$		SFTL(P)：9 步

2. 使用说明

位右移和位左移指令的用法示例如图 4-14 所示。

图 4-14 位右移和位左移指令的用法示例

1）SFTR 指令有 4 个操作数。以图 4-14 为例，当 X010 闭合时，执行 SFTR 指令，以 X000 开始的 2 位（n_2）源操作数，向右移入以 M0 开始的 8 位（n_1）元件中去。移位后，目标操作数置位，而源操作数复位。

2）SFTL 指令也有 4 个操作数，其动作原理类似 SFTR 指令。

3）图 4-14 的动作情况如图 4-15 所示。

在图 4-15a 中，当 X010 闭合一次时，X1、X0 的状态移入 M7、M6，此时，M7、M6 均为 1；当 X010 再闭合一次时，M7、M6 的状态移入 M5、M4，此时，M5、M4 为 1；当 X010 第 5 次闭合时，其状态溢出。图 4-15b 的情况与图 4-15a 的相似，不同的是图 4-15b 是向左移。

4）用 SFTR、SFTL 指令可以实现步进顺控。步进顺控时，一般都是每次移动一个状态。

项目 4　PLC 功能指令的程序设计

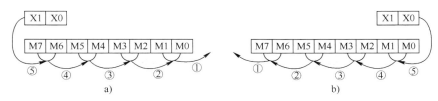

图 4-15　图 4-14 的动作情况
a) 往右移的意义　b) 往左移的意义

任务 4.3　5 路抢答器控制

能力目标：
- 能利用调用子程序指令和传送指令进行梯形图编程。
- 能运用 PLC 的基本指令和功能指令编程并调试、运行。
- 能运用调用子程序指令解决实际问题。
- 具有一定的信息处理、分析问题和解决问题等能力。

知识目标：
- 调用子程序的使用方法。
- 用传送、调用子程序等常用功能指令进行程序设计的方法。
- 用编程软件对调用子程序指令应用程序的编写和调试方法。

[任务导入]

设计一个用 LED 数码管显示的 5 人智力竞赛抢答器。抢答器设有主持人总台及各参赛队分台，其中，总台设有"开始"按钮及"复位"按钮，分台设有"抢答"按钮及指示灯。具体要求如下：

1）系统供电后，主持人在总台单击"开始"按钮后，方允许各队人员开始抢答，即各队抢答按钮有效。

2）抢答过程中，1~5 队中的任何一队抢先按下各自的抢答按钮（S1~S5）后，该队指示灯亮，同时 LED 数码管显示当前的队号并封锁其他参赛队的电路，使其他队抢答无效。

3）主持人对抢答状态确认后，按"复位"按钮后，清除数码显示，系统又开始允许各队人员开始抢答，直到又有一队抢先按下各自的抢答按钮。

用 PLC 实现上述控制要求。

[基础知识]

4.3.1　调用子程序和子程序返回指令

1. 指令助记符及操作元件

调用子程序：使用 CALL 指令，操作元件为指针 P0~P63。
子程序返回：使用 SRET 指令，无操作元件。

2. 指令说明

调用子程序指令的用法示例如图 4-16 所示。

1）当 X001 接通时，执行 CALL 指令，调用指针 P1 所指的子程序行执行，待子程序返回 SRET 指令后，程序返回到 CALL 指令的下一指令，继续执行主程序。

2）CALL 指令的 P 指针以及子程序必须放在主程序结束指令 FEND 之后。

121

```
   X000
 0 ─┤├─────────────────────────────( Y000 )
   X001
 2 ─┤├─────────────────────[ CALL    P1 ]
   X002
 6 ─┤├─────────────────────────────( Y002 )
   X003
 8 ─┤├─────────────────────────────( Y003 )
10 ─────────────────────────────────[ FEND ]
      X004
P1 11 ─┤├───────────────────────────( Y001 )
      X005
  14 ─┤├────────────────────────────( Y004 )
  16 ─────────────────────────────[ SRET ]
```

图 4-16　调用子程序指令的用法示例

3）可以多次调用子程序，子程序可嵌套，嵌套层数不能大于 5 层，每个子程序都必须以 SRET 结束。

4）CALL 的操作数与 CJ 的操作数不能用同一标号，但不同嵌套的 CALL 指令可调用同一标号的子程序。

5）在子程序中使用的定时器范围规定为 T192～T199 和 T246～T249。

4.3.2　主程序结束指令

主程序结束指令用 FEND 表示，无操作元件。当执行到 FEND 时，PLC 执行输入/输出、监视定时器刷新，然后返回起始步。END 是指整个程序的结束。

[任务实施]

4.3.3　I/O 分配

由抢答器控制要求可知，PLC 输入信号有总台开始按钮 SD、总台复位按钮 SR、分台抢答按钮 S1～S5；输出信号有七段 LED 数码管、5 个队的指示灯 L1～L5，其 I/O 分配见表 4-11。

表 4-11　抢答器控制 PLC 的 I/O 分配

输入设备	输入软元件编号	输出设备	输出软元件编号
总台开始按钮 SD	X0	七段 LED 数码管	Y0～Y6
总台复位按钮 SR	X1	1 队指示灯 L1	Y10
1 分台抢答按钮 S1	X2	2 队指示灯 L2	Y11
2 分台抢答按钮 S2	X3	3 队指示灯 L3	Y12
3 分台抢答按钮 S3	X4	4 队指示灯 L4	Y13
4 分台抢答按钮 S4	X5	5 队指示灯 L5	Y14
5 分台抢答按钮 S5	X6		

4.3.4　硬件接线

根据 PLC 的 I/O 分配，抢答器控制的外部接线如图 4-17 所示。

4.3.5　程序设计

抢答器控制的梯形图如图 4-18 所示。

项目 4 PLC 功能指令的程序设计

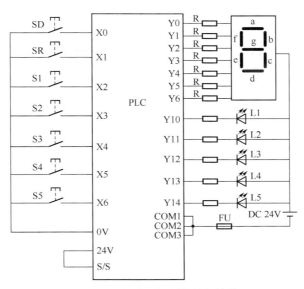

图 4-17 抢答器控制的外部接线

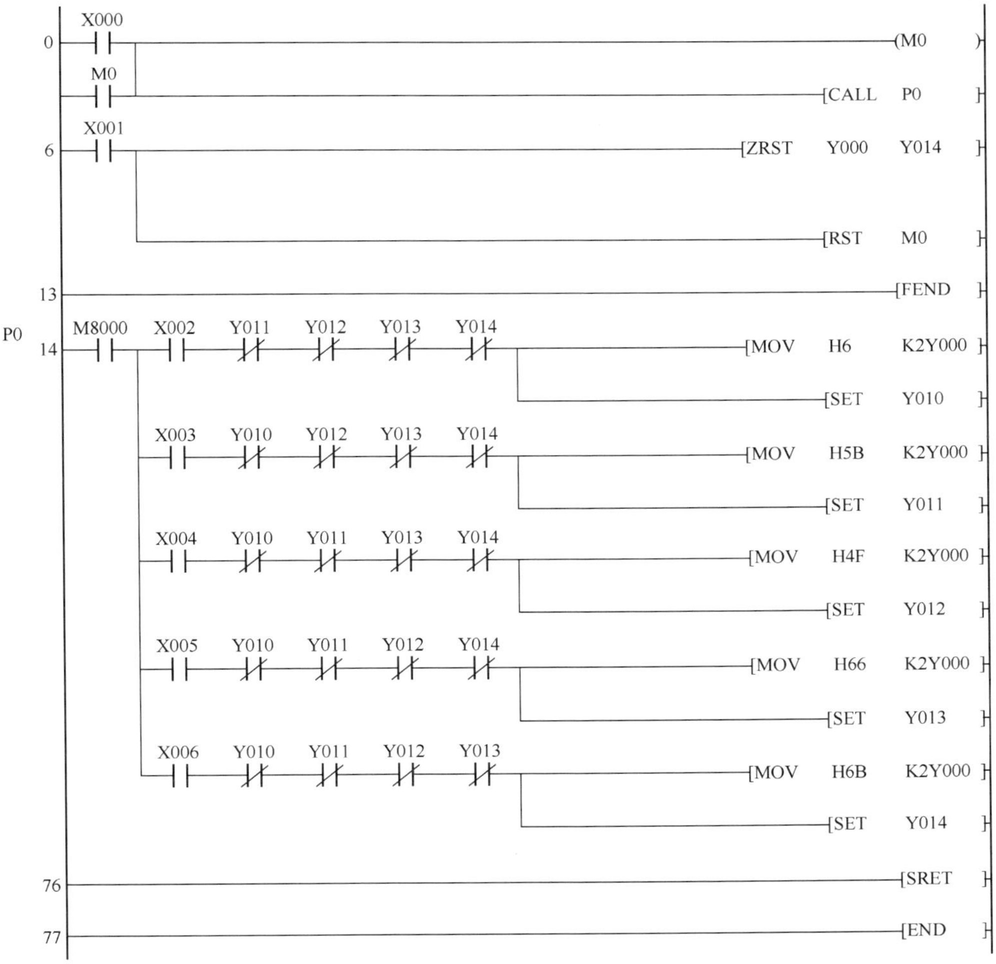

图 4-18 抢答器控制的梯形图

步 0～13 是主程序，当 X0 闭合时，执行 CALL P0 程序，即进入各队抢答子程序。当 X1 闭合时，LED 显示、各队指示灯复位。

步 14～76 是各队抢答子程序。当 X2～X6 中有 1 个先接通时，则利用 MOV 指令传送数据使 LED 数码管显示其队号，并使其队指示灯亮。若此时其他队再抢答，则为无效抢答（利用其他 4 个队的输出常闭触点串联实现）。LED 数码管显示队号与传送数据之间的对应关系见表 4-12。

表 4-12 LED 数码管显示队号与传送数据之间的对应关系

显示数字（队号）	十六进制数	七段数码管状态						
		g(y6)	f(y5)	e(y4)	d(y3)	c(y2)	b(y1)	a(y0)
1	H06	0	0	0	0	1	1	0
2	H5B	1	0	1	1	0	1	1
3	H4F	1	0	0	1	1	1	1
4	H66	1	1	0	0	1	1	0
5	H6B	1	1	0	1	0	1	1

4.3.6 运行和调试

1）按图 4-17 所示将抢答器控制的 I/O 外部硬件连接起来。

2）用通信电缆将装有 GX Works2 编程软件的计算机的 RS-232 接口与 PLC 的 RS-422 接口相连接。

3）接通 PLC 电源。将 PLC 的工作方式开关扳到"STOP"位置，使 PLC 处于编程状态。

4）用 GX Works2 编程软件，输入图 4-18 所示的程序并写入 PLC 中。

5）运行和调试。将 PLC 的工作方式开关扳到"RUN"位置，根据图 4-17，首先按下 X0 和 X2，观察 Y10 是否得电，数码管显示是否为"1"。以此类推，观察程序能否达到控制要求。

[知识拓展] 条件跳转、中断、监视定时器和循环指令

4.3.7 条件跳转指令

1．指令助记符号及操作元件

条件跳转指令的助记符号是 CJ，操作元件：指针 P0～P63（P63 相当于 END 指令）。

2．用法

条件跳转指令的用法示例如图 4-19 所示。

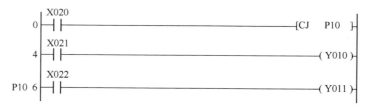

图 4-19 条件跳转指令的用法示例

4.3.8 中断指令

1．指令助记符号及操作元件

中断返回：IRET，无操作元件。

允许中断：EI，无操作元件。
禁止中断：DI，无操作元件。

2．指令说明

中断指令的用法示例如图 4-20 所示。

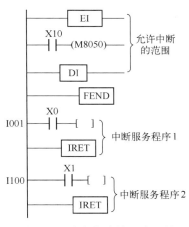

图 4-20　中断指令的用法示例

（1）中断用指针

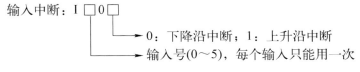

图 4-20 中，当 X0 由 OFF→ON 时，执行 I001 处的中断服务程序 1；当 X1 由 ON→OFF 时，则执行 I100 处的中断服务程序 2。

（2）允许中断范围

EI 与 FEND 之间或者 EI 与 DI 之间为允许中断范围，DI 与 EI 之间为禁止中断范围。

（3）禁止各对应输入编号进行中断

如果特殊辅助继电器 M8050~M8051 为 ON 时，则禁止各对应输入编号进行中断。允许中断、禁止中断的用法示例如图 4-21 所示，如果 M8051 为 OFF，则按住 X001，执行中断指针 I101 处的程序。若 X010 闭合，M8051 通电置 ON，这时即使按 X001，程序也不执行中断。

（4）中断信号的优先级

如果有多个依次发出的中断信号，则优先级按发生的先后为序，发生越早则优先级越高；若同时发生多个中断信号，则中断标号小的优先级高。

（5）其他

1）中断程序在执行过程中，不响应其他的中断（其他中断为等待状态）。不能重复使用与高速计数器相关的输入，不能重复使用与 I000 和 I001 相同的输入。

2）PLC 平时处于禁止中断状态。如果 EI-DI 指令在扫描过程中有中断输入，则执行中断程序（从中断标号到 IRET 之间的程序）。

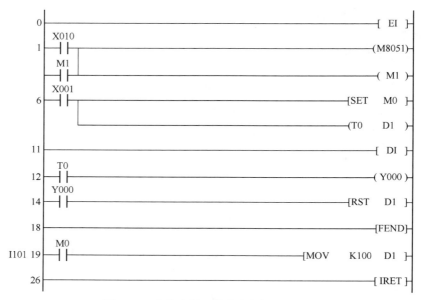

图 4-21 允许中断、禁止中断的用法示例

4.3.9 监视定时器指令

1. 指令程式和功能

监视定时器指令的助记符、功能、操作数和程序步见表 4-13。

表 4-13 监视定时器指令的助记符、功能、操作数和程序步

助 记 符	功 能	操 作 数	程 序 步
WDT(FNC07)	在程序运行期间刷新监视定时器	无	WDT、WDTP：1 步

2. 指令说明

WDT 指令的用法示例如图 4-22 所示。

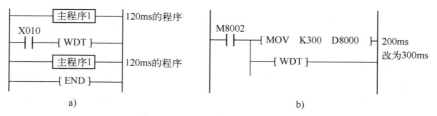

图 4-22 WDT 指令的用法示例
a) 在这两个程序之间插入 WDT 指令 b) 用 MOV 和 WDT 指令修改限制值

1）WDT 指令是在控制程序中刷新警戒定时器的指令。如果执行程序的扫描周期时间（从 0 步到 END 或 FEND 指令之间）达 200ms，则 PLC 将停止运行。这时，应将 WDT 指令插到合适的程序步中刷新监视定时器，以便程序得以继续运行，直到 END。例如，如图 4-22a 所示，若将一个扫描周期为 240ms 的程序分为两个 120ms 程序。可在这两个程序之间插入 WDT 指令。

2）如果希望每次扫描周期时间超过 200ms，则可用数据传送指令 MOV 把限制值写入特殊数据寄存器 D8000 中，如图 4-22b 所示。

4.3.10 循环指令

1．指令格式

循环指令起点助记符为 FOR，操作元件为 KnM、KnS、T、C、D、K、H、KnX、KnY、V、Z；终点助记符为 NEXT，无操作元件。

2．指令说明

循环指令的用法示例如图 4-23 所示。

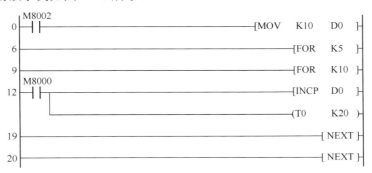

图 4-23 循环指令的用法示例

1）循环指令主要用于某操作需反复进行的场合。FOR-NEXT 指令最多只能嵌套 5 层。如因循环次数过多，程序运行时间大于 200ms，应考虑使用 WDT 指令。

2）图 4-23 为两层嵌套的循环程序，外循环 5 次，内循环 10 次。每执行一次，D0 中的数据加 1，此程序中 D0 共进行了 50 次的加 1，最终结果为 60。

任务 4.4　台车呼叫控制

能力目标：
- 能用数据比较和触点比较指令编写梯形图。
- 能用基本指令和功能指令编程并调试。
- 能用数据和触点比较指令解决实际问题。
- 具有一定的信息处理、分析问题和解决问题能力。

知识目标：
- 触点比较、数据比较等功能指令的用法。
- 用传送、比较等功能指令进行程序设计的方法。
- 用编程软件对比较指令等应用程序的编写和调试的方法。

[任务导入]

一部电动运输车供 8 个加工点使用，每个加工点（下称"工位"）设有一个到位开关（SQ）和一个呼叫按钮（SB），如图 4-24 所示。台车的控制要求如下：

1）台车开始能停留在 8 个工位的任意一个位置。

2）设台车现暂停于 a 号工位（SQa 为 ON）处，此时 b 号工位呼车（SBb 为 ON），当 a>b 时，台车左行运行至呼叫位置后停止。当 a<b 时，台车右行运行至呼叫位置后停止。当 a=b 时，台车原位不到。

3）台车运行时呼叫无效。

4）具有左行、右行指示灯，和原点不动指示灯。

利用 PLC 实现上述控制要求。

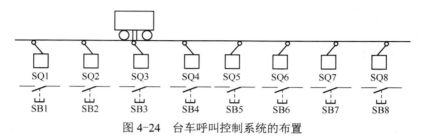

图 4-24　台车呼叫控制系统的布置

[基础知识]

4.4.1　数据比较指令

1. 指令格式

数据比较指令的助记符、功能、操作数和程序步见表 4-14。

表 4-14　数据比较指令的助记符、功能、操作数和程序步

助记符	功能	操作数		程序步
		(S1.) (S2.)	(D)	
CMP(FNC10)	比较源操作数[s1]和[s2]的大小，并把比较结果送到目标操作数[D]和[D+2]中	KnM、KnS、T、C、D、K、H、KnX、KnY、V、Z	Y、M、S 三个连续元件	CMP、CMPP：7 步 DCMP、DCMPP：13 步

2. 指令说明

数据比较指令的用法示例如图 4-25 所示。

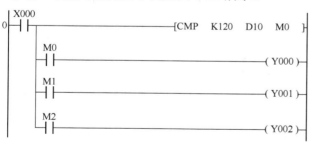

图 4-25　数据比较指令的用法

4-8
CMP 指令

1）在图 4-25 中，当 X000 接通时，执行 CMP 指令，因 M0 为目标元件，所以 M0、M1、M2 被自动占用。当源操作数 K120>源操作数 D10 当前值时，M0 为 ON，驱动 Y0；当 K120=D10 当前值时，M1 为 ON，驱动 Y1；当 K120<D10 当前值时，M2 为 ON，驱动 Y2。

2）当 X000 断开时，不执行 CMP 指令，以 M0 为首的三位连续位元件（M0～M2）保持其断电前的状态。

项目 4 PLC 功能指令的程序设计

[任务实施]

4.4.2 I/O 分配

由台车呼叫控制要求可知,PLC 输入信号有 8 个工位呼车按钮 SB1~SB8、8 个工位限位开关 SQ1~SQ8 的常开触点;输出信号有正转接触器 KM1、反转接触器 KM2、左行指令灯 L1 和右行指示灯 L2,其 I/O 分配见表 4-15。

表 4-15 台车呼叫控制的 I/O 分配

输 入 设 备	输入软元件编号	输 出 设 备	输出软元件编号
1 号工位呼车按钮 SB1	X0	正转接触器 KM1	Y0
2 号工位呼车按钮 SB2	X1	反转接触器 KM2	Y1
3 号工位呼车按钮 SB3	X2	左行指示灯 L1	Y10
4 号工位呼车按钮 SB4	X3	右行指示灯 L2	Y11
5 号工位呼车按钮 SB5	X4		
6 号工位呼车按钮 SB6	X5		
7 号工位呼车按钮 SB7	X6		
8 号工位呼车按钮 SB8	X7		
1 号工位限位开关 SQ1	X10		
2 号工位限位开关 SQ2	X11		
3 号工位限位开关 SQ3	X12		
4 号工位限位开关 SQ4	X13		
5 号工位限位开关 SQ5	X14		
6 号工位限位开关 SQ6	X15		
7 号工位限位开关 SQ7	X16		
8 号工位限位开关 SQ8	X17		

4.4.3 硬件接线

根据 PLC 的 I/O 分配,台车呼叫控制的外部接线如图 4-26 所示。

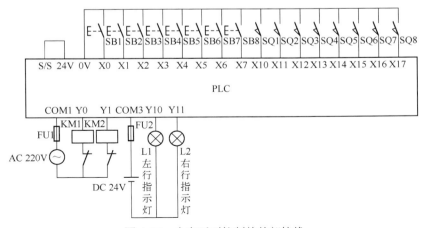

图 4-26 台车呼叫控制的外部接线

4.4.4 程序设计

台车呼叫控制的梯形图如图 4-27 所示。

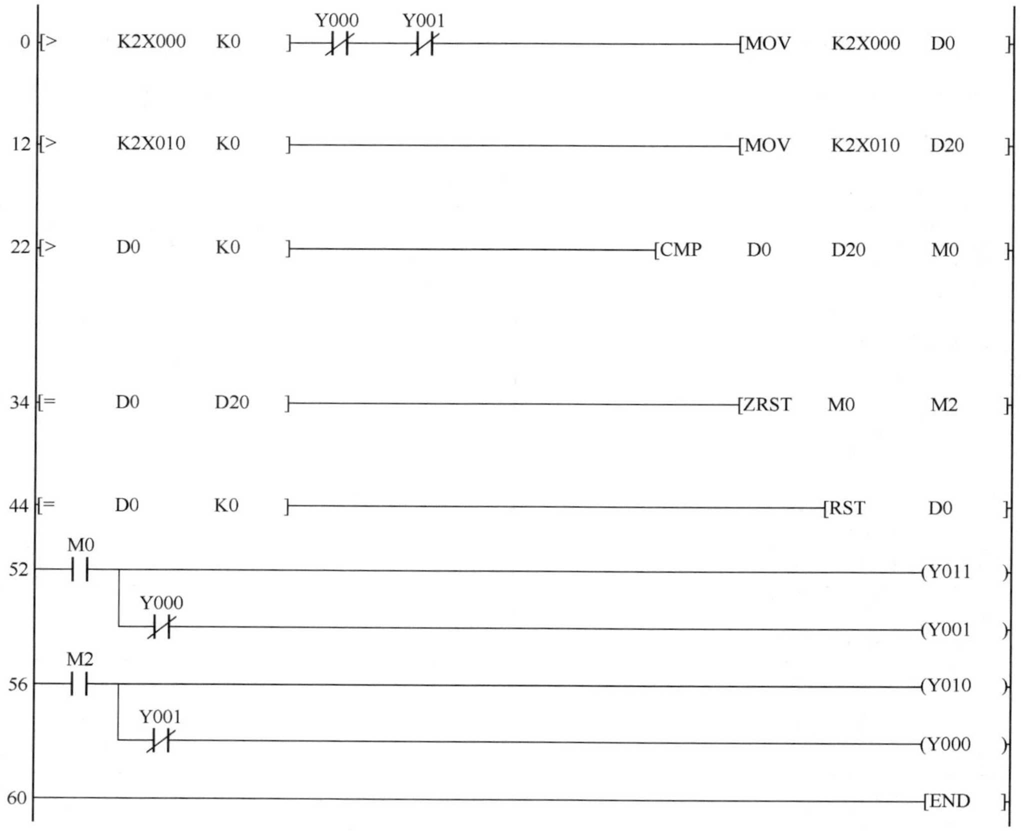

```
 0 [> K2X000 K0]─┤/├Y000─┤/├Y001──────────────[MOV K2X000 D0]

12 [> K2X010 K0]──────────────────────────────[MOV K2X010 D20]

22 [> D0 K0]──────────────────────────[CMP D0 D20 M0]

34 [= D0 D20]─────────────────────────[ZRST M0 M2]

44 [= D0 K0]──────────────────────────[RST D0]

52 ─┤M0├────────────────────────────────────(Y011)
    └─┤/├Y000─────────────────────────────(Y001)

56 ─┤M2├────────────────────────────────────(Y010)
    └─┤/├Y001─────────────────────────────(Y000)

60 ─────────────────────────────────────────[END]
```

图 4-27 台车呼叫控制的梯形图

程序说明如下。

步 0～11 中，LD>K2X0 K0，是指当呼叫积极组大于零（即只要有呼叫信号，X7～X0 中有一个就为"1"），将呼叫信息传送到 D0 中。

步 12～21 中，LD>K2X10 K0，是指台车处于某一位置时，即 X17～X10 中有一个为"1"时，将位置信息传送，利用比较指令 CMP 比较呼叫号与位置号的大小，以此来确定小车的运行方向。若 D0>D20，即呼叫号大于位置号，即 M0=1，小车右行；若 D0<D20，即呼叫号小于位置号，即 M2=1，小车左行。

步 34～43 中，LD=D0 D20，是指当呼叫号与位置号相等时，使 M0、M1、M2 复位。

4.4.5 运行和调试

1）按图 4-26 将台车呼叫控制系统的 I/O 外部硬件连接起来。

2）用通信电缆将装有 GX Works2 编程软件的计算机的 RS-232 接口与 PLC 的 RS-422 接口相连接。

3）接通 PLC 电源。将 PLC 的工作方式开关扳到"STOP"位置，使 PLC 处于编程状态。

4)用 GX Works2 编程软件,输入如图 4-27 所示的程序并写入 PLC 中。

5)运行和调试。将 PLC 的工作方式开关扳到"RUN"位置,根据图 4-26,首先按下 X5 和 X10,观察 Y0 是否得电,以此类推,观察程序能否达到控制要求。

[知识拓展] 数据区间比较、移位传送、取反、块传送、多点传送、求 BCD 码和求 BIN 码指令

4.4.6 数据区间比较指令(FNC11)

1. 指令格式

助记符:ZCP、ZCP(P)、(D)ZCP、(D)ZCP(P)。

操作元件:与 CMP 指令的相同。

2. 指令说明

数据区间比较指令的用法示例如图 4-28 所示。

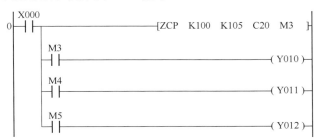

图 4-28 数据区间比较指令的用法示例

1)在图 4-28 中,当 X000 闭合,执行 ZCP 指令,因 M3 为目标元件,所以 M3、M4、M5 自动被占用。当 C20 的当前值<K100 时,M3 为 ON;当 K100≤C20 的当前值≤K105 时,M4 为 ON;当 C20 的当前值>K105 时,M5 为 ON。

2)当 ZCP 的触点 X000 断开时,不执行 ZCP 指令,M3~M5 保持其断电前状态。如果要清除比较的结果,应使用复位指令。

4.4.7 移位传送指令(FNC13)

1. 指令格式和功能

移位传送指令的助记符、功能、操作数和程序步见表 4-16。

表 4-16 移位传送指令的助记符、功能、操作数和程序步

助记符	功能	操作数				程序步
		m_1	m_2	n	(S.)	(D.)	
SMOV(FNC13)	将四位十进制中的位传送到另一四位数指定的位	K、H n=1~4			KnX、KnY、KnM、KnS、T、C、D、V、Z	KnY、KnM、KnS、T、C、D、V、Z	SMOV(P):11 步

2. 指令说明

移位传送指令的用法示例如图 4-29 所示。

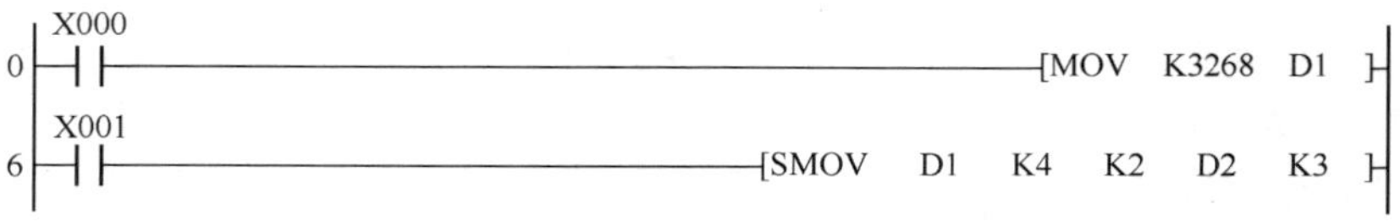

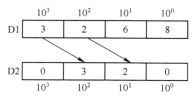

图 4-29 移位传送指令的用法示例

1）移位传送指令带 5 个参数，其意义是：将二进制源操作数(S.)先变成 BCD 码，再从其第 m_1 位起，将低 m_2 位的 BCD 码向目标(D.)的第 n 位开始传送。目标(D.)未接受传送的位为零，最后再将目标(D.)变为二进制数。

2）图 4-29 的执行过程是：X000 闭合时，将十进制数 3268 送到 D1，D1 的当前值为 3268。当 X001 闭合，执行 SMOV 指令，将源操作数 D1 从第 4 位（10^3 位）开始，将低 2 位（10^3 位、10^2 位）的数送到目标 D2 的第 3 位（10^2 位）开始的低 2 位（10^2 位和 10^1 位）中，目标 D2 未获传送的位保持不变，如图 4-30 所示。执行图 4-29 的 SMOV 指令后，D2 的当前值为 K320。

图 4-30 图 4-29 中移位传送的结果

4.4.8 取反指令（FNC14）

1. 指令格式和功能

取反指令的助记符、功能、操作数和程序步见表 4-17。

表 4-17 取反指令的助记符、功能、操作数和程序步

助记符	功能	操作数		程序步
		(S.)	(D.)	
CML(FNC14)	将源操作数取反，结果存放在目标元件中	K、H、KnX、KnY、KnM、KnS、T、C、D、V、Z	KnY、KnM、KnS、T、C、D、V、Z	CML(P)：5 步 DCML(P)：9 步

2. 指令说明

取反指令的用法示例如图 4-31 所示。

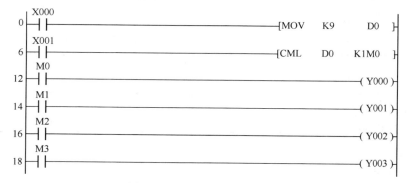

图 4-31 取反指令的用法示例

1) CML 指令是将源操作数的二进制各位取反，结果存放到目标元件中。即源操作数中的"1"变为目标中的"0"，源操作数中的"0"变为目标中的"1"。

2) 在图 4-31 中，当 X000 闭合时，K9 传送给 D0，D0 的二进制数为 1001。当 X001 闭合时，执行 CML 指令，将源操作数 D0 中的二进制数据取反，送到目标 K1M0 中，此时 M1 为 1，M2 为 1，故 Y001、Y002 得电。

3) 如目标元件位数小于源操作数位数，则仅相应的目标元件的位数取反。

4.4.9 块传送指令（FNC15）

1. 指令格式和功能

块传送指令的助记符、功能、操作数和程序步见表 4-18。

表 4-18 块传送指令的助记符、功能、操作数和程序步

助记符	功能	操作数			程序步
		(S.)	(D.)	n	
BMOV(FNC15)	将指定数据块的内容送到目标元件中	KnX、KnY、KnM、KnS、T、C、D	KnY、KnM、KnS、T、C、D	K、H n≤512	BMOV(P)：7 步

2. 指令说明

块传送指令的用法示例如图 4-32 所示。

图 4-32 块传送指令的用法示例

1) 在图 4-32 中，BMOV 有三个操作数，当 X000 闭合时，执行 BMOV 指令，将源操作数 D0 开始的 4 个数据寄存器 D0、D1、D2、D3 依次送到目标 D10 开始的 4 个数据寄存器 D10、D11、D12、D13 中去。

2) 当 X001 闭合时，执行 BMOV 指令，将以 K1M0 开始的两组数据，即 M0、M1、M2、M3 以及 M4、M5、M6、M7 依次送到 K1Y003 开始的两组数据（Y003、Y004、Y005、Y006 以及 Y007、Y010、Y011、Y012）中去。

4.4.10 多点传送指令（FNC16）

1. 指令格式和功能

多点传送指令的助记符、功能、操作数和程序步见表 4-19。

表 4-19 多点传送指令的助记符、功能、操作数和程序步

助记符	功能	操作数			程序步
		(S.)	(D.)	n	
FMOV(FNC16)	将源操作数的内容向指定范围目标传送	K、H、KnX、KnY、KnM、KnS、T、C、D、V、Z	KnY、KnM、KnS、T、C、D、V、Z	K、H n≤512	FMOV(P)：7 步 DFMOV(P)：13 步

2. 指令说明

多点传送指令的用法示例如图 4-33 所示。

图 4-33 多点传送指令的用法示例

在图 4-33 中，当接通 X000 时，执行 FMOV 指令，将 K100 同时送到 D0~D7 共 8 个元件中；当接通 X001 时，将 K0 同时送到 C0~C4 共 5 个计数器中，并令其为 0。

4.4.11 求 BCD 码和求 BIN 码指令（FNC18、FNC19）

1. 指令格式和功能

求 BCD 码和求 BIN 码指令的助记符、功能、操作数和程序步见表 4-20。

表 4-20 求 BCD 码和求 BIN 码指令的助记符、功能、操作数与程序步

助记符	功能	操作数 (S.)	操作数 (D.)	程序步
BCD(FNC18)	将二进制数转换成 BCD 码	KnX、KnY、KnM、KnS、T、C、D、V、Z	KnY、KnM、KnS、T、C、D、V、Z	BCD(P)：5 步 DBCD(P)：9 步
BIN(FNC19)	将 BCD 码转换成二进制数	KnX、KnY、KnM、KnS、T、C、D、V、Z	KnY、KnM、KnS、T、C、D、V、Z	BIN(P)：5 步 DBIN(P)：9 步

2. 指令说明

求 BCD 码和求 BIN 码指令的用法示例如图 4-34 所示。

图 4-34 求 BCD 码和 BIN 码指令的用法示例

1) BCD 指令是将源操作数的二进制数转换成 BCD 码后再送至目标。BCD 指令可用于驱动七段显示管。

BIN 指令是将源操作数的 BCD 码转换成二进制数后再送至目标位。如果使用 BCD 指令时源操作数是十进制数，则会自动转换成二进制数，再变成 BCD 码。如果使用 BIN 指令，而源操作数为非 BCD 码，则出错。

2) 在图 4-34 中，当接通 X0 时，执行 MOV 指令，将十进制数 98 传送到 D10 中；当接通 X1 时，执行 BCD 指令，先将 K98 变成二进制数并送到 K2Y0 中，使 Y7、Y4、Y3 得电，为 BCD 码；当接通 X2 时，执行 BIN 指令，K2Y0 中的 BCD 码转换成二进制数送到 D12 中，D12 中的数据为 K98。

项目 4　PLC 功能指令的程序设计

[自测题]

1．填空题

（1）每一条功能指令有一个_____和一个_____，两者之间有严格的对应关系。

（2）功能指令有_____和_____两种类型。

（3）FX$_{3U}$ PLC 中每一个数据寄存器都是_____位的，其中最高位为_____，也可用两个数据寄存器合并起来存储_____位数据。

（4）FX$_{3U}$ PLC 提供的数据表示方法分为_____、_____和_____的组合等。

（5）K2X10 表示由_____组成的_____个位元件组。

（6）加法指令的两个_____进行二进制加法后，将结果放入_____中。

（7）LD>是表示_____；AND=是表示_____；OR <=是表示_____。

（8）BCD 码 0100 0001 1000 0101 对应的十进制数是_____。

（9）当指令输入条件满足后执行比较程序时，对比较值_____和比较源操作数_____的内容进行比较，其大小比较是按_____形式进行的。

（10）调用子程序用_____指令；结束子程序用_____指令结束。

2．判断题

（1）功能指令都必须具有助记符和操作数。　　　　　　　　　　　　　　　（　　）

（2）数据寄存器是用于存放各种数据的软元件。　　　　　　　　　　　　　（　　）

（3）通用数据寄存器中只要不写入其他数据，已写入的数据不会变化。　　　（　　）

（4）K2X010 表示以 X010 为首地址的 8 位，即 X010～X017。　　　　　　　（　　）

（5）作为执行序列的一部分指令，用 CJ、CJP 指令可以缩短运算周期，也可以使用双线圈。　　　　　　　　　　　　　　　　　　　　　　　　　　　　　　　　　（　　）

（6）加 1 指令是在每一个扫描周期目的操作数中的软元件内容自动加 1。　　（　　）

（7）INV 指令是把运算结果置 OFF。　　　　　　　　　　　　　　　　　　（　　）

（8）在梯形图编程中，传送指令 MOV 的功能是将源操作数通道内容传送给目的操作数通道，源操作数通道内容清零。　　　　　　　　　　　　　　　　　　　　　　（　　）

（9）32 位加法指令应使用 ADD。　　　　　　　　　　　　　　　　　　　　（　　）

（10）M0～M15 中，M0、M3 都为 1，其他都为 0，则 K4M0 数值等于 9。　（　　）

（11）比较两个数值的大小，应使用 ZCMP 指令。　　　　　　　　　　　　（　　）

（12）位右移指令应使用 SFTL。　　　　　　　　　　　　　　　　　　　　（　　）

3．选择题

（1）32 位加法指令应使用（　　）。
　　A．DADD　　　B．ADD　　　C．SUB　　　D．MUL

（2）比较两个数值的大小，使用（　　）指令。
　　A．TD　　　　B．TM　　　　C．TRD　　　D．CMP

（3）16 位的数值传送指令使用（　　）。
　　A．DMOV　　　B．MOV　　　C．MEAN　　　D．RS

（4）32 位的数值传送指令是（　　）。
　　A．DMOV　　　B．MOV　　　C．MEAN　　　D．RS

(5) 下列指令中，表示比较功能的是（　　）。
　　A．MPP　　　　B．ZCP　　　　C．CMP　　　　D．FOR
(6) 下列指令与功能表达正确的是（　　）。
　　A．MOV 传送　　　　　　　　B．CML 数据传送
　　C．FMOV 取反传送　　　　　 D．BMOV 多点传送
(7) 下列指令表示循环右移功能的是（　　）。
　　A．ROL　　　　B．ROR　　　　C．SFTR　　　　D．SFTL
(8) 16 位除法指令应该使用（　　）。
　　A．DADD　　　B．DDIV　　　　C．DIV　　　　D．DMUL
(9) 位左移指令应该使用（　　）。
　　A．DADD　　　B．DDIV　　　　C．SFTR　　　　D．SFTL
(10) 求平均值的指令是（　　）。
　　A．DADD　　　B．DDIV　　　　C．SFTR　　　　D．MEAN
(11) 遇到单按钮起动开关，可以选用（　　）指令。
　　A．DD　　　　B．SFTR　　　　C．ALT　　　　D．MEAN
(12) 调用子程序指令用（　　）。
　　A．DADD　　　B．CALL　　　　C．CJ　　　　D.EI

[思考与习题]

1．什么是位元件？什么是字软元件？两者有什么区别？
2．位元件如何组成字元件？请举例说明。
3．数据寄存器有哪些类型?具有什么特点？试简要说明。32 位数据寄存器如何组成？
4．应用指令的组成要素有几个？其执行方式有几种？其操作数有几类？
5．执行指令语句"MOV　K5　K1Y0"后，Y0～Y3 的位状态是什么？
6．执行指令语句"DMOV　H5AA55　D0"后，D0、D1 中存储的数据各是多少？
7．CJ 指令和 CALL 指令有什么区别？
8．编写下列各数的 8421BCD 码：K35；K2345；K987；K456。
9．设 Y17～Y0 的初始状态为 0，X3～X0 的位状态为 1001，则执行两次"SFTLP　X0　Y0　K16　K4"指令后，求 Y17～Y0 各位的状态变化。
10．三台电动机相隔 5s 起动，请使用传送指令完成控制要求。
11．设计一个电子四则运算器，完成 Y=20X/35-8 的计算，当结果 Y=0 时，红灯点亮，否则绿灯点亮。
12．用定时器控制路灯定时亮灭，要求晚上 18:00 开灯，早晨 6:00 关灯。
13．用 CMP 指令实现功能：X000 为脉冲输入，当脉冲数大于 5 时，Y1 为 ON；反之，Y0 为 ON。编写此梯形图。
14．试用 SFTL 位左移指令构成移位寄存器，实现广告牌字的闪烁控制。用 HL1～HL4 4 个灯分别照亮"科技报国"4 个字，其真值表见表 4-21，每步间隔 1s。

表 4-21 广告牌真值表

脉冲	Y3（国）	Y2（报）	Y1（技）	Y0（科）
0	0	0	0	0
1	0	0	0	1
2	0	0	1	0
3	0	1	0	0
4	1	0	0	0
5	1	1	1	1
6	0	0	0	0
7	1	1	1	1

创新动力，创造发展

《礼记·大学》中提到"苟日新，日日新，又日新"。说明不断的变化和革新是自然与社会的常态。只有勇于尝试，打破因循守旧，才能创新和发展。

项目 5　模拟量模块和 PLC 通信应用

任务 5.1　电热水炉温度控制

能力目标：
- 掌握 PLC 模拟量模块的接线方法。
- 掌握 PLC 模拟量控制系统的编程方法。
- 具有了解高新技术和解决问题的能力。

知识目标：
- 数据通信方式和基于 RS-485 的通信原理。
- 模拟量输入模块 FX_{2N}-2AD 的特性及使用。
- 读、写特殊功能模块指令 FROM、TO 的用法。
- PLC 模拟量控制系统程序的设计方法。

[任务导入]

电热水炉温度控制示意图如图 5-1 所示。其利用液位开关来控制水量的多少，利用温度传感器来控制水温的高低。控制要求是：当水位低于低液位开关时，打开进水电磁阀加水；当水位高于高液位开关时，关闭进水电磁阀。当水温低于 80℃时，开始加热；当水温达到 98℃以上时，停止加热。用 PLC 实现上述控制要求。

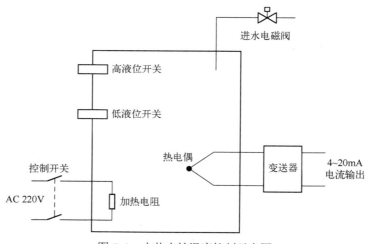

图 5-1　电热水炉温度控制示意图

[基础知识]

5.1.1 数据通信方式

PLC 联网的目的是使 PLC 之间或 PLC 与计算机之间进行通信和数据交换，所以必须了解通信方式。

1. 并行通信和串行通信

在数据信息通信时，按同时传送数据的位数来分，可以分为并行通信和串行通信两种通信方式。

（1）并行通信

并行通信是所传送数据的各位同时发送或接收。并行通信传送速度快，若一个并行数有 n 位二进制数，就需要 n 根传输线，所以，常用于近距离的通信。在远距离传送的情况下，采用并行通信会导致通信线路复杂、成本增高。

（2）串行通信

串行通信是以二进制为单位的数据传输方式，所传送数据按位一位一位地发送或接收。所以，串行通信仅需一至两根传输线，在长距离传送时，通信线路简单、成本低，与并行通信相比，传送速度慢，故常用于长距离传送且速度要求不高的场合。但近年来，串行通信在速度方面有了很快的发展，可达到每秒兆比特的数量级。因此，在分布式控制系统中，串行通信得到了较广泛的应用。

2. 同步传输和异步传输

发送端与接收端之间的同步，是数据通信中的一个重要问题。同步程序不好，轻者导致误码增加，重者使整个系统不能正常工作。根据数据通信时传送字符中的位数相同与否，分为异步传输和同步传输。

（1）同步传输

采用同步传输时，将许多字符组成一个信息组进行传输，但需要在每组信息（帧）的开始处加上同步字符，在没有帧传输时，要填上空字符，因为同步传输不允许有间隙。在同步传输的过程中，一个字符可以对应 5～8bit。在同一个传输过程中，所有字符对应同样的位数（如 n 位），这样，在传输时按每 n 位划分为一个时间段，发送端在一个时间段中发送一个字符，接收端在一个时间段中接收一个字符。

在这种传输方式中，数据以数据块（一组数据）为单位传送，数据块中每个字节不需要起始位和停止位，因而克服了异步传送效率低的缺点，但同步传送所需的软、硬件价格较贵。因此，通常在数据传送速率超过 2000bit/s 的系统中才采用同步传送，一般它适用于 1 点对 n 点的数据传输。

（2）异步传输

异步传输是将位划分成组独立传送。发送方可以在任何时刻发送该组数据，而接收方并不知道该组数据什么时候发送。因此，异步传输存在着这样一个问题：当接收方检测到数据并做出响应之前，第一个位已经过去了。这个问题可通过协议得到解决，每次异步传输，都由一个起始位通知接收方数据已经发送，这就使接收方有时间响应、接收和发送缓冲数据位。在传输时，一个停止位表示一次传输的终止。因为异步传输是利用起止法来达到收发同步的，所以又称为起止式传输。它适用于点对点的数据传输。

在异步传输中，被传送的数据被编码成一串脉冲组成的字符。所谓异步，是指传送相邻两个字符数据之间的停顿时间是长短不一的，也可以说，每个字符的位数是不相同的。通常，在异步串行通信中，收发的每一个字符数据是由 4 个部分按顺序组成的，如图 5-2 所示。

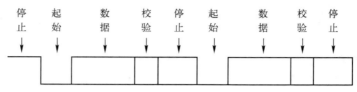

图 5-2 异步串行通信方式的信息格式

在异步传输中，CPU 与外围设备之间需要对下面两项进行约定：

1）字符数据格式，即字符数据编码形式。例如，起始位占用 1 位，数据位 7 位，1 个奇偶校验位，1 个停止位，于是一个字符数据就由 10 个位构成。也可以采用数据位为 8 位，无奇偶校验位等格式。

2）传送波特率。在串行通信中，传输速率的单位是波特率，即单位时间内传送的二进制位数，其单位为 bit/s。

3．数据传送方式

在通信线路上，按照数据传送的方向，可以将数据通信方式划分为单工、半双工、全双工，如图 5-3 所示。

（1）单工

单工通信是指信息的传送始终保持同一个方向，而不能进行反向传送，如图 5-3a 所示。其中，A 端只能作为发送端发送数据，B 端只能作为接收端接收数据。

（2）半双工

半双工通信方式是指信息流可以在两个方向上传送，但同一时刻只限于一个方向传送，如图 5-3b 所示。其中，A 端和 B 端都具有发送和接收的功能，但传送线路只有一条，某一时刻只能 A 端发送 B 端接收，或 B 端发送 A 端接收。

（3）全双工

采用全双工通信方式，能够在两个方向上同时发送和接收数据，如图 5-3c 所示。其中，A 端和 B 端都可以一边发送数据，一边接收数据。

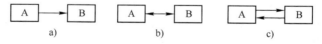

图 5-3 单工、半双工、全双工通信方式
a）单工通信方式 b）半双工通信方式 c）全双工通信方式

4．串行通信接口

串行通信接口有以下几种。

（1）RS-232C

RS-232C 是一种协议标准它规定了终端和通信设备之间信息交换的方式和功能。FX 系列 PLC 与计算机间的通信就是通过 RS-232C 标准接口来实现的。它采用按位串行通信的方式，在通信距离较短、波特率要求不高的场合，可以直接采用，既简单又方便。由于其接口采用单端发送、单端接收，因此存在数据通信速率低、通信距离短、抗共模干扰能力差等缺点。RS-232C 可实现点对点通信。

（2）RS-422A

RS-422A 采用平衡驱动、差分接收电路，从根本上取消了信号地线，其最大传输速率为 10Mb/s 时，允许的最大通信距离为 12m。传输速率为 100kb/s 时，其最大通信距离为 1200m。一台驱动器可连接 10 台接收器，可实现一点对多点的通信。

（3）RS-485

RS-485 是从 RS-422 基础上发展而来的，RS-485 可以采用两线或四线方式连接。两线方式可实现真正的多点双向通信。

计算机目前都有 RS-232 通信接口（不含笔记本计算机），FX 系列 PLC 采用 RS-422 通信接口，而 FX 变频器采用 RS-485 通信接口。GS2107-WTBD 触摸屏有两个通信口，一个采用 RS-232，另一个为 RS-422。

5.1.2 通信扩展板

在 FX 系列 PLC 中，最经济的方法是将 PLC 的各个通信接口以扩展板的形式直接安装于 PLC 的基本单元上，这种通信接口被称为"通信扩展板"。

FX 系列 PLC 通信扩展板主要有内置式 RS-232 通信扩展板（如 FX_{3U}-232-BD）、内置式 RS-422 通信扩展板（如 FX_{3U}-422-BD）和内置式 RS-485 通信扩展板（如 FX_{3U}-485-BD）。

利用通信扩展板，PLC 可以与带有 RS-232/422/485 接口的外部设备进行通信，每台 PLC 只允许安装一块通信扩展板。

1. RS-232 通信扩展板

RS-232 通信方式为点到点通信，可实现 15m 的通信距离。可作为如下通信接口使用。

1）与带有 RS-232 接口的通用外部设备，如计算机、打印机、条形码阅读器等，进行无协议数据通信。

2）与带有 RS-232 接口的计算机等外设进行基于专用协议的数据通信。

3）连接带有 RS-232 接口的编程器、触摸屏等标准外部设备。

RS-232 通信扩展板 9 芯连接器的插脚布置、输入/输出信号名称、含义与 RS-232C 接口基本相同，但接口无 RS、CS 连接信号。

2. RS-485 通信扩展板

RS-485 通信扩展板可作为如下通信接口使用。

1）通过 RS-485/RS-232 接口转换器，可以与带有 RS-232 接口的通用外部设备，如计算机、打印机、条形码阅读器等进行无协议数据通信。

2）与外设进行基于专用协议的数据通信。使用专用协议时，最多可有 16 个站，包括 A 系列 PLC。

3）进行 PLC 与 PLC 的并行连接。两台 FX_{3U} PLC，可在 1∶1 网络基础上实现数据传送，如图 5-4 所示，对 100 个辅助继电器和 10 个数据寄存器进行数据传送。

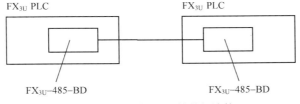

图 5-4 PLC 与 PLC 的并行连接

在并行系统中使用 RS-485 通信扩展板时，整个系统的扩展距离为 50m（最大为 500m）。

4）使用 N∶N 网络系统的数据传送。通过 FX₃ᵤ PLC，可在 N∶N 基础上进行数据传送。当 N∶N 系统中使用 485BD 时，整个系统的扩展距离为 50m（最大为 500m），最多为 8 个站。

5.1.3 模拟量模块

此控制系统中，水位控制采用的是液位开关，是开关量信号；而温度控制采用的是温度传感器，其输出的是 4～20mA 的电流，此时需选用 FX₂ₙ-2AD 型模拟量输入模块进行信号采集，才能实现控制要求。

在 PLC 控制系统中，通常需处理一些特殊信号，如流量、压力、温度等，这就要用到特殊功能模块。FX 系列 PLC 的特殊功能模块有模拟量输入/输出模块、数据通信模块、高速计数模块、位置控制模块及人机界面等。

模拟量输入模块（A/D 模块）是将现场仪表输出的标准信号（4～20mA、0～5V 或 0～10V DC 等模拟量电流或电压信号）转换成适合 PLC 内部处理的数字信号，PLC 通过 FROM 指令将这些信号读取到 PLC 中，如图 5-5a 所示。

模拟量输出模块（D/A 模块）是将 PLC 处理后的数字量信号转化为现场仪表可以接收的标准信号（4～20mA、0～5V 或 0～10V 等模拟量信号），以满足生产过程中现场对连续控制信号的需求，PLC 一般通过 TO 指令将这些信号写入到模拟量输出模块中，如图 5-5b 所示。

FX₃ᵤ PLC 常用的模拟量模块有 FX₃ᵤ-4AD、FX₃ᵤ-4DA、FX₃ᵤ-4LC、FX₂ₙ-2AD、FX₂ₙ-4AD、FX₂ₙ-8AD、FX₂ₙ-4AD-PT、FX₂ₙ-4AD-TC、FX₂ₙ-2DA、FX₂ₙ-4DA、FX₂ₙ-5A。

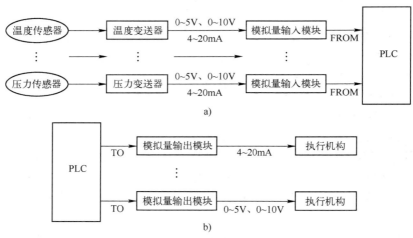

图 5-5 PLC 的模拟量输入/输出示意图
a) 模拟量输入 b) 模拟量输出

5.1.4 模拟量输入模块

1. 模块简介

FX₂ₙ-2AD 型模拟量输入模块用于将两路模拟量输入（电压输入和电流输入）信号转换成 12 位的数字量，并通过 FROM 指令读入 PLC 的数据寄存器中。FX₂ₙ-2AD 可连接 FX₂ₙ、

FX$_{2NC}$ 和 FX$_{3U}$ 系列 PLC。两个模拟量输入通道可接收输入为 DC 0～10V、DC 0～5V 或 DC 4～20mA 的信号。

2．布线

模拟量输入模块通过屏蔽双绞电缆来接收。在使用中，FX$_{2N}$-2AD 不能将一个通道作为模拟量电压输入，而将另一个作为电流输入，这是因为两个通道使用相同的偏置值和增益值。当电流输入时，信号接在 XIN 和 COM 端，同时将 XIN 和 IIN 之间进行短路；当电压输入时，将信号接在 VIN 和 COM 端，如图 5-6 所示。

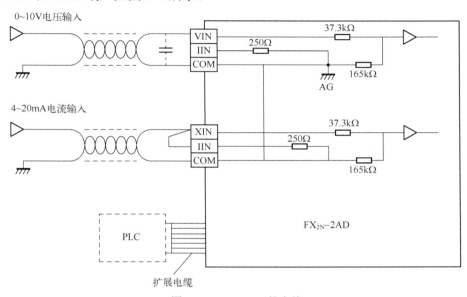

图 5-6 FX$_{2N}$-2AD 的布线

3．数据缓冲存储器（BFM）的分配

特殊功能模块内部均有数据缓冲存储器 BFM，它是 FX$_{2N}$-2AD 与 PLC 基本单元进行数据通信的区域，由 32 个 16 位的寄存器组成，编号为 BFM#0～BFM#31，见表 5-1。

表 5-1 FX$_{2N}$-2AD 数据缓冲存储器的分配

BFM 编号	寄存器 16 位的值					
	b15～b8	b7～b4	b3	b2	b1	b0
#0	保留	输入数据的当前值（低端 8 位数据）				
#1	保留	输入数据的当前值（高端 4 位数据）				
#2～#16	保留					
#17	保留				A/D 转换开始	A/D 转换通道
#18 或更大	保留					

- BFM#0：以二进制形式存储由 BFM#17（低 8 位数据）指定通道的输入数据的当前值。
- BFM#1：以二进制形式存储输入数据的当前值（高 4 位数据）。
- BFM#17：其 b0 位用来指定模拟 A/D 转换的通道（CH1，CH2），当 b0=0 时选择 CH1；当 b0=1 时选择 CH2；b1 位为 A/D 换过程开始位，当 b1 由 0→1 时，A/D 转换开始。

143

4. 增益和偏置

增益是对数据整体进行按比例的放大或减小，偏置是调整数据的零点对应位置；增益对整体有效，偏置只调整零点。

通常，FX_{2N}-2AD 模块出厂时电压初始值为 0~10V，增益值和偏置值调整到 0~4000。当 FX_{2N}-2AD 用来作为电流输入或 DC 0~5V 电压输入时，或根据工程设定的输入特性进行输入时，需要进行增益值和偏置值的再调节。调节增益值和偏置值就是改变模拟信号与数字量的对应关系。这是由 FX_{2N}-2AD 的容量调节器来完成的。

5.1.5 特殊功能模块的读/写指令

FX 系列 PLC 基本单元与特殊功能模块之间的数据通信由 FROM 指令和 TO 指令完成。

1. 指令的格式和功能

特殊功能模块读/写指令的助记符、功能、操作数和程序步见表 5-2。

表 5-2 特殊功能模块读/写指令的助记符、功能、操作数和程序步

助记符	功 能	操作数				程 序 步
FROM (FNC78)	BFM 读出：将增设的特殊单元缓冲存储器（BMF）的 n 点数据读到[D(.)]	m_1 (K、H)	m_2 (K、H)	(D.) (KnY、KnM、KnS、T、C、D、V、Z)	n (K、H)	FROM、FROM(P)：9 步 (D)FROM、(D)FROM(P)：17 步
TO (FNC79)	写入 BFM：从 PLC 的[S(.)]的 n 点数据写入特殊单元缓冲存储器（BFM）	m_1 (K、H)	m_2 (K、H)	(S.) (KnY、KnM、KnS、T、C、D、V、Z)	n (K、H)	TO、TO(P)：9 步 (D)TO、(D)TO(P)：17 步

2. 使用说明

（1）FROM 指令说明

FROM 指令（FNC78）的作用是将特殊功能模块缓冲存储器的内容读入 PLC 中。各软元件及操作数说明如下。

- m_1：特殊功能模块号，m_1=0~7。特殊功能模块通过扁平电缆连接在 PLC 右边的扩展总线上，最多可以连接 8 个，它们的编号从最靠近基本单元的那一个开始顺次编为 0~7。不同系列的 PLC 可以连接的特殊功能模块的数量是不一样的。
- m_2：特殊功能模块数据缓冲存储器（BFM）首元件编号，m_2=0~31。特殊功能模块内有 32 点 16 位 RAM 存储器，称为数据缓冲存储器，其内容根据各模块的控制目的而决定。数据缓冲存储器的编号为#0~#31。
- [D.]：指定存放数据的首元件号。
- n：传送点数，用 n 指定传送的字点数，n=1~32。

（2）TO 指令使用说明

TO 指令（FNC79）的作用是将 PLC 中指定的内容写入特殊功能模块的缓冲存储器中。各软元件及操作数说明如下。

- m_1：特殊功能模块号，m_1=0~7。
- m_2：特殊功能模块缓冲存储器首地址编号，m_2=0~31。
- [S.]：指定被读出数据的元件首地址号。
- n：传送点数，n=1~32。

5-1 FROM 指令和 TO 指令

项目 5　模拟量模块和 PLC 通信应用

[任务实施]

5.1.6　I/O 分配和接线

根据控制要求，PLC 的输入端信号有高液位开关 S1、低液位开关 S2；PLC 的输出端信号有进水电磁阀、加热电阻；温度传感器信号接入模拟量输入模块 FX_{2N}-2AD。电热水炉温度控制的 I/O 分配见表 5-3。

表 5-3　电热水炉温度控制 I/O 的分配

输入设备	输入软元件编号	输出设备	输出软元件编号
高液位开关 S1	X0	进水电磁阀	Y0
低液位开关 S2	X1	加热电阻	Y1

根据 I/O 分配表，电热水炉温度控制的 I/O 接线图如图 5-7 所示。

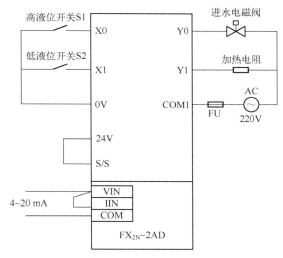

图 5-7　电热水炉温度控制的 I/O 接线图

5.1.7　程序设计

电热水炉温度控制的梯形图如图 5-8 所示。

本程序中，当 PLC 运行时，M8000 为 ON。当水炉水位低于低液位开关（X1）时，执行 SET Y0，打开进水阀加水；当水位高于高液位开关（X0）时，执行 RST Y0，关闭进水阀，停止加水。此时 PLC 通过对模拟量输入模块 FX_{2N}-2AD 所采集的炉内水温进行判断，控制电热水炉是否加热。TO K0 K17 H0 K1 的功能是选择 A/D 输入通道 1；TO K0 K17 H2 K1 的功能是通道 1 的 A/D 转换开始；FROM K0 K0 K2M100 K2 的功能是 PLC 读取通道 1 的值；MOV K4M100 D100 是将通道 1 的值送到 D100；DIV D100 K40 D110 是将 D100 的值除以 40 后，将其商放入 D110；ZCP K80 K98 D110 M0 是将 D110 的值与区间[80,98]进行比较，结果放在 M0～M2 中。当低于 80 时，SET Y1，开启加热电阻；当高于 98 时，RST Y1，关闭加热电阻。

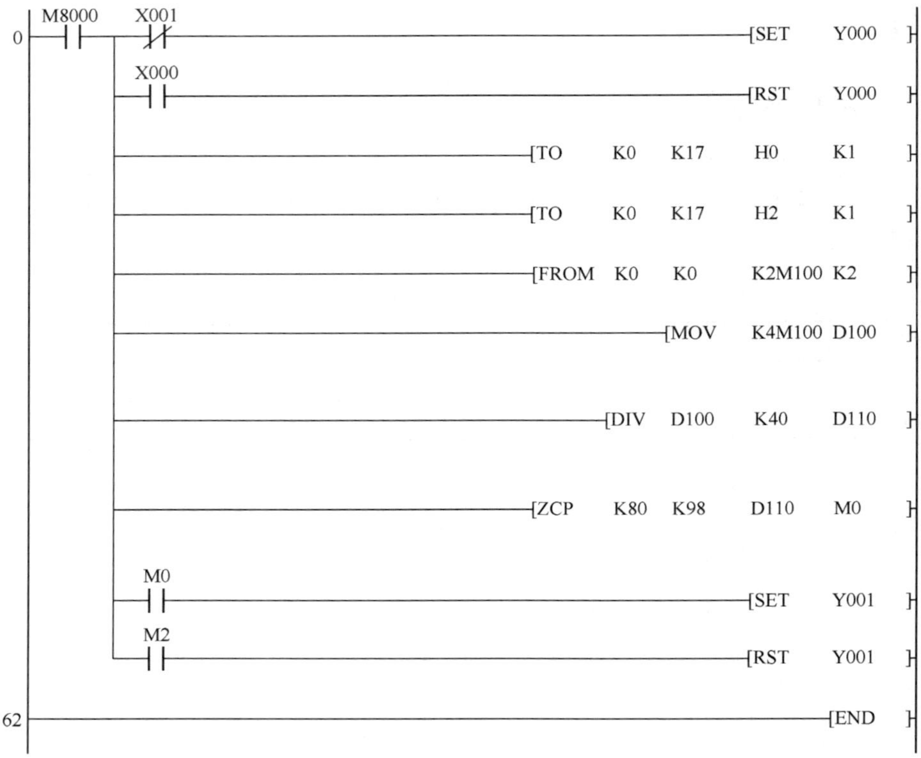

```
   M8000  X001
 0 ──┤├────┤/├────────────────────────────[SET    Y000]
         X000
         ──┤├──────────────────────────────[RST    Y000]
                                    ──[TO    K0    K17    H0    K1]
                                    ──[TO    K0    K17    H2    K1]
                                    ──[FROM  K0    K0    K2M100 K2]
                                          ──[MOV   K4M100  D100]
                                          ──[DIV   D100   K40   D110]
                                    ──[ZCP   K80   K98   D110   M0]
         M0
         ──┤├──────────────────────────────[SET    Y001]
         M2
         ──┤├──────────────────────────────[RST    Y001]
62 ───────────────────────────────────────────────[END]
```

图 5-8 电热水炉温度控制的梯形图

5.1.8 运行和调试

1）按图 5-7 将电热炉控制的 I/O 外部硬件连接起来。

2）用通信电缆将装有 GX Works2 编程软件的计算机的 RS-232 接口与 PLC 的 RS-422 接口相连接。

3）接通 PLC 电源。将 PLC 的工作方式开关扳到"STOP"位置，使 PLC 处于编程状态。

4）用 GX Works2 编程软件，输入如图 5-8 所示的程序并写入 PLC 中。

5）运行和调试。将 PLC 的工作方式开关扳到"RUN"位置，根据图 5-7，首先按下低液位按钮 S2，观察 Y0 是否得电，以此类推，观察程序能否达到控制要求。

[知识拓展] 模拟量输出模块 FX$_{2N}$-2DA

1. 简介

FX$_{2N}$-2DA 型模拟量输出模块用于将 12 位的数字量转换成 2 点模拟量信号输出（电压输出和电流输出），并将它们输入记录仪、变频器等。根据接线方式的不同，模拟量输出可在电压输出和电流输出中进行选择，也可以是一个通道为电压输出，另一个通道为电流输出。电压输出时，两个模拟量输出通道输出信号为 DC 0～10V、DC 0～5V，电流输出时为 DC 4～20mA。PLC 可使用 FROM/TO 指令与它进行数据传输。

2. 布线

在使用电压输出时，将负载的一端接在 VOUT 端，另一端接在 COM 端，并在 IOUT 和 COM 间进行短路。当电压输出存在波动或有大量噪声时，在位置 VOUT 和 COM 间连接 0.1～

0.47μF 25V DC 的电容。电流负载接在 IOUT 和 COM 间。

3．数据缓冲存储器（BFM）的分配

FX$_{2N}$-2DA 数据缓冲存储器（BFM）的分配见表 5-4。

表 5-4　FX$_{2N}$-2DA 数据缓冲存储器的分配

BFM 编号	寄存器 16 位的值				
	b15～b8	b7～b3	b2	b1	b0
#0～#15	保留				
#16	保留		输出数据的当前值（8 位数据）		
#17	保留		D/A 低 8 位数据保持	通道 CH1 的 D/A 转换开始	通道 CH2 的 D/A 转换开始
#18～#31	保留				

FX$_{2N}$-2DA 模块有 32 个数据缓冲存储器（BFM），但是只用到下面两个。

1）BFM#16：存放由 BFM#17（数字值）指定通道的 D/A 转换数据，D/A 数据以二进制形式存在，并以低 8 位和高 4 位两部分按顺序进行存放和转换。

2）BFM#17：b0 1→0，通道 CH2 的 D/A 转换开始；b1 1→0，通道 CH1 的 D/A 转换开始；b2 1→0，D/A 转换的低 8 位数据保持。

4．增益和偏置

FX$_{2N}$-2DA 模块出厂时，增益值和偏置值是经过调整的，数字值为 0～4000，对应的电压输出为 0～10V。当 FX$_{2N}$-2DA 的输出特性不是出厂时的设置，需要进行增益值和偏置值的调节。调节增益值和偏置值是改变模拟信号与数字量的对应关系，这是由 FX$_{2N}$-2DA 的容量调节器来完成的。

增益可以设置为任意值，为了充分利用 12 位数字值，建议输入的数字范围为 0～4000。例如，当电流输出为 4～20mA 时，调节 20mA 模拟量输出对应的数字值为 4000。当电压输出时，其偏置值为 0；当电流输出时，4mA 模拟量输出对应的数字量输入值为 0。

任务 5.2　电动机变频调速控制

能力目标：
- 能正确连接变频器和 PLC 系统。
- 能正确设置变频器的参数。
- 能根据控制要求，设计 PLC 和变频器联动控制程序。
- 具有了解高新技术和解决问题的能力。

知识目标：
- 变频器面板的显示和操作方法。
- 外部设备相关指令的用法。
- PLC 和变频器联动控制程序设计方法。

[任务导入]

现有 FX$_{3U}$ PLC 和变频器，其控制要求是：控制变频器，实现笼型三相异步电动机正、反转和停止控制，改变和读出变频器的运行频率，实现变频调速运行控制。

[基础知识]

5.2.1 RS-485 串行通信

1. 通信过程

PLC 与变频器的数据通信过程如图 5-9 所示，数据通信的执行过程如下。

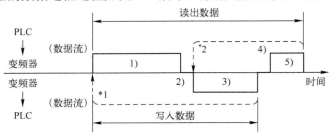

*1表示如果发现数据错误并且进行再试，从用户程序执行再试操作。如果连续再试次数超过参数设定值，则变频器进入报警停止状态

*2表示发生接收一个错误数据时，变频器给计算机返回"再试数据3"。如果连续数据错误次数达到或超过参数设定值，则变频器进入报警停止状态

图 5-9 PLC 与变频器的数据通信过程

1) 从 PLC 发送数据到变频器。写入数据时，可根据通信的需要，选择使用格式 A 或格式 A′；读出数据时，使用格式 B 进行，如图 5-10 所示。

[数据写入]

格式 A	*3 ENQ	变频器站号	指令代码	*5 等待时间	数据	总和校验	*4	
	1	2 3	4 5	6	7 8 9 10	11 12	13	←字符数

格式 A′	*3 ENQ	变频器站号	指令代码	*5 等待时间	数据	总和校验	*4	
	1	2 3	4 5	6	7 8 9	10	11	←字符数

[数据写出]

格式 B	*3 ENQ	变频器站号	指令代码	*5 等待时间	总和校验	*4	
	1	2 3	4 5	6	7 8	9	←字符数

变频器站号可用十六进制在H00和H1F(站号0~31)之间设定
*3表示控制代码
*4表示CR或LF代码，当数据从计算机传输到变频器时，在有些计算机中代码 CR(回车)和LF(换行)自动设置到数据组的结尾。因此，变频器的设置也必须根据计算机来确定。并且，可通过Pr.124选择有无CR或LF代码
*5表示Pr.123(响应时间设定)不设定为9999的场合，没有数据格式的"响应时间"，做成通信请求数据（字符数减少1个）

图 5-10 从 PLC 到变频器的通信数据格式

2) 变频器处理数据的时间即变频器的等待时间，是根据变频器参数 Pr.123 来选择的，当 Pr.123=9999 时，由通信数据设定其等待时间。当 Pr.123=0~150ms 时，由变频器参数设定其等待时间。

3) 从变频器返回数据到PLC。

对从变频器返回的应答数据格式有 C、D、E、F 和 E′ 5 种：当通信没有数据错误、没有 PLC 接收请求时，从变频器返回的数据格式为 C、E、E′；当通信有数据错误、有 PLC 拒绝请求时，从变频器返回的数据格式为 D、F，如图 5-11 和图 5-12 所示。

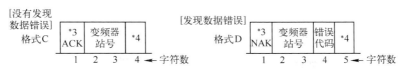

图 5-11 变频器返回的应答数据格式 C 和 D

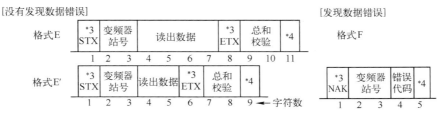

图 5-12 变频器返回的应答数据格式 E、E'和 F

4）PLC 处理数据的延时时间。

5）PLC 根据返回数据应答变频器。当使用格式 B 后，计算机可检查出从变频器返回的应答数据有无错误并通知变频器，没有发现错误则使用格式 G，发现错误则使用格式 H，如图 5-13 所示。

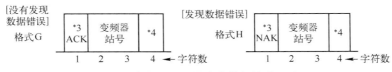

图 5-13 变频器返回的应答数据格式 G 和 H

2．数据格式

采用十六进制，ASCII 码在 PLC 与变频器之间传输数据。

1）PLC 到变频器的通信请求数据格式如图 5-10 所示。

2）使用格式 A 和格式 A'后，从变频器返回的应答数据格式如图 5-11 所示。

3）使用格式 B 后，从变频器返回的应答数据格式如图 5-12 所示。

4）使用格式 B 后，检查从变频器返回的应答数据有无错误，并通知变频器，数据格式如图 5-13 所示。

3．数据

1）FX 系列 PLC 与变频器之间数据通信中，所用的 ASCII 码见表 5-5，数字量字符对应的 ASCII 码见表 5-6，FR-E740 变频器的指令及代码见表 5-7。

表 5-5 控制代码的 ASCII 表

数 据 信 号	ASCII 码	说　　明
STX	H02	正文开始（数据开始）
ETX	H03	正文结束（数据结束）
ENQ	H05	查询（通信请求）
ACK	H06	承认（没有发现数据错误）
LF	H0A	换行
CR	H0D	回车
NAK	H15	不承认（发现数据错误）

表 5-6 数字量字符所对应的 ASCII 码表

字 符	ASCII 码	字 符	ASCII 码	字 符	ASCII 码	字 符	ASCII 码
0	H30	4	H34	8	H38	C	H43
1	H31	5	H35	9	H39	D	H44
2	H32	6	H36	A	H41	E	H45
3	H33	7	H37	B	H42	F	H46

表 5-7 FR-E740 变频器的指令及代码

操作指令	指令代码	频率数据	操作指令	指令代码	频率数据
正转	HFA	H02	运行频率写入	HED	H0000～H2EE0
反转	HFA	H04	频率读取	H6F	H0000～H2EE0
停止	HFA	H00			

频率数据 H0000～H2EE0 变成十进制即为 0～120Hz，最小单位为 0.01Hz。如要表示数据 10Hz，即为 1000（单位为 0.01Hz），可将 1000 转换成十六进制的 H03E8，再转换成 ASCII 码，为 H30 H33 H45 H38。

2）变频器站号是规定变频器与 PLC 通信的站号，在 H00～H1F（00～31）间。

3）指令代码是由 PLC 发给变频器，指明程序要求的功能（如运行、监视）。因此，通过响应指令代码，变频器可进行相应的运行和监视。

4）数据是指与变频器传输的数据，如频率和参数，以及依照指令代码确认的数据。

5）等待时间是指变频器收到从 PLC 传来的数据直至收到传输应答数据之间的等待时间。根据响应时间（0～150ms）设定等待时间，最小设定单位为 10ms（如 1=10ms，2=20ms），如图 5-14 所示。

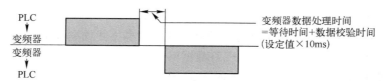

图 5-14 变频器通信的等待时间

6）总和校验代码是指被检验的 ASCII 码数据的总和（二进制）的最低一个字节（8 位）所表示的两个 ASCII 码数据（十六进制），PLC 控制变频器的总和校验代码如图 5-15 所示。

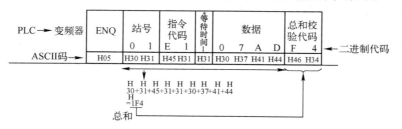

图 5-15 PLC 控制变频器的总和校验代码 1

若变频器的参数 Pr.123（等待时间设定）≠9999 时，以上数据排列中忽略"等待时间"的数据，字符数减少 1，此时的总和校验代码如图 5-16 所示。

项目 5 模拟量模块和 PLC 通信应用

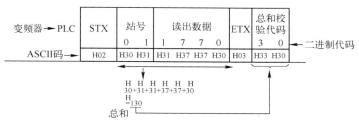

图 5-16 PLC 控制变频器的总和校验代码 2

5.2.2 变频器的操作

1. 变频器面板及其按键

FR-E740-0.75K-CHT 型变频器是三菱公司推出的小型、高性能变频调速器,其操作面板如图 5-17 所示,操作面板上各按键的功能见表 5-8。

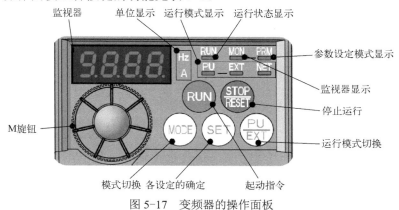

图 5-17 变频器的操作面板

表 5-8 FR 系列变频器操作面板功能

按键(显示)	说 明
监视器	4 位 LED 显示频率、参数编号等
单位显示	Hz:显示频率时亮灯 A:显示电流时亮灯 (显示电压时熄灯,设定频率监视时闪烁)
运行状态显示	变频器动作中亮灯/闪烁 亮灯:正转运行中 缓慢闪烁(1.4s 循环):反转运行中
监视器显示	监视模式时亮灯
参数设定模式显示	参数设定模式时亮灯
运行模式显示	PU:PU 运行模式时亮灯 EXT:外部运行模式时亮灯 NET:网络运行模式时亮灯
停止运行	停止运行指令。保护功能(严重故障)生效时,也可以进行报警复位
运行模式切换	用于切换 PU/外部运行模式。使用外部运行模式(通过另接的频率设定电位器和开关控制变频器的运行)时请按此键,使表示运行模式的 EXT 处于亮灯状态
起动指令	通过 Pr.40 的设定,可以选择旋转方向
各设定的确定	运行中按此键,则监视器出现以下显示过程:运行频率→输出电流→输出电压→运行频率
模式切换	用于切换各设定模式

（续）

按键（显示）	说　明
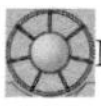 M 旋钮	用于变更频率设定、参数的设定值。该旋钮可显示以下内容： • 监视模式时的设定频率 • 校正时的当前设定值 • 报警历史模式时的顺序

2. 运行模式设定

参数 Pr.79 为运行模式选择，具体见表 5-9。这里以 STF/STR 为起动指令，通过 ⊙ 设定运行频率为例，介绍运行模式设定方法，具体步骤如图 5-18 所示。

表 5-9　Pr.79 运行模式

操作面板显示	运行模式	
	起动指令	频率指令
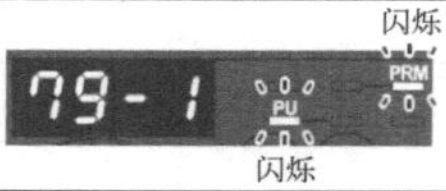 79-1	 RUN	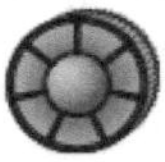 M旋钮
 79-2	STF、STR	模拟量：电压输入
 79-3	STF、STR	 M旋钮
 79-4	 RUN	模拟量：电压输入

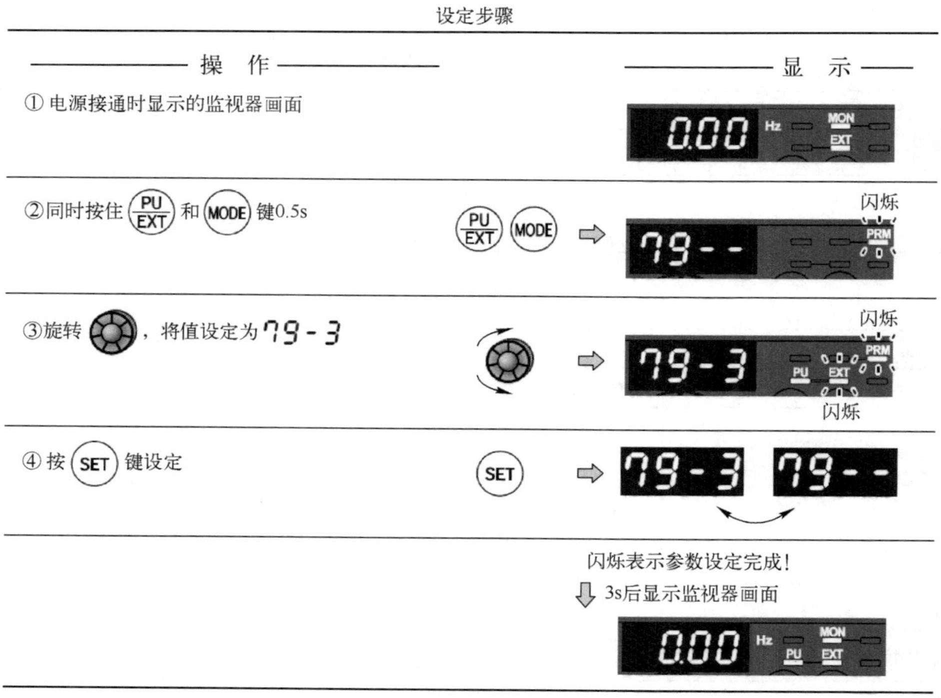

设定步骤

操　作	显　示
① 电源接通时显示的监视器画面	0.00 Hz MON EXT
② 同时按住 (PU/EXT) 和 (MODE) 键0.5s	(PU/EXT)(MODE) ⇒ 79-- 闪烁
③ 旋转 ⊙，将值设定为 79-3	⊙ ⇒ 79-3 闪烁
④ 按 (SET) 键设定	(SET) ⇒ 79-3 ⇌ 79--

闪烁表示参数设定完成！
↓ 3s后显示监视器画面
0.00 Hz MON PU EXT

图 5-18　Pr.79 运行模式设定步骤

3. 参数变更

在操作变频器时，通常要根据负载和用户的要求，向变频器输入相关指令，如设置上限和下限频率的大小、加速和减速时间的长短等。另外，要完成某种功能，如采用组合操作方式，也要输入相应的指令。变更 Pr.1（上限频率）的操作步骤如图 5-19 所示。

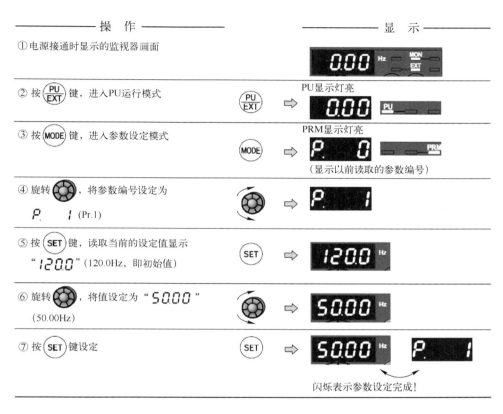

图 5-19　变更 Pr.1（上限频率）的操作步骤

4. 参数清除

设定 Pr.CL（参数清除）、ALLC（参数全部清除）为 1 时，可使参数恢复为初始值。如果设定 Pr.77（参数写入选择）为 1 时，则无法清除。参数清除操作步骤如图 5-20 所示。

5. 变频器的 PU 点动运行

变频器通过操作面板以及 PU 可设置为点动运行模式，仅在按下"RUN"起动键时运行电动机，其接线图如图 5-21 所示。操作时，首先将 Pr.79 设定为 0（外部/PU 切换模式）或 1（PU 运行模式），按"RUN"键进行点动运行。PU 点动运行操作步骤如图 5-22 所示。

6. 变频器的外部操作

变频器的外部操作即利用外部的开关、电位器等元器件将外部操作信号输入到变频器，控制变频器的运转，如图 5-23 所示。

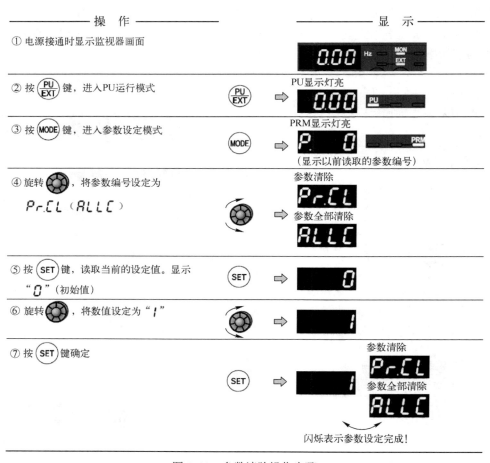

图 5-20 参数清除操作步骤

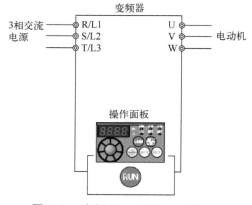

图 5-21 变频器 PU 点动运行接线图

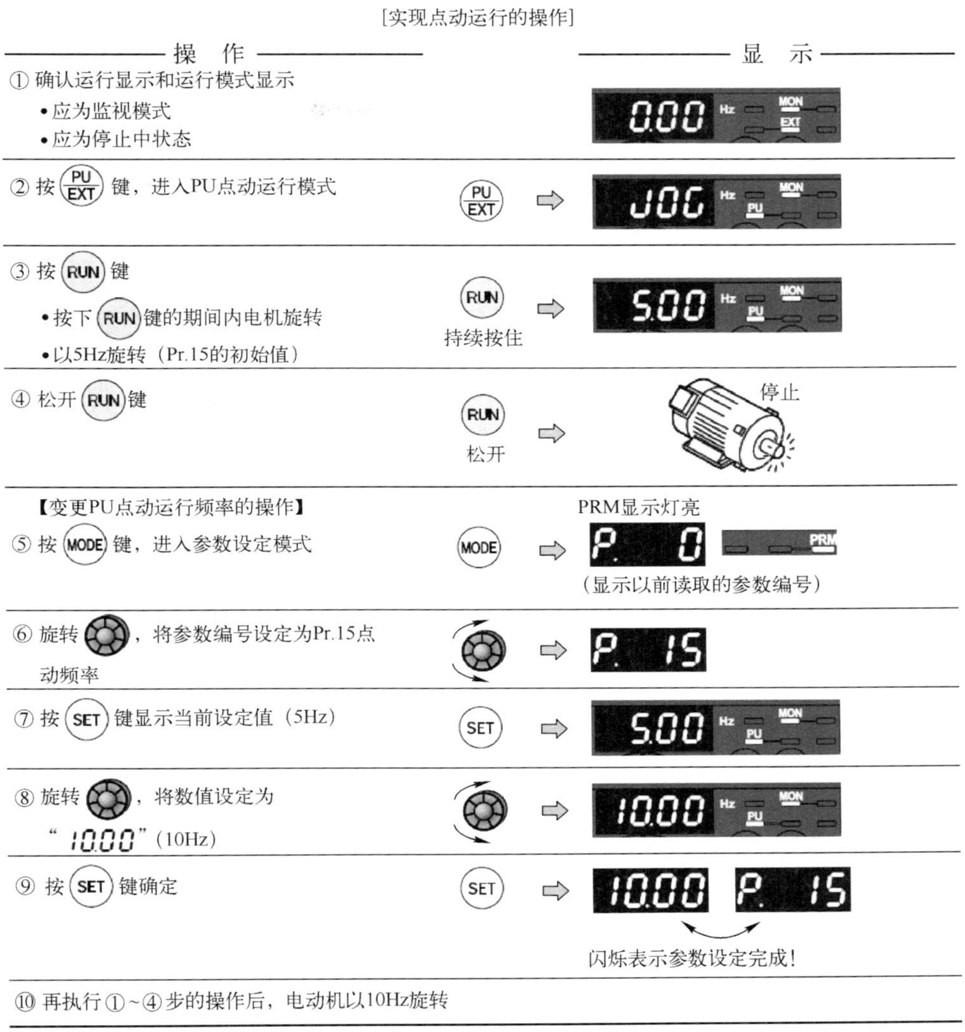

项目 5　模拟量模块和 PLC 通信应用

[实现点动运行的操作]

操　作	显　示
① 确认运行显示和运行模式显示 • 应为监视模式 • 应为停止中状态	`0.00` Hz MON EXT
② 按 (PU/EXT) 键，进入PU点动运行模式	(PU/EXT) ⇒ `JOG` Hz MON PU
③ 按 (RUN) 键 • 按下 (RUN) 键的期间内电机旋转 • 以5Hz旋转（Pr.15的初始值）	(RUN) 持续按住 ⇒ `5.00` Hz MON PU
④ 松开 (RUN) 键	(RUN) 松开 ⇒ 停止
【变更PU点动运行频率的操作】 ⑤ 按 (MODE) 键，进入参数设定模式	(MODE) ⇒ PRM显示灯亮 `P. 0` PRM （显示以前读取的参数编号）
⑥ 旋转 ⊛，将参数编号设定为Pr.15点动频率	⊛ ⇒ `P. 15`
⑦ 按 (SET) 键显示当前设定值（5Hz）	(SET) ⇒ `5.00` Hz MON PU
⑧ 旋转 ⊛，将数值设定为"`10.00`"（10Hz）	⊛ ⇒ `10.00` Hz MON PU
⑨ 按 (SET) 键确定	(SET) ⇒ `10.00` `P. 15` 闪烁表示参数设定完成！
⑩ 再执行①~④步的操作后，电动机以10Hz旋转	

图 5-22　PU 点动运行操作步骤

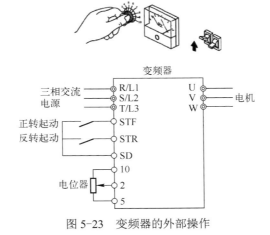

图 5-23　变频器的外部操作

7. 变频器的组合操作

变频器的组合操作,是 PU 操作和外部操作两种方式并用,共有两种组合操作方式。

1)组合操作方式一:通过面板设定频率,使用外部信号起动电动机,将"操作模式选择"设定为 3(Pr.79=3)。此时,外部频率设定信号和 PU 的正反转按键均不起作用,如图 5-24 所示。

2)组合操作方式二:通过外部的电位器、用多段速和 JOG 信号作为频率指令输入,使用操作面板的按键起动电动机,设定 Pr.79=4,如图 5-25 所示。

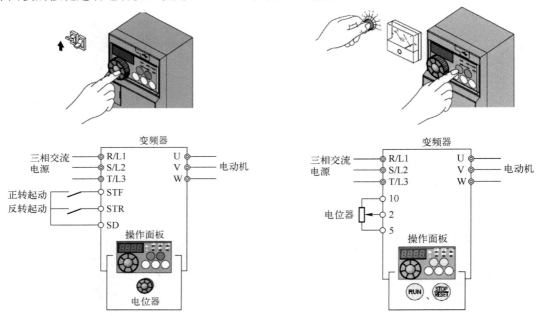

图 5-24 变频器的组合操作方式一 图 5-25 变频器的组合操作方式二

5.2.3 外部设备应用指令

控制变频器等外部设备的相关指令助记符、功能、操作数和程序步见表 5-10。

表 5-10 RS、ASCI、HEX、CCD 指令的助记符、功能、操作数和程序步

助记符	功能	操作数				程序步
RS(FNC080)	串行通信传送:使用功能扩展板进行发送、接收串行数据。发送[S(.)]m 点数据至[D(.)]n 点数据。m、n: 0~256	(S.) (D)	m (K、H)	(D.) (D)	n (K、H)	9 步
ASCI(FNC082)	HEX→ASCII 变换:将[S(.)]内 HEX(十六进制)数据的各位转换成 ASCII 码向[D(.)]的高低 8 位传送。传送的字符数由 n 指定,n: 1~256	(S.) (K、H、KnX、KnY、KnM、KnS、T、C、D、V/Z)		(D.) (KnY、KnM、KnS、T、C、D)	n (K、H)	7 步
HEX(FNC083)	ASCII→HEX 变换:将[S(.)]内高低 8 位的 ASCII 数据的各位转换成 HEX(十六进制)向[D(.)]的高低 8 位传送。传送的字符数由 n 指定,n: 1~256	(S.) (K、H、KnX、KnY、KnM、KnS、T、C、D)		(D.) (KnY、KnM、KnS、T、C、D、V/Z)	n (K、H)	7 步
CCD(FNC084)	检验码:用于通信数据的校验。以[S(.)]指定的元件为起始的 n 点数据,将其高低 8 位数据的总和校验检查结果存放于[D(.)]与[D(.)]+1 元件中	(S.) (KnX、KnY、KnM、KnS、T、C、D)		(D.) (KnM、KnS、T、C、D)	n (K、H)	7 步

[任务实施]

5.2.4 I/O 分配

由电动机变频调速控制要求可知，PLC 输入信号有电动机正转起动按钮 SB1、电动机反转起动按钮 SB2、电动机停止按钮 SB3、控制电动机运行频率为 10Hz 的按钮 SB4、控制电动机运行频率为 50Hz 的按钮 SB5、控制电动机运行频率为 20Hz 的按钮 SB6、PLC 读取变频器当前的运行频率的按钮 SB7，电动机变频调速控制 I/O 的分配见表 5-11。

表 5-11 电动机变频调速控制 I/O 的分配

输 入 设 备	输入软元件编号	输 出 设 备	输出软元件编号
电动机正转起动按钮 SB1	X0		
电动机反转起动按钮 SB2	X1		
电动机停止按钮 SB3	X2		
控制电动机运行频率为 10Hz 的按钮 SB4	X3		
控制电动机运行频率为 50Hz 的按钮 SB5	X4		
控制电动机运行频率为 20Hz 的按钮 SB6	X5		
PLC 读取变频器当前运行频率的按钮 SB7	X10		

5.2.5 硬件接线

PLC 通过通信扩展板 FX_{3U}-485-BD 与 FR-540 变频器 PU 接口进行通信，RJ-45 水晶头插入变频器的 PU 接口（也可通过变频器通信板 FR-A5NR 接线），另一端的对应信号线接在 FX_{3U}-485-BD 上。变频器 PU 接口与 FX3U-485-BD 接线图如图 5-26 所示。PLC 控制变频器运行接线图如图 5-27 所示。

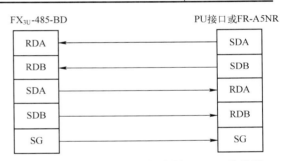

图 5-26 FX_{3U}-485-BD 与变频器 PU 口接线图

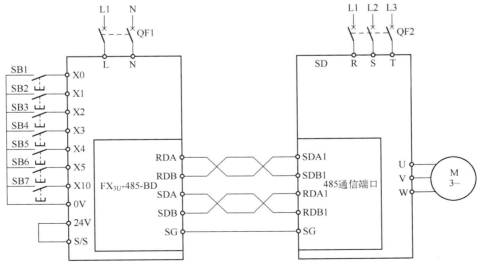

图 5-27 PLC 控制变频器运行接线图

5.2.6 参数设置

变频器参数的设置见表 5-12。

表 5-12 变频器参数的设置

参 数 号	通信参数名称	设 定 值	备 注
Pr.117	变频器站号	1	变频器站号为 1
Pr.118	通信速度	192	通信波特率为 19.2kbit/s
Pr.119	停止位长度	10	7 位/停止位是 1 位
Pr.120	是否奇偶校验	2	偶校验
Pr.121	通信重试次数	9999	
Pr.122	通信检查时间间隔	9999	
Pr.123	等待时间设置	9999	变频器参数不设定
Pr.124	CR、LF 选择	0	无 CR，无 LF
Pr.79	操作模式	1	通信模式

注：变频器参数设定后，应将变频器电源关闭后再接通电源，否则参数设定不成功。

5.2.7 程序设计

程序设计说明：

用 M8161 置位进行 8 位数据传送；通信格式 D8120 设为 H0C96（通信速率为 19 200bit/s，1 位停止位、偶校验，7 位数据，不使用 CR 或 LF 代码）；根据通信格式在变频器中做相应的设置（见表 5-11）；发送通信数据采用脉冲执行方式（SET M8122）。

（1）变频器正转运行控制程序

变频器运行控制命令的发送（M8161=1，8 位处理模式）使用变频器通信格式 A′。

1）变频器正转运行控制。PLC 对变频器正转运行控制的代码为 ENQ 01 HFA 1 H02（sum），各字节的含义及对应的程序如下。

第 1 字节为通信请求信号 ENQ，对应的程序为：

    MOV H05 D10

第 2、3 字节为变频器 01 站号，对应的程序为：

    MOV H30 D11
    MOV H31 D12

第 4、5 字节为指令代码 HFA，对应的程序为：

    MOV H46 D13
    MOV H41 D14

第 6 字节为等待时间（1s），对应的程序为：

    MOV H31 D15

第 7、8 字节为指令代码数据内容，即正转运行（H02），对应的程序为：

    MOV H30 D16
    MOV H32 D17

第 9、10 字节为总和校验代码,用(sum)表示对应的程序为:

```
//对 D11~D17 求总和,其值存于 D100
CCD D11 D100 K7
//把 D100 中的数转化成 ASCII 码,取后两位存于 D18、D19
ASCI D100 D18 K2
```

当按下 X0 时,通信数据被发送到变频器,变频器正转运行。

2)变频器反转运行或停止控制。要实现 PLC 对变频器反转运行与停止,只要将格式 A′中第 7、8 字节数据内容改为 H04 或 H00 即可。

(2)改变或读取变频器运行频率

1)要改变变频器的运行频率,只需设定数据处理位为 8 位(即 M8161=1),使用变频器通信格式 A,指令代码为 HED,用 ASCI 指令把 D200 中存入的运行频率转换成 4 位 ASCII 码,依次存放到 D16~D19 中,总和校验码存入 D20、D21 中。

2)要读取变频器当前的运行频率,可参考通信格式 E,读取 4 个 ASCII 数据存于 D33~D36 中,经 HEX 指令转化成十六进制数据,存于 D300 中。

按照控制要求,PLC 控制变频器运行的参考程序如图 5-28 所示。

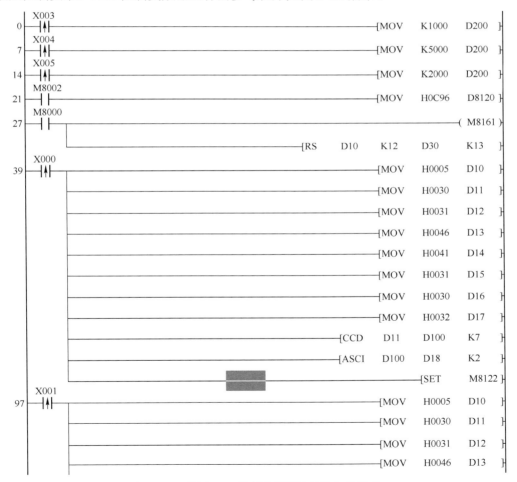

图 5-28 设置 PLC 控制变频器运行的参考程序

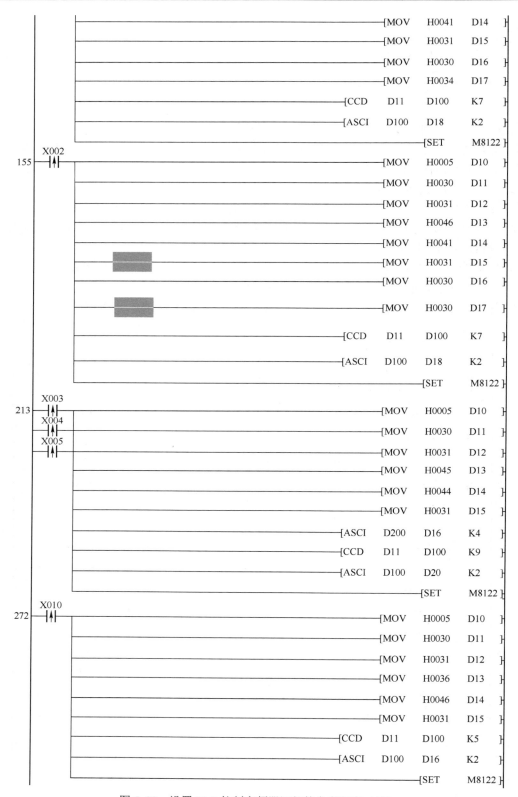

图 5-28 设置 PLC 控制变频器运行的参考程序（续）

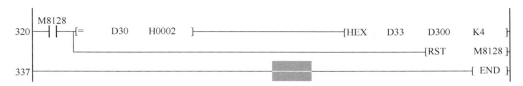

图 5-28 设置 PLC 控制变频器运行的参考程序（续）

5.2.8 运行和调试

1）按图 5-27 将系统硬件连接起来。

2）用通信电缆将装有 GX Works2 编程软件的计算机的 RS-232 接口与 PLC 的 RS-422 接口相连接。

3）接通 PLC 电源。将 PLC 的工作方式开关扳到"STOP"位置，使 PLC 处于编程状态。

4）用 GX Works2 编程软件，输入如图 5-28 所示的程序并写入 PLC 中。

5）根据表 5-11 设置变频器参数。

6）模拟调试。将 PLC 的工作方式开关扳到"RUN"位置，首先按正转"起动"键，观察电动机是否正转？按不同的频率输入按钮，观察程序能否达到控制要求。

[技能拓展] 开关量控制变频器运行程序设计

控制变频器通常有三种方式：开关量控制、模拟量控制和通信控制。下面进行开关量方式控制变频器运行程序设计。

现利用 PLC 控制变频器变速运行。控制要求：按下起动按钮，变频器先以 15Hz 频率正转低速运行；运行 20s 后，变频器改为 30Hz 频率中速运行；中速运行 20s 后，变频器改为 50Hz 频率高速运行。按下停止按钮后，变频器停止运行。

任务实施步骤如下。

1. I/O 分配

PLC 的 I/O 分配见表 5-13。其接线图如图 5-29 所示。

表 5-13 PLC 的 I/O 分配

输入设备	PLC 输入软元件编号	输出设备	PLC 输出软元件编号
起动按钮 SB1	X0	变频器 RL 端子	Y0
停止按钮 SB2	X1	变频器 RM 端子	Y1
		变频器 RH 端子	Y2
		变频器 STF 端子	Y3

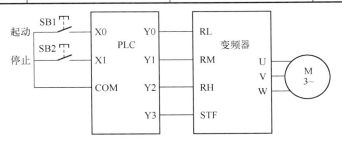

图 5-29 变频器 3 段速运行控制接线图

2. 设置变频器参数

变频器参数的设置见表 5-14。

表 5-14 变频器参数的设置

参 数 号	参 数 名 称	设 定 值
Pr.1	上限频率	50Hz
Pr.2	下限频率	0Hz
Pr.7	加速时间	1s
Pr.8	减速时间	1s
Pr.9	电子过电流保护	0.35A
Pr.160	扩张功能显示选择	0
Pr.79	操作模式选择	3
Pr.180	多段速运行指令（低速）	0
Pr.181	多段速运行指令（中速）	1
Pr.182	多段速运行指令（高速）	2
Pr.4	多段速模式设定（高速）	50Hz
Pr.5	多段速模式设定（中速）	30Hz
Pr.6	多段速模式设定（低速）	15Hz

注：变频器参数设定后，应将变频器电源关闭后再接通，否则无法通信。

3. 控制程序设计

变频器 3 段速运行控制的程序如图 5-30 所示。

```
  0  X000
     ─┤├─────────────────────────────[MOV  K9   K2Y000]
  7  Y000                                       K200
     ─┤├─────────────────────────────────────────(T0  )
 11  T0
     ─┤├─────────────────────────────[MOV  K10  K2Y000]
 18  Y001                                       K200
     ─┤├─────────────────────────────────────────(T1  )
 22  T1
     ─┤├─────────────────────────────[MOV  K12  K2Y000]
 29  X001
     ─┤├─────────────────────────────[MOV  K0   K2Y000]
 36                                              [END ]
```

图 5-30 变频器 3 段速运行控制的程序

任务 5.3 三层停车场车位控制

能力目标：

- 掌握 N∶N 通信的接线方法。
- 能根据要求设计 N∶N 通信程序。
- 具有了解高新技术和解决问题的能力。

知识目标:
- N:N 通信的方法。
- 七段数码管显示相关指令的使用方法。

[任务导入]

某小区有一个三层停车场,每层有 90 个停车位。该停车场每层车位分别用一台 FX_{3U} PLC 控制。停车场在 1 层设有启用和停用按钮,其工作要求如下。

1)实际停车数可以由每楼层的数字开关来设定。

2)每楼层车辆进和出分别由该层的传感器检测。

3)当相应的楼层有空车位时,对应楼层的"未满"指示灯亮,"已满"指示灯灭;当相应的楼层车位满时,对应楼层的"已满"指示灯亮,"未满"指示灯灭。

4)在任何一层均能显示三层各自的空车位数和相应的指示灯。

5)正常启用时,"停用"指示灯熄灭,数码管和其他指示灯显示相应楼层的车位信息;在停用时,只有 1 层入口"停用"指示灯常亮,数码管和其他指示灯均不亮。

[基础知识]

5.3.1 N:N 通信网络的特性

N:N 通信网络就是指在最多 8 台 FX 系列 PLC 之间,通过 RS-485 通信连接,实现控制功能。网络中必须有一台 PLC 为主站,其他的 PLC 为从站。主站点和从站点之间、从站点和从站点之间均可以进行读/写操作。图 5-31 给出了某控制系统的 N:N 通信网络配置,此系统中使用的 RS-485 通信接口板为 FX_{3U}-485-BD、FX_{2N}-485-BD 和 FX_{1N}-485-BD,最大延伸距离为 50m,网络的站点数为 5 个。

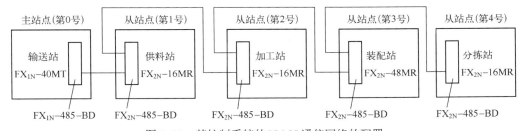

图 5-31 某控制系统的 N:N 通信网络的配置

N:N 网络的通信协议是固定的;通信方式采用半双工,波特率固定为 38 400bit/s;数据长度、奇偶校验、停止位、帧头、线束符以及和校验等也是固定的。

N:N 网络是采用广播方式进行通信的。网络中每一站点都指定一个用辅助继电器和特殊数据寄存器组成的链接存储区,各个站点链接存储区的地址编号都是相同的。各站点向自己站点链接存储区中规定的数据发送区写入数据。网络上任何一台 PLC 中数据发送区的状态都会反映给网络中的其他 PLC,因此,数据可供通过 PLC 连接起所有 PLC 共享,且所有单元的数据都能同时完成更新。

5.3.2 N∶N通信网络的安装和连接

网络安装前,应断开电源。各站 PLC 应插上 FX₃U-485-BD 通信板。它的 LED 显示/端子排列如图 5-32 所示。

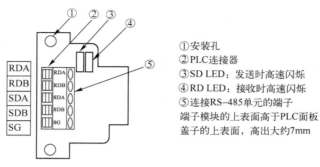

图 5-32 FX₃U-485-BD 通信板的显示/端子排列

系统中 N∶N 网络的各站点间用屏蔽双绞线相连,如图 5-33 所示,接线时应注意终端站点要接上 110Ω 的终端电阻(FX₃U-485-BD 板附件)。

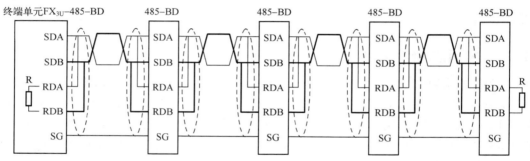

图 5-33 某控制系统的 N∶N 网络连接

如图 5-33 所示,进行 N∶N 网络连接时应注意以下几点:

1)图 5-33 中,R 为终端电阻,在端子 RDA 和 RDB 之间连接终端电阻(110Ω)。

2)将端子 SG 连接到 PLC 主体的每个端子,而主体用 100Ω 或更小的电阻接地。

3)屏蔽双绞线的线径应在英制 26~16AWG(1AWG=0.2558mm)范围内,否则可能会由于端子接触不良,不能确保正常的通信。连线时,宜用压接工具把电缆插入端子,如果连接不稳定,则通信会出现错误。

4)如果网络上各站点 PLC 已完成网络参数的设置,则在完成网络连接后,再接通各 PLC 工作电源。可以看到,各站通信板上的 SD LED 和 RD LED 指示灯出现点亮/熄灭交替的闪烁状态,说明 N∶N 网络已经组建成功。

5)如果 RD LED 指示灯处于点亮/熄灭的闪烁状态,而 SD LED 不亮,这时须检查站点编号的设置、传输速率(波特率)和从站的总数目。

5.3.3 N∶N通信网络的组建

N∶N 通信网络的组建主要是通过对各站点 PLC 用编程方式设置网络参数实现的。

PLC 规定了与 N∶N 网络相关的标志位(特殊辅助继电器)、存储网络通信参数和特殊数据

项目 5 模拟量模块和 PLC 通信应用

寄存器。当 PLC 为 FX_{1N}、$FX_{2N}(C)$或 $FX_{3U}(C)$时，N：N 网络的特殊辅助继电器见表 5-15，特殊数据寄存器见表 5-16。

表 5-15　N：N 网络的特殊辅助继电器

特　性	辅助继电器	名　　称	描　　述	响 应 类 型
R	M8038	N：N 网络参数设置	用来设置 N：N 网络参数	M，L
R	M8183	主站点的通信错误	主站点产生通信错误时为 ON	L
R	M8184～M8190	从站点的通信错误	从站点产生通信错误时为 ON（第 1 个从站点对应的是 M8184，第 7 个从站点对应的是 M8190）	M，L
R	M8191	数据通信	与其他站点通信时为 ON	M，L

注：1. R 表示只读；W 表示只写；M 表示主站点；L 表示从站点。

2. 在 CPU 错误、程序错误或停止状态下，不能计算每一站点处产生通信错误的数量。

3. M8184～M8190 是从站点的通信错误标志，第 1 从站用 M8184，…，第 7 从站用 M8190。

表 5-16　N：N 网络的特殊数据寄存器

特　性	数据寄存器	名　　称	描　　述	响 应 类 型
R	D8173	站点号	存储自己的站点号	M，L
R	D8174	从站点总数	存储从站点的总数	M，L
R	D8175	刷新范围	存储刷新范围	M，L
W	D8176	站点号设置	设置自己的站点号，0 为主站点号，1～7 为从站点号	M，L
W	D8177	从站点总数设置	设置从站点总数，1 为一个从站点，2 为 2 个从站点	M
W	D8178	刷新范围设置	设置刷新范围模式号，0 为模式 0（默认值），1 为模式 1，2 为模式 2	M
W/R	D8179	重试次数设置	主站点设置通信重试次数，设定值为 0～10，从站不需设置	M
W/R	D8180	通信超时设置	设置通信超时，设定值为 5～255，对应时间为 50～2550ms	M
R	D8201	当前网络扫描时间	存储当前网络扫描时间	M，L
R	D8202	最大网络扫描时间	存储网络扫描时间最大值	M，L
R	D8203	主站点通信错误数目	存储主站点通信错误数目	L
R	D8204～D8210	从站点通信错误数目	存储从站点通信错误数目	M，L
R	D8211	主站点通信错误代码	存储主站点通信错误代码	L
R	D8212～D8218	从站点通信错误代码	存储从站点通信错误代码	M，L

注：1. R 表示只读；W 表示写；M 表示主站点；L 表示从站点。

2. 在 CPU 错误、程序错误或停止状态下，对其自身站点处产生通信错误的数目不能计算。

3. D8204～D8210 是从站点的通信错误数目，第 1 从站用 D8204，…，第 7 从站用 D8210。

在表 5-14 中，特殊辅助继电器 M8038 用来设置 N：N 网络参数。

对于主站点，用编程方法设置 N：N 网络参数，即在程序开始的第 0 步（LD M8038）向特殊数据寄存器 D8176～D8180 写入相应的参数。对于从站点，则更为简单，只需在第 0 步（LD M8038）向 D8176 写入站点号即可。

例如，图 5-34 给出了输送站（主站）N：N 网络参数设置的程序。

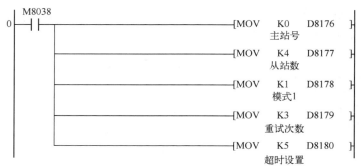

图 5-34 输送站（主站）N∶N 网络参数设置的程序

上述程序说明如下。

1）编程时应注意，必须把以上程序作为 N∶N 网络通信参数设定程序，并从第 0 步开始写入。这个程序段不需要执行，只需把其编好后放置于此，它自动变为有效。

2）特殊数据寄存器 D8178 用于刷新范围的设置，刷新范围指的是各站点的链接存储区。对于从站点，此设定不需要。根据网络中信息交换的数据量不同，可选表 5-17（模式 0）～表 5-19（模式 2）的三种刷新模式。在每种模式下使用的元件被 N∶N 网络的所有站点所占用。

表 5-17 模式 0：站号与位、字元件对应表

站 点 号	元 件	
	位软元件（M）	字软元件（D）
	0 点	4 点
第 0 号	—	D0～D3
第 1 号	—	D10～D13
第 2 号	—	D20～D23
第 3 号	—	D30～D33
第 4 号	—	D40～D43
第 5 号	—	D50～D53
第 6 号	—	D60～D63
第 7 号	—	D70～D73

表 5-18 模式 1：站号与位、字元件对应表

站 点 号	元 件	
	位软元件（M）	字软元件（D）
	32 点	4 点
第 0 号	M1000～M1031	D0～D3
第 1 号	M1064～M1095	D10～D13
第 2 号	M1128～M1159	D20～D23
第 3 号	M1192～M1223	D30～D33
第 4 号	M1256～M1287	D40～D43
第 5 号	M1320～M1351	D50～D53
第 6 号	M1384～M1415	D60～D63
第 7 号	M1448～M1479	D70～D73

表 5-19 模式 2：站号与位、字元件对应表

站 点 号	元 件	
	位软元件（M）	字软元件（D）
	64 点	4 点
第 0 号	M1000～M1063	D0～D3
第 1 号	M1064～M1127	D10～D13
第 2 号	M1128～M1191	D20～D23
第 3 号	M1192～M1255	D30～D33
第 4 号	M1256～M1319	D40～D43
第 5 号	M1320～M1383	D50～D53
第 6 号	M1384～M1447	D60～D63
第 7 号	M1448～M1511	D70～D73

在图 5-34 所示的程序例子里，刷新范围设定为模式 1。这时，每一站点占用 32×8 个位软元件、4×8 个字软元件作为链接存储区。在运行中，对于第 0 号站（主站），希望发送到 N：N 网络的开关量数据应写入位软元件 M1000～M1031 中，而希望发送到 N：N 网络的数字量数据写入字软元件 D0～D3 中，对其他各站点可依此类推。

3）特殊数据寄存器 D8179 用于设定重试次数，设定范围为 0～10（默认=3），对于从站点，此设定不需要。如果一个主站点试图以此重试次数（或更高）与从站通信，此站点将发生通信错误。

4）特殊数据寄存器 D8180 用于设定通信超时值，设定范围为 5～255（默认=5），此值乘以 10ms 就是通信超时的时间。

5）对于从站点，N：N 网络参数设置中只需设定站点号即可，如供料站（1 号站）的设置，如图 5-35 所示。

图 5-35 从站点 N：N 网络参数设置程序

按上述方法对主站和各从站编程，完成 N：N 网络连接后，再接通各 PLC 工作电源，即使在 STOP 状态下，通信也将进行。

5.3.4 七段数码管相关指令

1．七段数码管译码指令 SEGD

（1）指令格式和功能

七段数码管译码指令的助记符、功能、操作数和程序步见表 5-20。

表 5-20 七段数码管译码指令的助记符、功能、操作数和程序步

助 记 符	功 能	操 作 数		程 序 步
		(S.)	(D.)	
SEGD(FNC73)	七段数码管译码：将[(S.)]低 4 位指定的 0～F（十六进制数）数据译成七段数码管显示用的数据格式，并存入[D(.)]的低 8 位中，[(D.)]的高 8 位不变	K、H、KnM、KnS、KnX、KnY、T、C、D、R、V、Z	KnM、KnS、KnY、T、C、D、R、V、Z	SEGD、SEGD(P)：5 步

（2）指令的用法

SEGD 的用法示例如图 5-36 所示。

图 5-36 SEGD 的用法示例

5-2 SEGD 指令

2．带锁存七段数码管显示指令 SEGL

（1）指令格式和功能

带锁存七段数码管显示指令的助记符、功能、操作数和程序步见表 5-21。

表 5-21　带锁存七段数码管显示指令的助记符、功能、操作数和程序步

助记符	功能	操作数			程序步
		(S.)	(D.)	n	
SEGL(FNC74)	带锁存七段数码管显示（使用两次）：将[(S.)]的 4 位数值转换为 BCD 数据后，采用分时方式，从[(D.)]～[(D.)+3]依次对每位数进行输出。此外，选通信号输出[(D.)+4]～[(D.)+7]也依次以时分方式输出，锁定为 4 位数第 1 组的七段数码管显示	K、H KnM、KnS、KnX、KnY、T、C、D、R、V、Z	Y	K、H	SEGL、SEGL(P)：7 步

（2）使用说明

SEGL 的用法示例如图 5-37 所示。

图 5-37　SEGL 的用法示例

1）4 位数据传送到七段数码管时必须使用 12 次的扫描时间，传送完毕后，M8029 置 ON。
2）执行 SEGL 指令时，扫描时间必须大于 10ms。
3）晶体管输出 PLC ON 的输出电压为 1.5V，必须选用合适的七段数码管。
4）4 位数一组的七段数码管与 PLC 输出端 Y 的外部接线图如图 5-38 所示。

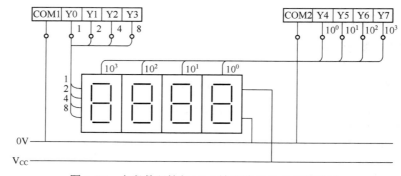

图 5-38　七段数码管与 PLC 输出端 Y 的外部接线图

参数 n 的设定由 PLC 晶体管输出类型与七段数码管的输入电平来完成，其关系见表 5-22。

表 5-22　PLC 输出类型与七段数码管的输入逻辑关系表

PLC 输出类型	输入数据	选通信号	参数 n	
			4 位数 1 组	4 位数 2 组
晶体管漏型	低电平	低电平	0	4
		高电压	1	5
	高电平	低电平	2	6
		高电压	3	4
晶体管源型	高电平	高电压	0	4
		低电平	1	5
	低电平	高电压	2	6
		低电平	3	7

输入数据以高/低电平决定 BCD 数；选通信号在高/低电平保持下锁存数据。例如，PLC 输出为晶体管漏型，七段数码管显示输入数据为低电平，七段数码管显示选通信号是高电压，则 4 位数 1 组时 $n=1$，4 位数 2 组时 $n=5$。

[任务实施]

5.3.5 PLC 型号的选择

根据三层停车场车位控制分析可知：

1）1 层（1F）PLC 的输入信号有 2 个数字开关、车辆进出检测信号、启用和停用信号、空车位确认信号，共 13 个；输出信号有 3 组数码管信号、7 个指示灯信号，共 27 个。

2）2 层（2F）和 3 层（3F）PLC 的输入信号有 2 个数字开关、车辆进出检测信号、空车位确认信号，共 11 个；输出信号有 3 组数码管信号、6 个指示灯信号，共 26 个。

所以，该停车场各层输入点数和输出点数至少为 32 点，考虑到后续控制功能扩展需要，应给予一定的余量；输出控制对象为数码管和指示灯，其工作电压为 DC 24V，由于数码管可采用 SEGL 指令驱动，其工作通断频率较高，所以晶体管输出型 PLC 可满足控制要求。所以，该停车场各层选用工作电压 AC 220V、DC 24V、晶体管输出型，FX_{3U}-64MT/ES 的 PLC 即可满足控制要求。

5.3.6 I/O 分配

三层停车场车位控制的启用按钮、停用按钮和停用指示灯仅设在 1F，其他 I/O 信号在各层均相同，其 I/O 分配见表 5-23。

表 5-23 三层停车场车位控制的 I/O 分配

输入设备	输入软元件编号	输出设备	输出软元件编号
个位 BCD 数字开关 SA1	X0~X3	1F 数码管	Y0~Y3
十位 BCD 数字开关 SA2	X4~X7	1F 与 2F 数码管选通	Y4~Y7
启用按钮（仅 1F）SB1	X10	2F 数码管	Y10~Y13
停用按钮（仅 1F）SB2	X11	3F 数码管	Y20~Y27
车辆入口传感器 SQ1	X12	1F 未满指示灯 HL1	Y30
车辆出口传感器 SQ2	X13	1F 已满指示灯 HL2	Y31
空车位确认按钮 SB3	X14	2F 未满指示灯 HL3	Y32
		2F 已满指示灯 HL4	Y33
		3F 未满指示灯 HL5	Y34
		3F 已满指示灯 HL6	Y35
		停用指示灯 HL7（仅 1F）	Y36

5.3.7 硬件接线

每个站点的 PLC 都连接一个 FX_{3U}-485-BD 通信板，通信板之间用单根双绞线连接。PLC 之间的接线如图 5-39 所示。

根据 I/O 分配，其外部接线如图 5-40 所示。

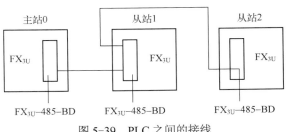

图 5-39 PLC 之间的接线

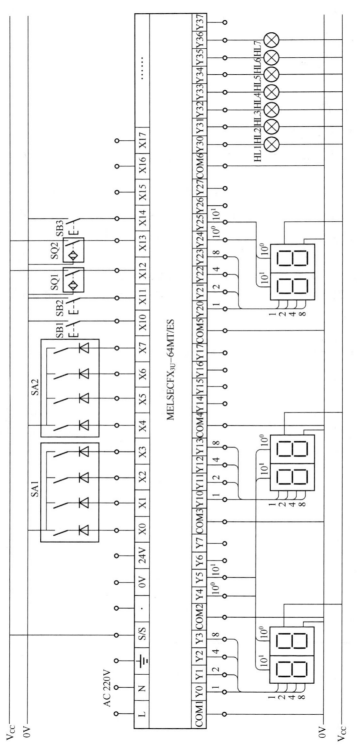

图5-40 三层停车场车位控制的外部接线

5.3.8 链接软元件分配

三层停车场车位控制系统中,从 1F 到 3F 中,每层均由一台 PLC 控制,其中一台为主站,其他两台为从站。本系统中将 1F PLC 设为主站,2F PLC 设为第 1 从站,3F PLC 设为第 2 从站,其 PLC 链接软元件分配见表 5-24。

表 5-24 三层停车场车位控制系统中各楼层 PLC 链接软元件分配

1F PLC		2F PLC		3F PLC	
名称	软元件	名称	软元件	名称	软元件
"未满"信息	M1000	"未满"信息	M1070	"未满"信息	M1130
"已满"信息	M1001	"已满"信息	M1071	"已满"信息	M1131
"启用"信息	M1002	空车位数	D10	空车位数	D20
空车位数	D0				

5.3.9 程序设计

1. 主站程序

本控制系统中 1F PLC 为主站,从站点数为 2,刷新模式为 1,重试次数为 3 次,超时时间设为 50ms,采用 N∶N 网络通信,其主站的控制程序如图 5-41 所示。

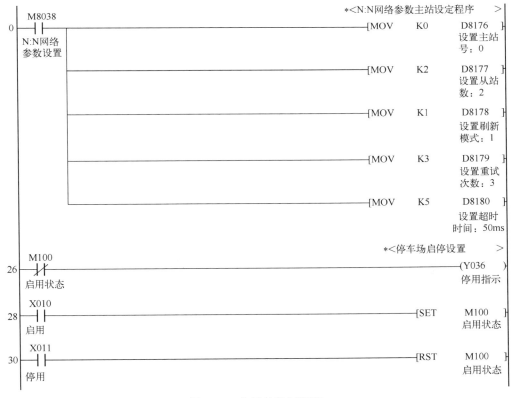

图 5-41 主站的控制程序

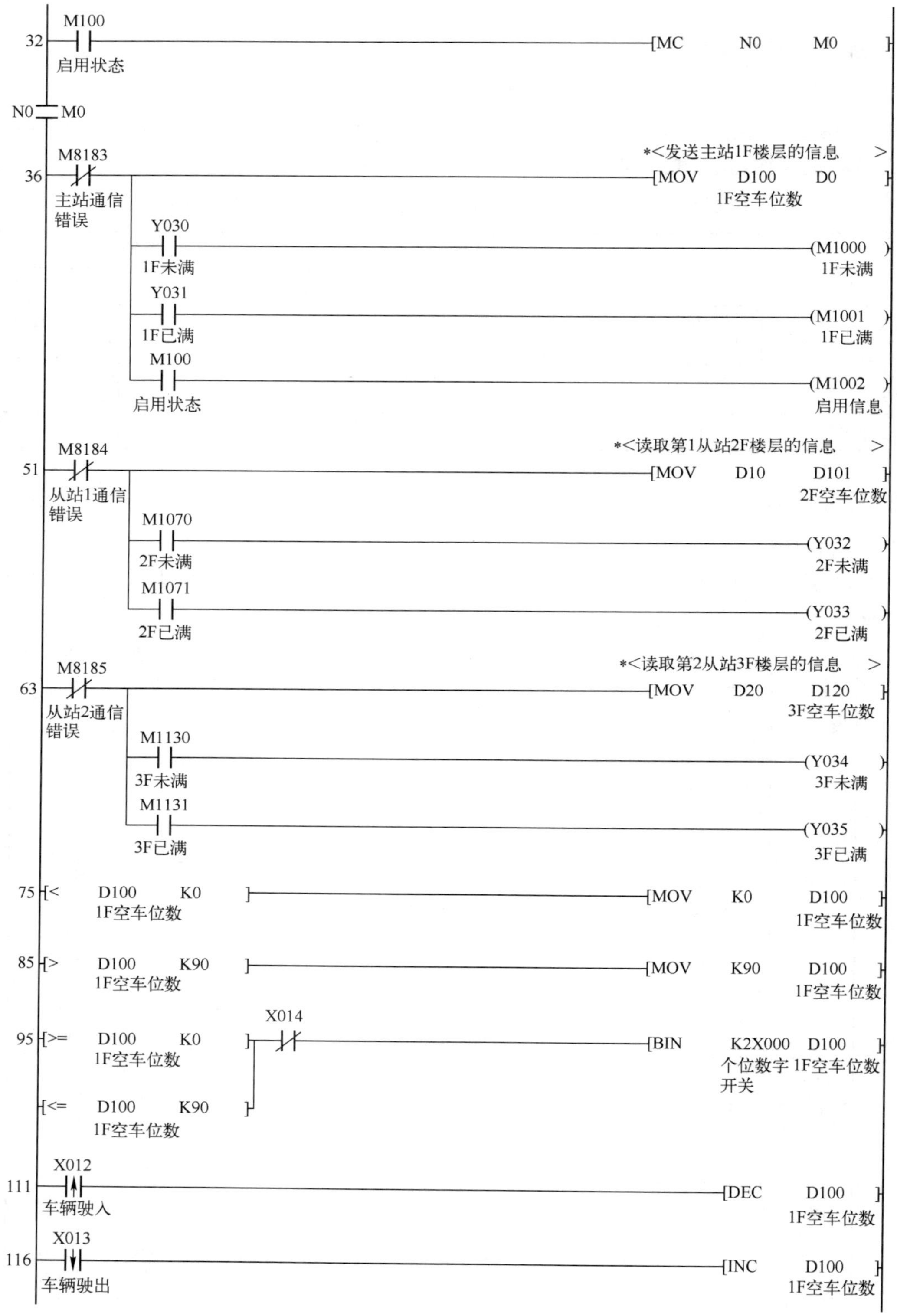

```
 32 ──┤M100├──────────────────────────────────────[MC    N0    M0]──
       启用状态

     N0──M0
 36  ──┤/├M8183──────────────────────────*<发送主站1F楼层的信息>
       主站通信                            ──[MOV    D100    D0]──
       错误                                        1F空车位数
          ├─┤Y030├───────────────────────────────────(M1000)──
          │  1F未满                                   1F未满
          ├─┤Y031├───────────────────────────────────(M1001)──
          │  1F已满                                   1F已满
          └─┤M100├───────────────────────────────────(M1002)──
             启用状态                                  启用信息

 51  ──┤/├M8184──────────────────────────*<读取第1从站2F楼层的信息>
       从站1通信                           ──[MOV    D10    D101]──
       错误                                        2F空车位数
          ├─┤M1070├──────────────────────────────────(Y032)──
          │  2F未满                                   2F未满
          └─┤M1071├──────────────────────────────────(Y033)──
             2F已满                                   2F已满

 63  ──┤/├M8185──────────────────────────*<读取第2从站3F楼层的信息>
       从站2通信                           ──[MOV    D20    D120]──
       错误                                        3F空车位数
          ├─┤M1130├──────────────────────────────────(Y034)──
          │  3F未满                                   3F未满
          └─┤M1131├──────────────────────────────────(Y035)──
             3F已满                                   3F已满

 75  ──[<  D100  K0]────────────────────────[MOV    K0    D100]──
         1F空车位数                                  1F空车位数

 85  ──[>  D100  K90]───────────────────────[MOV    K90   D100]──
         1F空车位数                                  1F空车位数

 95  ──[>= D100  K0]───┤/├X014──────────[BIN   K2X000   D100]──
         1F空车位数                              个位数字  1F空车位数
      ──[<= D100  K90]──┘                             开关
         1F空车位数

111  ──┤↑├X012──────────────────────────────[DEC    D100]──
       车辆驶入                                     1F空车位数

116  ──┤↑├X013──────────────────────────────[INC    D100]──
       车辆驶出                                     1F空车位数
```

图 5-41 主站的控制程序（续）

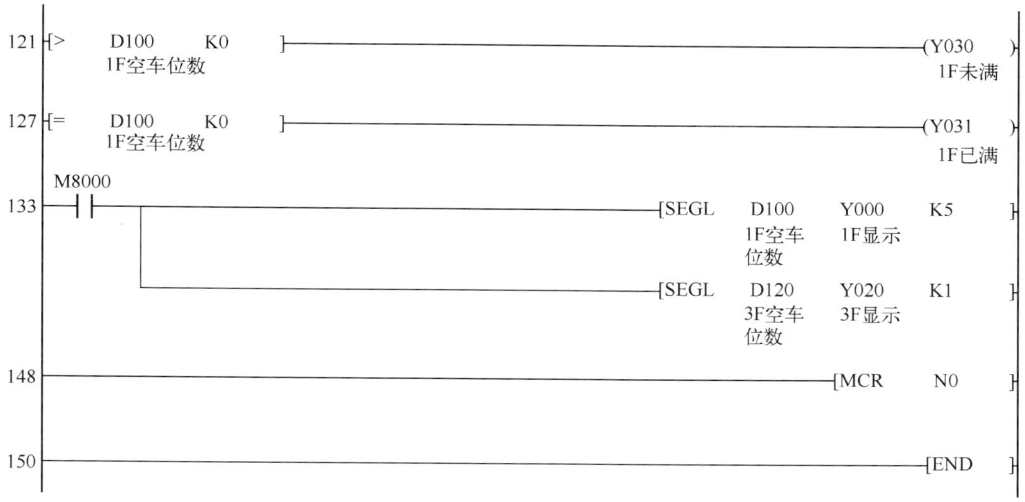

项目 5 模拟量模块和 PLC 通信应用

```
121 ─┤> D100 K0 ├──────────────────────────(Y030)
        1F空车位数                              1F未满

127 ─┤= D100 K0 ├──────────────────────────(Y031)
        1F空车位数                              1F已满

     M8000
133 ─┤ ├─────────────────────[SEGL  D100   Y000   K5]
     │                              1F空车  1F显示
     │                              位数
     │
     └─────────────────────────[SEGL  D120   Y020   K1]
                                      3F空车  3F显示
                                      位数

148 ──────────────────────────────────────[MCR  N0]

150 ──────────────────────────────────────[END]
```

图 5-41 主站的控制程序（续）

该程序中，指令[SEGL D100 Y000 K5]用来驱动 1F 和 2F 的两组数码管。D100 中存放的是 1F 的空车位数，D101 中存放的是 2F 的空车位数。

指令[SEGL D120 Y020 K1]用来驱动 3F 的 1 组数码管，D120 中存放的是 3F 的空车位数。

2．从站 1 程序

本控制系统中 2F PLC 为从站 1，其控制程序如图 5-42 所示。

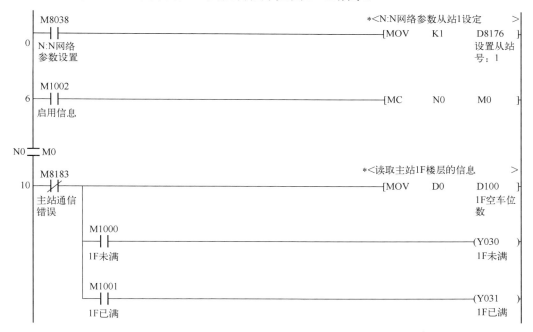

图 5-42 从站 1 的控制程序

173

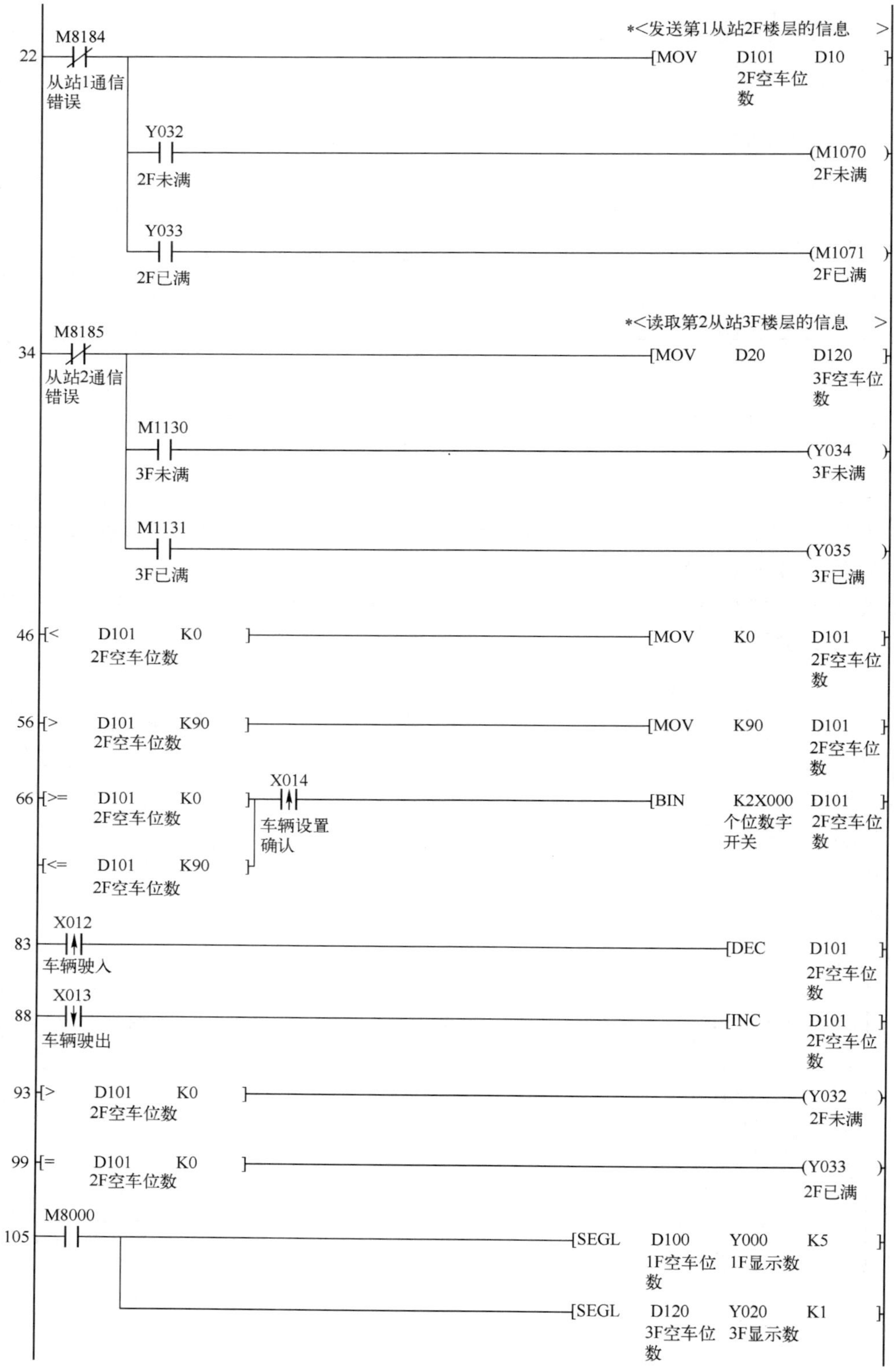

```
                                                              *<发送第1从站2F楼层的信息        >
       M8184
  22 ──|/|────────────────────────────────────────[MOV    D101    D10    ]
     从站1通信                                               2F空车位
     错误                                                    数

       Y032
     ──| |──────────────────────────────────────────────────────(M1070)
     2F未满                                                      2F未满

       Y033
     ──| |──────────────────────────────────────────────────────(M1071)
     2F已满                                                      2F已满

                                                              *<读取第2从站3F楼层的信息        >
       M8185
  34 ──|/|────────────────────────────────────────[MOV    D20    D120   ]
     从站2通信                                                  3F空车位
     错误                                                       数

       M1130
     ──| |──────────────────────────────────────────────────────(Y034)
     3F未满                                                       3F未满

       M1131
     ──| |──────────────────────────────────────────────────────(Y035)
     3F已满                                                       3F已满

  46 ─[< D101   K0 ]──────────────────────────────[MOV    K0     D101   ]
       2F空车位数                                                2F空车位
                                                                数

  56 ─[> D101   K90]──────────────────────────────[MOV    K90    D101   ]
       2F空车位数                                                2F空车位
                                                                数

                              X014
  66 ─[>= D101  K0 ]──────────|↑|────────────────[BIN   K2X000   D101   ]
       2F空车位数            车辆设置                    个位数字  2F空车位
                            确认                        开关     数
     ─[<= D101  K90]──┘
       2F空车位数

       X012
  83 ──|↑|─────────────────────────────────────────────[DEC     D101   ]
     车辆驶入                                                   2F空车位
                                                               数

       X013
  88 ──|↑|─────────────────────────────────────────────[INC     D101   ]
     车辆驶出                                                   2F空车位
                                                               数

  93 ─[> D101   K0 ]──────────────────────────────────────────(Y032)
       2F空车位数                                                2F未满

  99 ─[= D101   K0 ]──────────────────────────────────────────(Y033)
       2F空车位数                                                2F已满

       M8000
 105 ──| |───────────────────────────────────[SEGL  D100    Y000    K5 ]
                                                    1F空车位 1F显示数
                                                    数

                                             [SEGL  D120    Y020    K1 ]
                                                    3F空车位 3F显示数
                                                    数
```

图 5-42 从站 1 的控制程序（续）

项目 5 模拟量模块和 PLC 通信应用

```
120 ─────────────────────────────────────────────[MCR  N0 ]
122 ─────────────────────────────────────────────[END   ]
```

图 5-42 从站 1 的控制程序（续）

3．从站 2 程序

本控制系统中 3F PLC 为从站 2，其控制程序如图 5-43 所示。

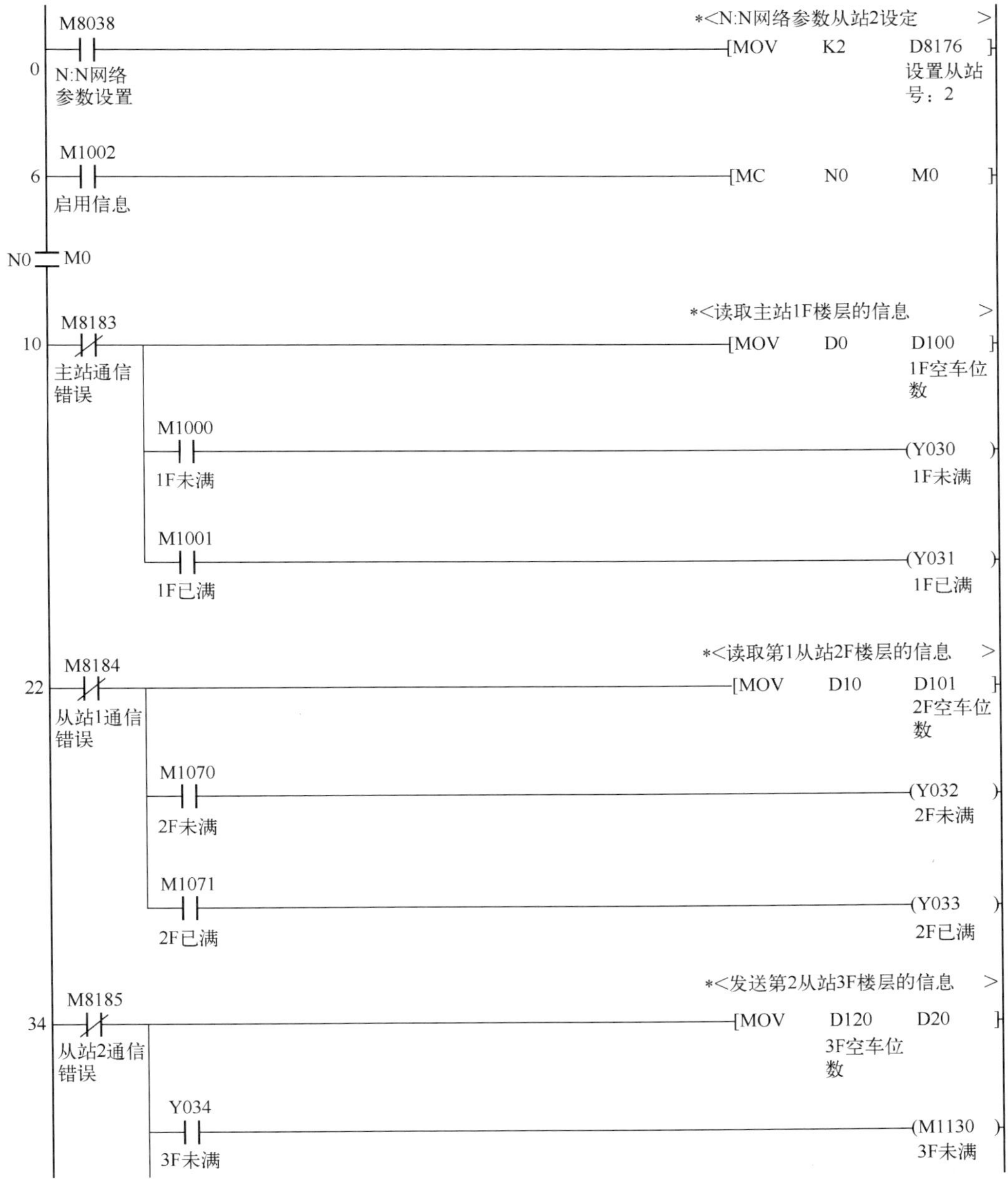

```
         M8038                                *<N:N网络参数从站2设定>
  0 ─────┤├──────────────────────────[MOV  K2    D8176]
         N:N网络                                      设置从站
         参数设置                                      号：2

         M1002
  6 ─────┤├──────────────────────────────[MC   N0    M0]
         启用信息

    N0 ── M0
         ┤├

         M8183                                *<读取主站1F楼层的信息>
 10 ─────┤/├──────────────────────────[MOV  D0    D100]
         主站通信                                      1F空车位
         错误                                           数

              M1000
         ─────┤├──────────────────────────────(Y030)
              1F未满                                    1F未满

              M1001
         ─────┤├──────────────────────────────(Y031)
              1F已满                                    1F已满

         M8184                                *<读取第1从站2F楼层的信息>
 22 ─────┤/├──────────────────────────[MOV  D10   D101]
         从站1通信                                     2F空车位
         错误                                           数

              M1070
         ─────┤├──────────────────────────────(Y032)
              2F未满                                    2F未满

              M1071
         ─────┤├──────────────────────────────(Y033)
              2F已满                                    2F已满

         M8185                                *<发送第2从站3F楼层的信息>
 34 ─────┤/├──────────────────────────[MOV  D120  D20]
         从站2通信                                     3F空车位
         错误                                           数

              Y034
         ─────┤├──────────────────────────────(M1130)
              3F未满                                    3F未满
```

图 5-43 从站 2 的控制程序

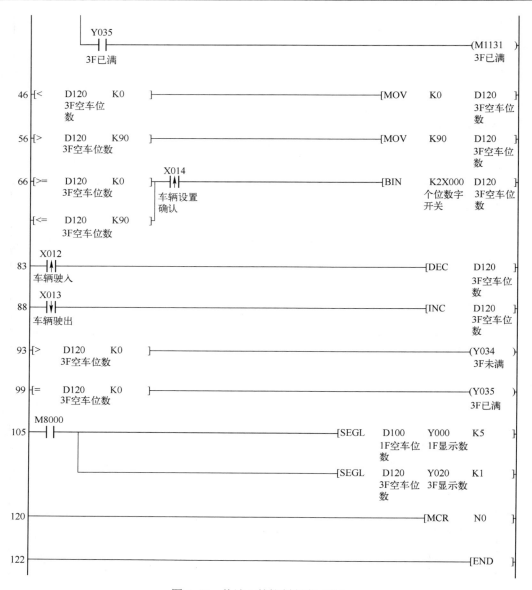

图 5-43 从站 2 的控制程序（续）

5.3.10 运行和调试

1）在断电的状态下，参照图 5-39 将三台 PLC 通过 FX₃U-485-BD 连接起来；参照图 5-40 进行每台 PLC 的 I/O 端口接线。

2）接通电源，完成各站点 N∶N 网络参数的设置。若各站通信板的通信状态灯（SD、RD）闪烁，说明通信正常。

3）将图 5-41、图 5-42、图 5-43 的程序分别输入计算机，并分别下载到对应的 PLC 中。

4）调试、运行。将主站和从站的 PLC 都处于 RUN 状态，运行并调试程序，观察程序运行情况。若出现故障，试分析原因并处理故障，直到系统按要求正常工作。

项目 5　模拟量模块和 PLC 通信应用

[自测题]

1．填空题

（1）通信的基本方式可分为_____与_____。

（2）_____是指数据的各个位同时进行传输的一种通信方式，_____是指数据一位一位地传输的方式。

（3）串行通信的连接方式有_____、_____和_____三种。

（4）RS-422A 采用_____，差分接收电路，从根本上取消了信号地线。

（5）FX_{2N}-2AD 模块将接收的两点_____转换成_____的数字量，并以补码的形式存于 16 位_____中，数值范围是 -2 048～+2 047。

（6）FX_{2N}-2AD 模块接线时，如果输入有电压波动，或在外部接线中有电气干扰，可以接一个_____。

（7）变频器接点控制端子可由_____信号控制其通断。

（8）FX_{3U} PLC 的 N：N 网络支持以一台 PLC 作为_____，进行网络控制，最多可连接_____个从站，通过 RS-485 通信板进行连接。

（9）在 FX_{3U} PLC 的 N：N 网络中，特殊寄存器 D8176 中可以设置_____表示主站，设置_____表示从站号，即从站 1～7。

（10）FROM 语句是将编号为 m1 的_____模块内，从缓冲存储器（BFM）号为_____开始的 n 个数据读入_____单元，并存放在从_____开始的 n 个数据寄存器中。

（11）RS-232C 的传输距离为_____m，最大传输速率为_____b/s。FX 系列 PLC 可通过专用协议或无协议方式与各种 RS-232C 设备通信。

（12）SEGD 指令表示_____；CCD 表示_____。

2．判断题

（1）PLC 与计算机间的通信是通过 RS-232C 标准接口来实现的。它采用按位串行通信的方式。　　　　　　　　　　　　　　　　　　　　　　　　　　　　（　　）

（2）RS-232 是半双工传输模式，可以独立发送数据（TXD）及接收数据（RXD）。（　　）

（3）异步通信是把一个字符看作一个独立的信息单元，字符开始出现在数据流的相对时间是任意的，每一个字符中的各位以固定的时间传送。　　　　　　　　　　　（　　）

（4）单工方式只允许数据按照一个固定方向传送，通信两点中的一点为接收端，另一点为发送端，且不可更改。　　　　　　　　　　　　　　　　　　　　　　（　　）

（5）半双工方式同时可作双向通信，两端可同时作发送端、接收端。　　　　（　　）

（6）RS-485 接口在总线上允许连接最多 362 个收发器，即具有多站能力，用户可以利用单一的 RS-485 接口建立设备网络。　　　　　　　　　　　　　　　　　　　（　　）

（7）FX_{3U} 系列 PLC 的 N：N 网络是通过 RS-485 通信板进行连接的。　　　（　　）

（8）FX_{3U} 系列 PLC 的 N：N 网络的辅助继电器均为只读属性。　　　　　（　　）

（9）检查每个通信单元上的 RD/RXD 的 LED（接收指示灯）和 TD/TXD 的 LED（发送指示灯）的状态。如果两个指示灯都闪动，则表示有错误。　　　　　　　　　（　　）

（10）在 N：N 网络设置中，D8177 用来设置从站点个数。　　　　　　　　（　　）

（11）特殊功能模块的 BFM 读出指令 FROM 用于从特殊单元缓冲存储器（BFM）中读入数据。　　　　　　　　　　　　　　　　　　　　　　　　　　　　　（　　）

177

（12）TO 指令用于 PLC 向特殊单元缓冲存储器（BFM）读出数据。（　　）
（13）FX 系列 PLC 中，当 PLC 要与外部仪表进行通信时，可以采用 RS 指令。（　　）
（14）PLC 晶体管输出分为漏型输出和源型输出两种。（　　）

3．选择题

（1）如果 PLC 发出的脉冲的频率超过步进电动机接收的最高脉冲频率，就会发生（　　）。
  A．电动机仍然精确运行　　　　　　B．丢失脉冲，不能精确运行
  C．电动机方向会变化　　　　　　　D．电动机方向不变

（2）FX 系列 PLC 普通输入点输入响应时间大约是（　　）。
  A．100s　　　B．10ms　　　C．15ms　　　D．30ms

（3）FX 系列 PLC 一个晶体管输出点的输出电压是（　　）。
  A．DC 12V　　　B．AC 110V　　　C．AC 220V　　　D．DC 24V

（4）RS-485 通信模块的通信距离为（　　）。
  A．1300m　　　B．200m　　　C．500m　　　D．15m

（5）RS 指令中，接收数据的字符数应设置为大于或等于（　　）个字符。
  A．20　　　B．30　　　C．40　　　D．50

（6）下面不属于现场总线的是（　　）。
  A．TCP/IP　　　　　　　　　　　　B．CC-Link
  C．CANbus　　　　　　　　　　　　D．ProfiBus

（7）FX 系列 PLC 用外部仪表进行通信采用的指令是（　　）。
  A．ALT　　　B．PID　　　C．RS　　　D．TO

（8）FX 系列 PLC 特殊扩展模块写入数据采用的指令是（　　）。
  A．FROM　　　B．TO　　　C．RS　　　D．PID

（9）RS-232 串口通信模式是（　　）通信方式。
  A．单工　　　B．半单工　　　C．半双工　　　D．全双工

（10）PLC 与 PLC 之间可以通过哪些方式进行通信？（　　）
  A．RS-232 通信模块　　　　　　　B．RS-485 通信模块
  C．现场总线　　　　　　　　　　　D．不能通信

（11）异步串行通信接口有（　　）。
  A．RS-232　　　B．RS-485　　　C．RS-422　　　D．RS-486

[思考与习题]

1．PLC 通信方式有几种？
2．FX_{2N}-2DA 模块作为电压输出和电流输出时，接线有什么不同，应注意什么？
3．N∶N 网络链接各站之间是如何交换数据的？
4．怎样用 PLC 来控制变频器的多段转速的切换？
5．设计一个压力报警系统，采用压力传感器（感应压力范围是 0～5MPa，输出电压是 0～5V）测量某管道中的油压，当测量的压力小于 3.5MPa 时，Y0 灯亮，表示压力低；当测量的压力为 3.5～4.2MPa 时，Y1 灯亮，表示压力正常；当测量的压力大于 4.2MPa 时，Y2 灯亮，表示压力高。试写出 PLC 的控制程序。

6. 某 PLC 变频控制系统中，选择开关有 7 个档位，分别选择 10Hz、15Hz、20Hz、30Hz、35Hz、40Hz、50Hz 的速度运行，采用 PLC 控制变频器的输入端子 RH、RM、RL 进行七段速控制，试设置变频器的参数并编写控制程序。

7. 设计一个 24h 时钟，分别用七段数码管显示时、分、秒，并能通过外部调节按钮调节时间显示值。

8. 试设计一个三台 FX_{2N} PLC 之间的 N∶N 通信系统，要求：

（1）刷新范围是模式 1，重试次数三次，通信超时 50ms。

（2）将主站点的输入点 X0～X3 输出到从站点 1 和 2 的输出点 Y0～Y3。

（3）将从站点 1 的输入点 X0～X3 输出到主站和从站点 2 的输出点 Y10～Y13。

（4）将从站点 2 的输入点 X0～X3 输出到主站和从站点 1 的输出点 Y20～Y23。

劳动光荣

《左传·宣公十二年》中提到"民生在勤，勤则不匮"。劳动是推动人类社会进步的根本力量，劳动最光荣、劳动最崇高、劳动最伟大、劳动最美丽，辛勤劳动的人都是最美的人！

项目6 PLC控制系统的工程应用

任务6.1 用触摸屏对电动机正反转控制

能力目标：
- 能正确连接触摸屏和PLC。
- 能用专用软件创建和调试触摸屏操作控制程序。
- 能根据控制要求，设计PLC和触摸屏联动控制程序。
- 具有了解高新技术和解决问题的能力。

知识目标：
- 触摸屏操作控制程序的编写和调试的方法。
- 外部设备相关指令的用法。
- 触摸屏和PLC联动控制的程序设计方法。

[任务导入]

试设计一个用PLC通过触摸屏操作控制的三相笼型异步电动机的正、反转控制系统，其控制要求是：①通过触摸屏操作控制电动机正转、反转和停止；②在触摸屏上用指示灯显示电动机运行的正转、反转和故障状态。

[基础知识]

6.1.1 触摸屏概述

触摸屏（Touch Panel Monitor）是一种交互式图视化的人机界面设备，一般通过串行方式与个人计算机、PLC以及其他外部设备连接和通信，并由专用软件完成画面制作和传输，实现其作为图形操作和显示终端的功能。在控制系统中，触摸屏常作为PLC输入和输出设备，通过使用相关软件设计适合用户要求的控制画面，实现对控制对象的操作和显示。

图6-1所示是触摸屏的外观。从图6-1中可以看到，机箱上有一个屏幕，这是触摸屏的液晶显示器，即用来显示工业控制所需画面。之所以称为触摸屏，是由于这种液晶显示器具有人体感应功能，当手指触摸接触屏幕上的图形时，就相当于发出操作指令。触摸屏的画面可以借助专用的绘图软件来绘制，组成画面典型的图形部件有指示灯、按钮、字符串及图表等。

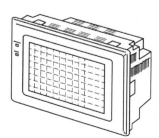

图6-1 触摸屏的外观

三菱公司生产的触摸屏有数十种规格，分为DU（数据设定单元）及GOT（图示操作终端）两个序列，所使用的液晶显示屏的尺寸及显示色彩也有许多种类。现以该公司生产的触摸屏GS2107-

WTBD 为例，介绍其应用方法。

6.1.2 GS2107-WTBD 的功能及基本工作模式

1．GS2107-WTBD 的功能

GS2107-WTBD 的显示画面为 7in（1in=2.54cm）（外形尺寸 206mm×155mm×50mm，800×480 分辨率）、65 536 色的 TFT 彩色液晶屏。除了与三菱 PLC 连接使用外，也可以与欧姆龙、西门子等公司的 PLC 连接使用。GS2107-WTBD 具有以下基本功能。

（1）画面显示功能

GS2107-WTBD 可存储并显示用户制作画面最多 500 个（画面序号 0～499）及 30 个系统画面（画面序号 1001～1030）。其中，系统画面是机器自动生成的系统检测及报警类的监控画面。用户画面可以单独显示，也可以重合显示，并可以自由切换。画面上可显示文字、图形、表格，可以设定数据，还可以设定显示日期、时间等。

（2）画面操作功能

触摸屏可以作为操作单元使用，可以通过触摸屏上绘制的操作键来切换 PLC 的位元件，可以通过绘制的键盘输入及更改 PLC 字元件的数据。在触摸屏处于 HPP（手持式编程）状态时，还可以使用触摸屏作为编程器显示及修改 PLC 程序。

（3）监视功能

可以通过画面监视 PLC 位元件的状态及数据寄存器数据的数值，并可对位元件执行强制 ON/OFF 状态。

（4）数据采样功能

可以设定采样周期，记录指定的数据寄存器的当前值，并以清单或图形和表格的形式显示或打印这些数值。

（5）报警功能

可以最多使 256 点的连续位元件与报警信息相对应，在这些位元件置位时显示一定的画面，给出报警信息，并可以记录最多 1000 个报警信息。

2．触摸屏的基本工作模式及其和 PC、PLC 的连接

作为可编程控制器的图形操作终端，触摸屏必须要与 PLC 联机使用，通过操作人员手指与触摸屏上图形元件的接触，发出 PLC 的操作指令或者显示 PLC 运行中的各种信息。触摸屏中存储与显示的画面是通过计算机运行专用的编程软件设绘制的，绘好后下载到触摸屏中。PLC 中相应的存储单元被触摸屏占用，在编制程序时，也要编写一段触摸屏操作程序。GS2107-WTBD 使用通用性更强的触摸屏绘图软件 GT Designer3。

触摸屏机箱背面有 RS-232、RS-422、USB 及 Ethernet 接口、电源接线端等，具体接口及其说明如图 6-2 所示。触摸屏与计算机的连接如图 6-3 所示，触摸屏与 PLC 的连接如图 6-4 所示。

6.1.3 GT Designer3 软件的使用

GT Designer3 是用于 GOT1000 系列图形操作终端的画面设计软件，并且集成 GT Simulator3 仿真软件，具有仿真的功能该软件运行 Windows 95/98/10/NT 等操作系统的 Intel i486 处理器的计算机，其硬盘容量在 3MB 以上即可安装。软件安装完成后，单击起动图标，即可进入如图 6-5 所示的软件基本界面。界面由菜单栏、工具栏及应用窗口几部分组成。单击"工程"菜单命令，可见"新建""打开""删除"等命令，操作与一般软件文件管理操作类似。

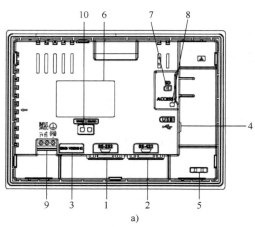

No.	名 称	规 格
1	RS-232接口	用于与连接设备（PLC、微型计算机、条形码阅读器、射频识别器等）或者计算机连接（D–Sub 9针、公）
2	RS-422接口	用于与连接设备（可编程控制器、微型计算机等）连接（D–Sub 9针、母）
3	以太网接口	用于与连接设备（可编程控制器、微型计算机等）的以太网连接（RJ-45连接器）
4	USB接口	数据传送、保存用USB接口（主站）
5	防止USB电缆脱落的固定用孔	可用捆扎带等在该孔进行固定，以防止USB电缆脱落
6	额定铭牌（铭牌）	记载型号、消耗电流、生产编号、H/W版本、BootOS版本
7	SD卡接口	用于将SD卡安装到触摸屏的接口
8	SD卡存取状态LED	点亮：正在存取SD卡；熄灭：未存取SD卡时
9	电源端子	电源端子、FG端子[用于向触摸屏供应电源（DC24V）及连接地线]
10	以太网通信状态LED	SD RD：收发数据时绿灯点亮；100M：100Mb/s传送时绿灯点亮

b)

图 6-2　触摸屏机箱上的接口及其说明

a) GOT 机箱具体接口　b) 接口说明

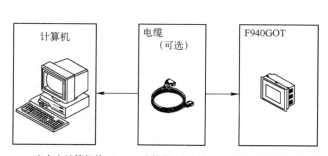

当个人计算机的RS-232C连接器为9针时，用FX-232CAB-1型数据传送电缆连接；14针时，用FX-232CAB-2型数据传送电缆连接

图 6-3　触摸屏与计算机的连接

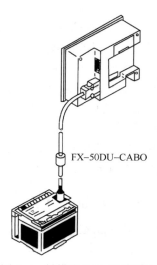

图 6-4　触摸屏与PLC的连接

项目 6 PLC 控制系统的工程应用

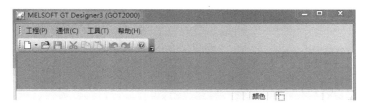

图 6-5 GT Designer3 软件的基本界面

使用 GT Designer3 软件制作触摸屏画面时，先要建立工程项目（建立文件），单击图 6-5 中的"新建"命令，即可出现如图 6-6 所示的对话框，单击"下一步"按钮，出现"GOT 系统设置"对话框，如图 6-7 所示，"系列（S）"选择"GS 系列"，单击"下一步"按钮，出现"GOT 系统设置的确认"对话框，如图 6-8 所示；若有问题，单击"上一步"按钮修改设置，若没问题，单击"下一步"按钮，出现"连接机器设置"对话框，如图 6-9 所示，选择制造商和机种；单击"下一步"按钮，出现"I/F"对话框，如图 6-10 所示，选择 PLC 与触摸屏通信方式；单击"下一步"按钮，出现"通信驱动程序"对话框，如图 6-11 所示，单击"下一步"按钮，出现"连接机器设置的确认"对话框，如图 6-12 所示。若需要连接多台 PLC，可以单击"追加"按钮；若只有一台 PLC，单击"下一步"按钮，出现"画面切换软元件的设置"对话框，如图 6-13 所示，根据需要设置画面切换的软元件，单击"下一步"按钮，出现"系统环境设置的确认"对话框，如图 6-14 所示，单击"上一步"按钮进行修改，单击"结束"按钮完成设置，进入图形绘制界面，如图 6-15 所示。

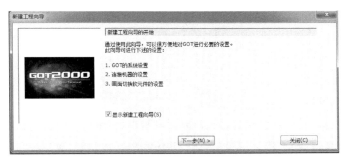

图 6-6 "新建工程向导"对话框

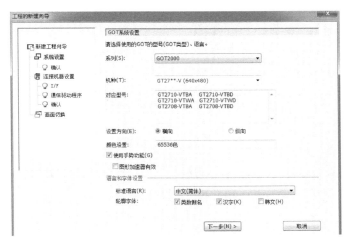

图 6-7 "GOT 系统设置"对话框

图 6-8 "GOT 系统设置的确认"对话框

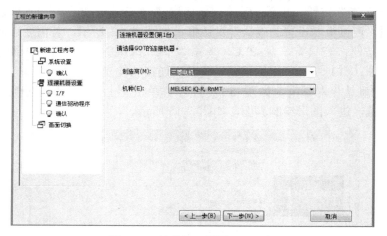

图 6-9 "连接机器设置"对话框

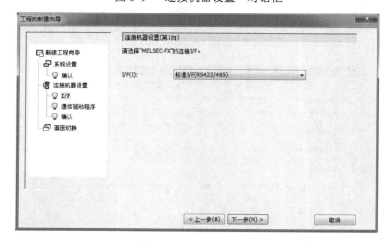

图 6-10 "I/F"对话框

项目 6　PLC 控制系统的工程应用

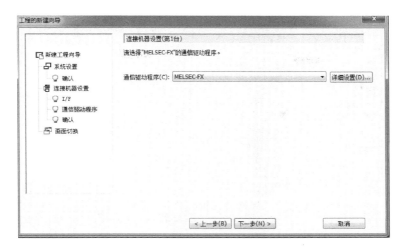

图 6-11　"通信驱动程序"对话框

图 6-12　"连接机器设置的确认"对话框

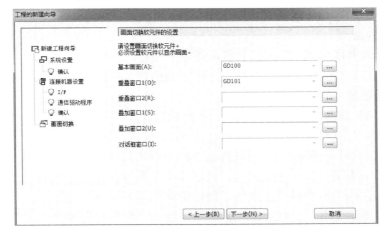

图 6-13　"画面切换软元件的设置"对话框

图 6-14 "系统环境设置的确认"对话框

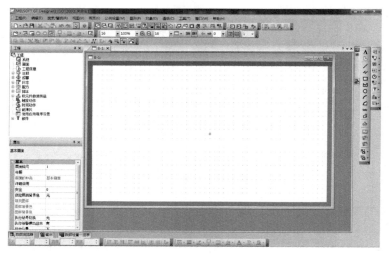

图 6-15 图形绘制界面

选中图形绘制界面中左侧导航栏"画面"框,可以根据需要新建"基本画面""窗口画面"和"报表画面",如图 6-16 所示。

1. 图形绘制界面

与图 6-5 的基本界面相比,图形绘制界面有以下变化。

1) 出现了待加工的画面。新弹出的上方标明画面序号的矩形框即为触摸屏将显示的该序号的画面。

2) 在出现待加工画面的同时,菜单栏中增加了"编辑""视图"及"画面"等菜单。

3) 在弹出待加工画面的同时,"图形"工具栏可以正常使用,它分为文本类工具、图形类工具、开关类工具、指示灯类工具等。各类工具又含有许多不同的按钮,如图形类含直线、圆、矩形框等,指示灯类又分为位指示灯、字指示灯等。这些绘图工具在菜单栏的"图形"菜单中也可以找到。

图 6-16 "画面"界面

2. 画面的制作

画面的制作过程就是使用各种绘图工具在打开的画面中制图的过程。以下仅以几种图形的设定与绘制方法来说明这一过程，其他绘图工具的使用方法，读者可以自己去尝试。

（1）文本的设定

字符串用来触摸屏画面上的汉字、英文、数字等文字。单击图形工具栏中的"文本"按钮或从菜单栏的"图形"菜单进入并单击"文本"命令，选择画面中需放置字符串的位置，即可出现如图 6-17 所示的"文本"对话框。在该对话框的"字符串"文本框中输入需要的文本，设置字体、文本尺寸、文本颜色、背景色、显示方向、行距等，单击"确定"按钮，刚才输入的字符串即出现在画面中。如位置不准确，还可以选中后用鼠标拖动调节。

（2）开关的设定

开关是触摸屏的典型应用。最简单的应用是将位开关与 PLC 中的一个位元件相联系，当手指触摸到画面中该键时，PLC 相应的位元件动作。设定开关时，可单击图形工具栏中的"位开关"按钮，将其放置在画面中的合适位置，则出现如图 6-18 所示的"开关"图标。再双击"开关"按钮，即出现图 6-18 中的"位开关"对话框。在"位开关"对话框中可设定该触摸键对应的 PLC 中软元件及该软元件的动作状态。状态有"点动""位反转""置位""位复位"等，还可以进行开关样式、文本、扩展功能、动作条件等设置。此外，开关还有字开关、画面切换开关、站号切换开关、扩展功能开关等功能，设定的方式与位开关设定的方式类似。在触摸键上还可以标注文字，文字要填在对话框的标签栏内。

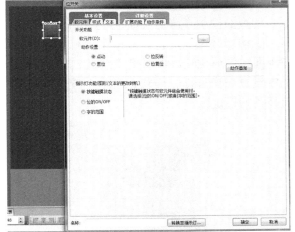

图 6-17 "文本"对话框 1　　　　　　　　图 6-18 "位开关"对话框

（3）指示灯的设定

指示灯有位指示灯、字指示灯、指示灯区域等。位指示灯的设定过程是：单击图形工具栏中的"位指示灯"按钮后，在画面合适位置放置此按钮，双击"位指示灯"按钮，则出现如图 6-19 所示的"位指示灯"对话框。在该对话框中进行软元件/样式、文本、扩展功能、显示条件等设置后，单击"确定"按钮，即可完成指示器的设定。

（4）画面的切换

触摸屏用于某一工程项目时，需绘制有不同用途的多幅画面，在与 PLC 联机工作上电时，首先显示的是 1 号画面。需显示其他画面时，就有了画面切换的问题。常用的画面切换方法有两种，一种是手动切换，可在 1 号画面上设置用于画面切换的触摸键，切换时，直接按键即可；一种是自动切换，这是由 PLC 程序控制的切换方式，一般是在 PLC 的某些输入接通，或者系统的某些物理量达到设定值，或者系统出现报警等情况时切换。

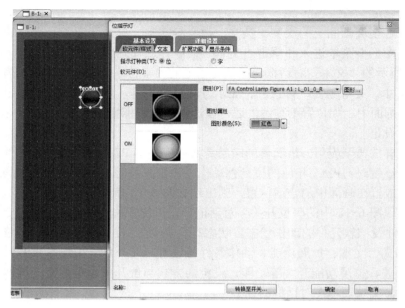

图 6-19 "位指示灯"对话框

切换的控制方法是通过程序向 PLC 存储单元输送画面序号，就可以将该序号的画面呼出显示。手动切换画面的设置方法是：首先选取图形工具栏中的"画面切换开关"按钮，将其放置在画面中合适位置，再双击该按钮，出现如图 6-20 所示的"画面切换开关"对话框。在该对话框中设置切换目标、样式、文本、扩展功能及动作条件，单击"确定"按钮，即可完成画面切换开关的设定。

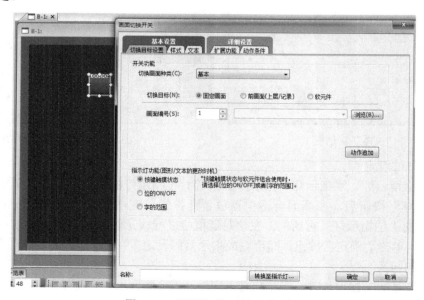

图 6-20 "画面切换开关"对话框

3. 画面程序的下载

画面制作完成后可进行画面的下载，用配置的 Mini-USB 线连接计算机及 GOT 的 USB 口，接通触摸屏的电源，在 GT Designer3 软件基本界面中单击"通信"→"写入 GOT"命令，出现如图 6-21 所示的"通信设置"对话框。"GOT 的连接方法"选择"GOT 直接"，"计算机侧 I/F"选择"USB"，单击"通信测试"按钮，若连接正确，将出现"连接成功"对话框，单击"确定"按钮，出现如图 6-22 所示的"与 GOT 的通信"对话框。在该对话框中选择"写入数据""写入目标驱动器（R）"后，单击"GOT 写入（G）"按钮，出现如图 6-23 所示的"正在通信"对话框，通信完成后，GOT 自行重启。

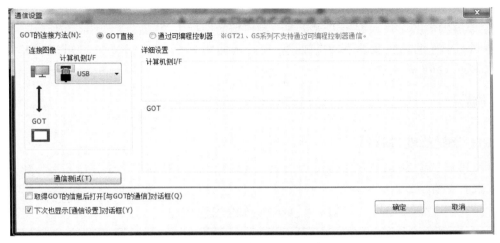

图 6-21 "通信设置"对话框

图 6-22 "与 GOT 的通信"对话框

在同样的工作环境下，也可以将触摸屏中已存有的画面调入 PC 进行编辑。

4．PLC 程序的编写及下载

在编写 PLC 程序时，可将 GOT 的画面内容与控制程序结合起来。如使用开关作为系统的操作按钮时，可将开关对应的位元件作为输入按钮的触点来处理。程序编写完成后下载到 PLC 中。

5．联机调试

使用规定的电缆连接 PLC 及触摸屏的 RS-232 接口，接通 PLC 及触摸屏的电源，进入联机调试状态。触摸屏的调试主要是检查各画面部件的功能及画面切换效果，可依上面所述的步骤，修改画面及部件的功能。

图 6-23 "正在通信"对话框

[任务实施]

6.1.4 I/O 分配及硬件接线

电动机正反转控制 PLC 和触摸屏的 I/O、内部继电器（位元件和字元件）与外部元件的对应关系如表 6-1 所示。

表 6-1　I/O 和内部继电器的分配

信　号	软元件编号	功　能
输入端	M0	触摸屏正转起动键
	M1	触摸屏反转起动键
	M2	触摸屏停止键
	X0	正转起动按钮 SB1
	X1	反转起动按钮 SB2
	X2	停车按钮 SB3
输出端	Y0	正转接触器 KM1
	Y1	反转接触器 KM2
内部继电器	M10	正转状态指示灯
	M11	反转状态指示灯
	M12	故障状态指示灯

PLC 和触摸屏控制电动机正、反转控制电路接线如图 6-24 所示。三相笼型异步电动机正反转控制系统采用触摸屏、计算机和 PLC 等组成，其中 PC 用于程序开发，与控制系统没有直接关系；触摸屏选用 GS2107-WTBD，PLC 选用 FX$_{3U}$ 系列。将触摸屏利用专门通信电缆与 PLC 的 RS-422 接口连接，触摸屏由 PLC 提供的 DC 24V 电源供电。

6.1.5 程序设计

根据电动机的正、反转控制要求，参考梯形图如图 6-25 所示。

项目 6　PLC 控制系统的工程应用

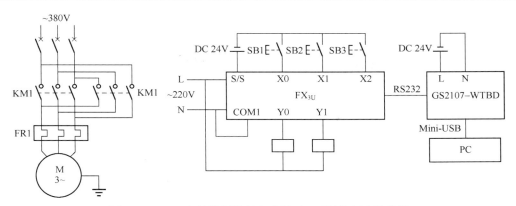

图 6-24　PLC 和触摸屏控制电动机正、反转控制电路接线

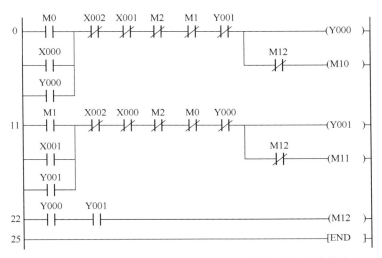

图 6-25　PLC 和触摸屏控制电动机正、反转控制电路梯形图

6.1.6　画面设计

起动 GT Designer3，完成新建工程向导后，进入画面清单窗口，新建立 1、2 两个基本画面。画面 1 命名为系统名称，作为初始画面，首先进入如图 6-26 所示的"初始画面"。画面 2 命名为"起停控制和显示画面"，用于电动机正、反转控制和状态显示，如图 6-27 所示。

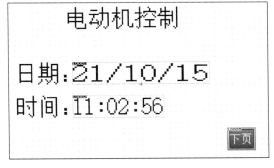

图 6-26　初始画面

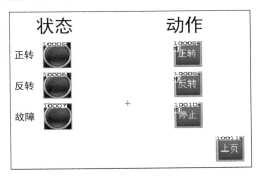

图 6-27　起停控制和显示画面

191

1. 画面 1 的制作

1) 在画面导航栏选择"基本画面",双击"1"按钮,打开画面 1 窗口。

2) 从图形工具栏或者菜单栏中单击"图形"→"文本"命令,在弹出的"文本"对话框中,按如图 6-28 所示进行设置。

3) 按照步骤 2) 所示方法添加"日期:""时间:"文本。

4) 单击工具栏中的"日期/时间显示"按钮,放置在画面中合适位置,双击"日期/时间显示"按钮,弹出"日期显示"对话框,其设置如图 6-29 所示。

图 6-28 "文本"对话框 2

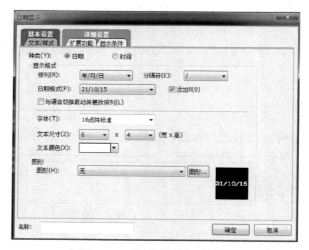

图 6-29 "日期显示"对话框

5) 同样,单击工具栏中的"日期/时间显示"按钮,可设置"时间显示",具体设置如图 6-30 所示。

6) 在工具栏单击"开关"→"画面切换开关"按钮,可以设置画面切换触摸键,其设置如图 6-31 所示。

图 6-30 "时间显示"对话框

图 6-31 "画面切换开关"对话框

2．画面 2 的制作

（1）设置文本

打开画面 2 窗口，单击"图形"→"文字"命令，将光标放在画面合适位置，然后进行"文本"对话框设置，其设置如图 6-32 所示。用同样的方法可设置"状态""正转""反转""故障"文本框。

（2）设置按钮

单击图形工具栏的"开关"→"位开关"按钮，进行"正转按钮"的设置，其设置如图 6-33 所示。用同样的方法可设置"反转按钮""停止按钮"和"切换按钮"。

图 6-32 "动作"文本框设置

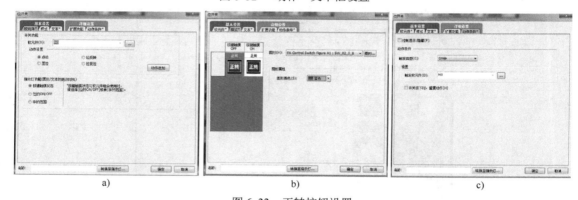

图 6-33 正转按钮设置
a) 软元件设置 b) 软元件样式设置 c) 动作条件设置

(3) 设置指示灯

单击菜单"对象"→"指示灯"→"位指示灯（B）"按钮，设置正转状态指示灯，其设置如图 6-34 所示。同样设置反转状态指示灯和故障状态指示灯。注意：故障状态指示灯为 ON 时，图形颜色选"红色""中速"闪烁。

3．项目错误检查

检查画面 1 和画面 2 面板相关字串和批示内容是否达到设定要求。若出现错误，则用相关工具进行修改。

4．连接触摸屏○，通电并传送画面

用配置的 Mini-USB 线连接 PC 及 GOT 的 USB 口，接通 GOT 的电源，在 GT Designer3 软件基本界面中单击"通信"→"写入到 GOT"命令，出现如图 6-21 所示的"通信设置"对话框。"GOT 的连接方法"选择"GOT 直接"，"计算机侧 I/F"选择"USB"，单击"通信测试"按钮，若连接正确，将出现"连接成功"对话框，单击"确定"按钮，出现如图 6-22 所示的"与 GOT 的通信"对话框，在该对话框中选择"写入数据""写入目标驱动器（R）"后，单击"GOT 写入（G）"

○ 因为 GS2107-WTBD 触摸屏属于 GOT SIMPLE 系列，所以本书用 GOT 代替该触摸屏。

项目 6　PLC 控制系统的工程应用

按钮，出现如图 6-23 所示的"正在通信"对话框，通信完成后，GOT 自行重启。

图 6-34　正转状态指示灯设置

6.1.7　运行和调试

1）按图 6-24 所示将控制系统的硬件连接起来。

2）用通信电缆将装有 GX Works2 编程软件的计算机的 RS-232 接口与 PLC 的 RS-422 接口相连接。

3）接通 PLC 电源。将工作方式开关扳到"STOP"位置，使 PLC 处于编程状态。

4）用 GX Works2 编程软件，输入如图 6-25 所示的程序并写入 PLC 中。

5）模拟调试。PLC 不接电动机，将工作方式开关扳到"RUN"位置，首先按触摸屏"正转按钮"键，观察 Y0 是否得电，以此类推，观察程序能否达到控制要求。

6）运行和调试。将 PLC 的输出与电动机主电路连接好，进行调试，直至系统按要求正常工作。

任务 6.2　用步进电动机对剪切机控制

能力目标：
- 能正确连接 PLC、步进驱动器和步进电动机系统。
- 能根据控制要求，设计 PLC 和步进驱动器联动的控制程序。
- 具有了解高新技术和解决问题的能力。

知识目标：
- PLC、步进驱动器和步进电动机的连接方法。
- 脉冲输出指令 PLSY 的用法。
- PLC 和步进驱动器联动控制的程序设计方法。

[任务导入]

剪切机是一种对卷起的板料按固定长度裁开的设备，该系统由步进电动机拖动放卷辊放出一定长度的板料后，用剪切刀剪断。剪切刀的剪切时间为 1s，剪切的长度可通过数字量开关设置（0~99mm），步进电动机滚轴的周长为 50mm，如图 6-35 所示。用 PLC 实现上述控制要求。

195

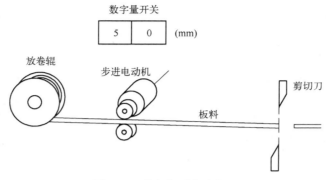

图 6-35 剪切机系统结构图

[基础知识]

6.2.1 步进控制系统

1. 步进电动机

步进电动机是一种将数字量电脉冲信号转化为角位移或线位移的机电元件，即步进电动机每接收到一个脉冲信号，它就按设定的方向转动一个固定的角度（步进角、步距角）。脉冲数越多，步进电动机转动的角度就越大。在最高频率内，脉冲的频率越高，步进电动机的转速就越快。

步进电动机的步距角一般为 0.36°、0.72°、0.9°、1.8° 等。步距角度越小，表明步进电动机的控制精度越高。如步距角为 0.36° 的步进电动机，表示每旋转一周需要的脉冲数为 360/0.36 个，即 1000 个脉冲，也就是对步进电动机发出 1000 个脉冲信号，步进电动机才旋转一周。

步进电动机的旋转方向与其内部绕组的通电顺序有关，改变输入脉冲的相序就可以改变电动机的转向。步进电动机的转速则与输入脉冲信号的频率成正比。步进电动机的转动角度或位移与输入的脉冲数成正比。改变脉冲信号的频率就可以改变步进电动机的转速，并能实现快速起动、制动和反转，所以，步进广泛应用于定位系统中。

2. 步进电动机控制系统的组成

步进电动机控制系统由 PLC、步进电动机驱动器和步进电动机组成。PLC 发出控制信号，步进电动机驱动器在控制信号的作用下输出较大的电流驱动步进电动机，由步进电动机拖动机械装置，实现位置控制或速度控制。步进电动机控制系统的组成如图 6-36 所示。

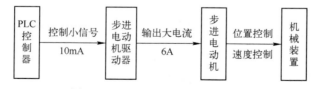

图 6-36 步进电动机控制系统框图

3. 步进电动机驱动器

PLC 控制步进电动机有两种方法，一种是直接输出脉冲控制，另一种是通过步进电动机驱动器放大脉冲信号进行控制。为了有一个较大的电流来驱动步进电动机，需要增加一个电子装置，这种装置就是步进电动机驱动器。

（1）外部接线

从步进电动机的工作原理可知，要使步进正常运行，必须按规律控制步进电动机的每一相绕组得电。步进驱动器接收外部的信号是方向控制信号（DIR）和步进脉冲信号（PUL）。另外，步进电动机在停止时，通常有一相得电，电动机的转子被锁住，因此，当需要转子松开时，可使用电动机释放信号（FREE）。步进电动机驱动器外部接线如图 6-37 所示。其功能见表 6-2。

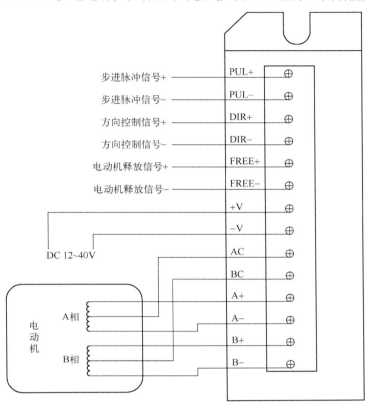

图 6-37　步进电动机驱动器外部接线

表 6-2　步进电动机驱动器外部接线端子的功能

接线端子	功　　能
PUL+	步进脉冲信号转入端。脉冲的数量、频率分别与步进电动机的角位移、转速成比例
PUL-	
DIR+	步进电动机方向控制端。电平的高低决定电动机的旋转方向
DIR-	
FREE+	电动机释放信号输入端。当该信号为 ON，驱动器断开输入到步进电动机的三相电源，使步进电动机断电
FREE-	
A+、A-	步进电动机 A 相绕组正、负接线端
B+、B-	步进电动机 B 相绕组正、负接线端
+V	驱动器直流电源正极输入端
-V	驱动器直流电源负极输入端
AC	步进电动机 A 相绕组中心抽头接线端
BC	步进电动机 B 相绕组中心抽头接线端

（2）步进电动机驱动器的细分设置

步进电动机驱动器除了给步进电动机提供较大的驱动电流外，更重要的作用是"细分"功能。细分是指驱动器将上级装置发出的每个脉冲按驱动器设定的细分系数分成相应脉冲输出。例如，步进电动机每转一圈对应 200 个脉冲（步距角为 1.8°），如果步进电动机驱动器细分为 32，那么步进电动机驱动器需输出 6400 个脉冲步进电动机才转一圈。步进电动机细分数一般为 2^N，如 2、4、8、16、32、64、128、256。

步进电动机驱动器 XNFDR4 的侧面连接端子有 8 个 SW 功能设定开关，可以用来设定驱动器的工作方式和工作参数。其中，SW1～SW4 是设置步进驱动器输出电流的（根据步进电动机的工作电流，去调节驱动器输出电流，电流越大，转动力矩越大）。

SW4 是设定待机时的输出电流，若 SW4 为 OFF 时，步进电动机在待机状态下驱动器输出的驱动电流自动减半，当控制器再次有脉冲信号过来时，驱动器的驱动电流会自动恢复正常，这是为了保护电动机。若 SW4 为 ON，则开启 Full current 模式，步进电动机在待机时电流不会自动减半，一直保持全电流。

若将 SW1、SW3 拨到 OFF，SW2 拨到 ON，此时驱动器输出电流 Peak（波形的峰值）为 3.31A，RMS（方均根值）为 2.36A。SW5～SW8 设置步进驱动器细分，如 SW7 为 OFF，其他的均为 ON，此时设置为 4 细分，其所驱动的步进电动机转一圈需要 3200 个脉冲。步进电动机驱动器输出电流设置和细分设定如图 6-38 所示。

XNFDR4

Current Table (Peak=RMS×1.4)

Peak	RMS	SW1	SW2	SW3
1.00A	0.71A	ON	ON	ON
1.46A	1.04A	OFF	ON	ON
1.91A	1.36A	ON	OFF	ON
2.37A	1.69A	OFF	OFF	ON
2.84A	2.03A	ON	ON	OFF
3.31A	2.36A	OFF	ON	OFF
3.76A	2.69A	ON	OFF	OFF
4.20A	3.00A	OFF	OFF	OFF

SW4 OFF=Half Current; ON=Full Current

Pulse/rev Table

Pulse/rev	SW5	SW6	SW7	SW8
400	OFF	ON	ON	ON
800	ON	OFF	ON	ON
1600	OFF	OFF	ON	ON
3200	ON	ON	OFF	ON
6400	OFF	ON	OFF	ON
12 800	ON	OFF	OFF	ON
25 600	OFF	OFF	OFF	ON
1000	ON	ON	ON	OFF
2000	OFF	ON	ON	OFF
4000	ON	OFF	ON	OFF
5000	OFF	OFF	ON	OFF
8000	ON	ON	OFF	OFF
10 000	OFF	ON	OFF	OFF
20 000	ON	OFF	OFF	OFF
40 000	OFF	OFF	OFF	OFF

6-2 步进驱动器细分设定

图 6-38 步进电动机驱动器输出电流设置和细分设定

6.2.2 脉冲输出指令

1. 指令格式及功能

PLSY 指令的助记符、功能和操作数见表 6-3。

表 6-3 PLSY 指令的助记符、功能和操作数

助记符	功能	操作数		
		(S1.) (K、H、KnX、KnY、KnM、KnS、T、C、D、V/Z)	(S2.) (K、H、KnX、KnY、KnM、KnS、T、C、D、V/Z)	(D.) (Y0、Y1 或 Y2)
PLSY (FNC57)	脉冲输出（使用一次）：以 [S1(.)]的频率从[(D.)]送出[(S2.)]个脉冲			

2. 使用说明

1）[(S1.)]：指定脉冲的频率，范围在 2～20kHz。

2）[(S2.)]：指定脉冲的数目。16 位指令对应 1～32 767 个脉冲；32 位指令对应 1～2 147 483 647 个脉冲。若指定的脉冲数为 0，则持续产生脉冲。

3）[(D.)]：指定脉冲输出元件。FX$_{3U}$ PLC 可以用 Y0、Y1 或 Y2。

3. 使用 PLSY 编程时的注意事项

1）脉冲的占空比为 50%，输出控制不受扫描周期的影响，采用中断方式处理。

2）在指令执行过程中，若改变[S1(.)]指定的字元件内容，则输出频率也随之改变。若改变 [(S2.)]指定的字元件内容后，其输出脉冲的数量并不改变，只有驱动断开再一次闭合后才按新设定的脉冲数重新开始计算。

3）设定的脉冲数输出完成后，完成标志 M8029 置 1。

[任务实施]

6.2.3 I/O 分配并确定 PLC 型号

根据剪切机控制要求，PLC 的输入端信号主要有拨码开关 S1～S8、起动按钮 SB1、停止按钮 SB2、脱机控制按钮 SB3；输出端连接步进驱动器的信号主要有脉冲输入端、方向控制端、电动机使能信号输入端、剪切机接触器 KM 等。其 I/O 分配表见表 6-4。

表 6-4 I/O 的分配

输入设备	地址编号	输出设备	地址编号
拨码开关 S1～S8	X0～X7	步进驱动器的脉冲输入端	Y0
起动按钮 SB1	X10	步进驱动器的方向控制端	Y1
停止按钮 SB2	X11	步进驱动器的电动机使能信号输入端	Y2
脱机控制按钮 SB3	X12	剪切机接触器 KM	Y4

由上述可知，该系统需要 11 个输入、4 个输出，由于 Y0 端口输出的是高速脉冲信号，所以选择晶体管输出型 FX$_{3U}$-32MT PLC 即可。

6.2.4 步进电动机的选择

步进电动机的选择主要考虑电动机的功率和步距角。本系统中电动机拖动的是成圈的板材，电动机的功率要求能拖动机械负载，因此选用两相步进电动机，步距角为 1.8°，设置为 4

个细分，所以电动机旋转一周需 800 个脉冲。步进电动机的滚轴周长为 50mm，因此每个脉冲行走 0.0625mm。设通过数字拨码开关设定的剪切长度为 D0mm，步进电动机将板材拖动设定长度所需的脉冲数为 D10 个，则 D10=D0/50×800=16×D0。

6.2.5 系统连接

根据上述要求，PLC、步进驱动器和步进电动机的接线如图 6-39 所示。注意，由于 PLC 采用的是晶体管 NPN 输出型，因此需将步进驱动器的脉冲信号端、方向控制端和释放信号端的正极并联在一起，通过直流电源接到 PLC 输出的公共端 COM1 上，且必须将电源的负极接 COM1 端。

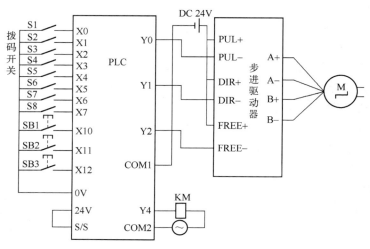

图 6-39 PLC、步进驱动器和步进电动机的接线

6.2.6 程序设计

本程序设计的基本思路是：用拨码开关设置剪切长度（D0）→计算脉冲数（16×D0）→通过 PLSY 指令产生脉冲并送给驱动器，驱动步进电动机拖动板材达到所设定的长度 →M8029 接通，剪切刀动作，剪断板材→1s 后，步进电动机又转动，继续进行剪切→完成加工的数量或按停止按钮时，步进电动机停止工作。剪切机控制程序如图 6-40 所示，其中，D2 是剪切的次数，D4 是总加工数量。

6.2.7 运行和调试

1）按图 6-39 所示将剪切机控制系统的硬件连接起来。
2）用通信电缆将装有 GX Works2 编程软件的计算机的 RS-232 接口与 PLC 的 RS-422 接口相连接。
3）接通 PLC 电源。将 PLC 的工作方式开关扳到"STOP"位置，使 PLC 处于编程状态。
4）用 GX Works2 编程软件输入如图 6-40 所示的程序并写入 PLC 中。
5）运行和调试。将 PLC 的工作方式开关扳到"RUN"位置，根据图 6-39，设置拨码开关后，按下起动按钮 SB1，观察 Y0~Y4 是否得电，步进电动机是否动作。

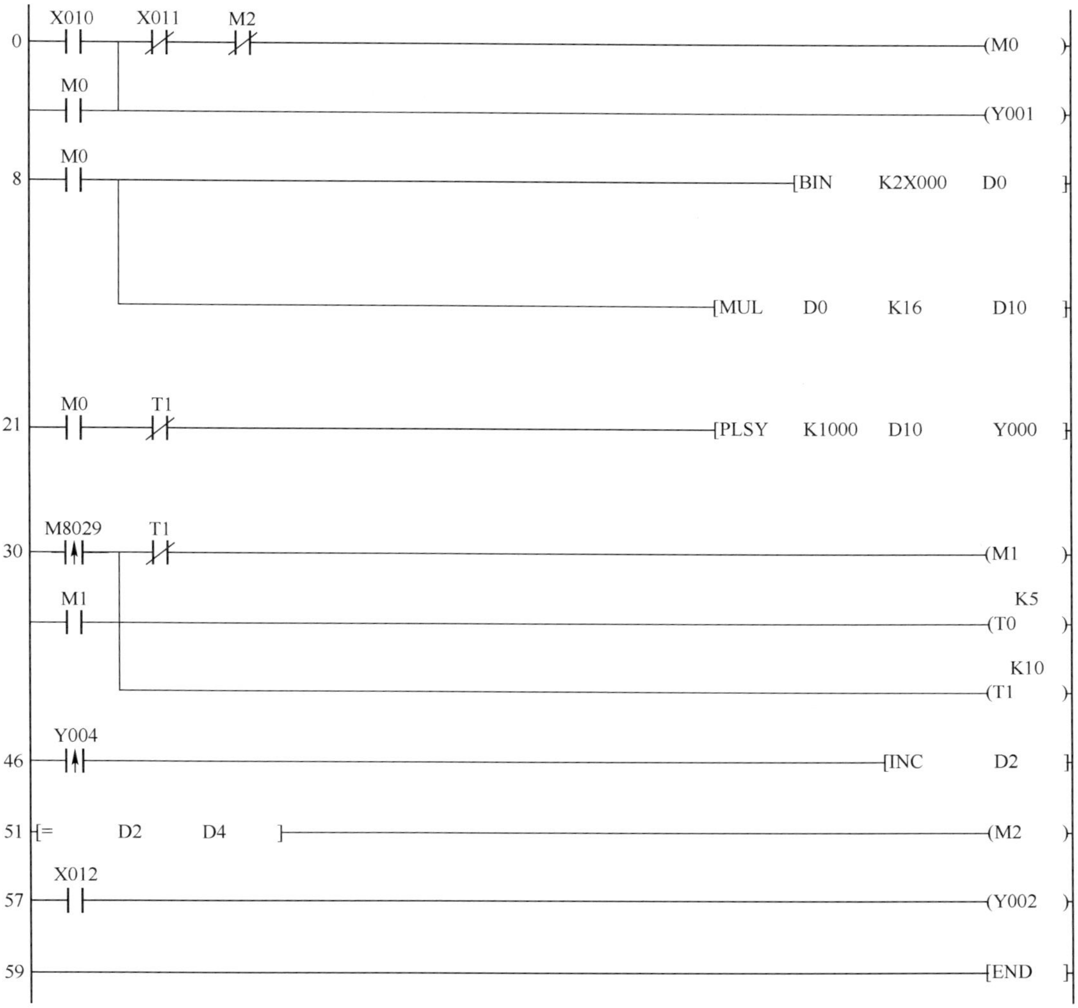

图 6-40 剪切机控制程序

任务 6.3 自动化生产线控制

能力目标：
- 能使用接近传感器、旋转编码器和气动控制元件。
- 能连接供料、加工、装备、输送和分拣等工作单元的硬件。
- 能根据控制要求，设计 PLC 和步进驱动器联动控制程序。
- 能使用变频器，设计 PLC 和变频器联控程序。
- 能根据控制要求，设计各工作单元的程序，并调试。
- 能根据控制要求，设置人机界面，组建通信网络，设计程序。
- 具有解决较复杂问题的能力。

知识目标：
- 自动化生产线供料、加工、装备、输送和分拣等各工作单元的组成、功能及控制要求；

气动控制的特点。
- 接近开关、光电开关、光电传感器等接近传感器、增量式旋转编码器等的特点和电气接口特性。
- 位置控制指令的用法，伺服电动机位置控制的编程序方法。
- 高速计数器的选用、程序编制和调试方法。
- 掌握变频器操作面板使用方法，能设计 PLC 和变频器联控程序。
- 运用步进指令、条件跳转指令、主控指令等，进行各工作单元程序设计的方法。
- 根据全线控制要求，设置人机界面，组建通信网络，设计程序。

[任务导入]

现有一自动化生产线控制系统，包括供料、加工、装备、输送和分拣工作单元。每一工作单元既可自成一个独立的系统，又可整线运行，成为一个机电一体化的系统。各个单元的执行机构以气动执行机构为主，输送单元机械手装置的整体运动则采取步进电动机驱动以实现精密定位的位置控制，该驱动系统具有长行程、多定位点的特点，是一个典型的一维位置控制系统。根据各控制要求，利用 PLC 及外围设备，实现位置、速度的控制。

[基础知识]

6.3.1 自动化生产线教学实训台简介

1. 概述

YL-335B 型自动化生产线教学实训台由安装在铝合金导轨式实训台上的供料单元、加工单元、装配单元、输送单元和分拣单元 5 个单元组成，其外观如图 6-41 所示，俯视图如图 6-42 所示。

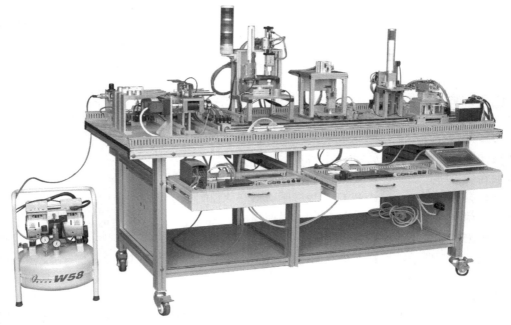

图 6-41 自动化生产线教学实训台的外观

项目 6 PLC 控制系统的工程应用

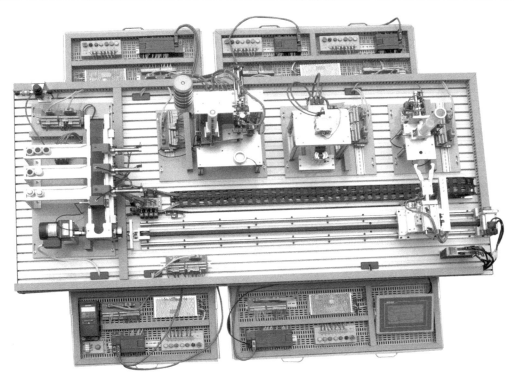

图 6-42 自动化生产线教学实训台的俯视图

其中，每一工作单元都可自成一个独立的系统，同时也都是一个机电一体化的系统。分拣单元的传送带驱动采用了通用变频器驱动三相异步电动机的交流传动装置。使用变频器的位置控制是现代工业企业广泛应用的电气控制技术。

在 YL-335B 型自动生产线设备上应用了多种类型的传感器，分别用于判断物体的运动位置、物体通过的状态、物体的颜色及材质等。传感器技术是机电一体化技术中的关键技术之一。

在控制方面，YL-335B 型自动生产线采用了基于 RS-485 串行通信的 PLC 网络控制方案，即每一工作单元由一台 PLC 承担其控制任务，各 PLC 之间通过 RS-485 串行通信实现互连的分布式控制方式。

每个单元设有起动/停止按钮、指示灯、选择开关。选择开关用于切换工作方式（单站工作或联机工作），起动/停止按钮用于在单站工作方式下发出主令信号，指示灯指示工作状态。

2．自动生产线教学实训台组成

（1）电源和动力元件

外部供电电源为三相五线制 AC 380V/220V，图 6-43 为供电电源模块一次回路的原理图。在图 6-43 中，总电源开关选用 DZ47LE-32/C32 型三相四线漏电开关。系统各主要负载通过自动开关单独供电。其中，变频器电源通过 DZ47C16/3P 三相自动开关供电；各工作站 PLC 均采用 DZ47C5/1P 单相自动开关供电。此外，系统配置了 4 台 DC 24V 6A 开关稳压电源，分别用做供料、加工和分拣单元及输送单元的直流电源。

实训平台气源装置包括空气压缩机、储气罐和气源处理组件。气源处理组件如图 6-44 所示。气源处理组件是气动控制系统中的基本组成器件，它的作用是除去压缩空气中所含的杂质及凝结水，调节并保持恒定的工作压力。在使用时，应注意经常检查过滤器中凝结水的水位，

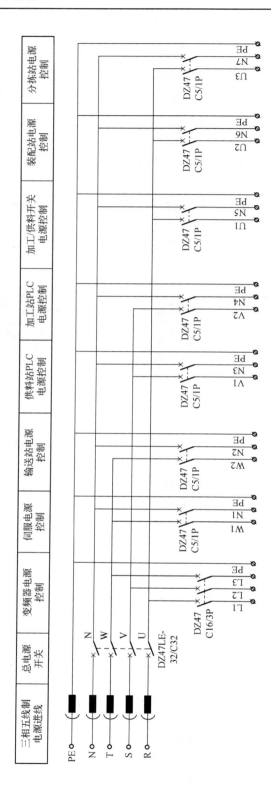

图6-43 供电电源模块一次回路的原理图

在超过最高标线以前,必须排放,以免被重新吸入。气源处理组件的气路入口处安装一个快速气路开关,用于启/闭气源,当把气路开关向左拔出时,气路接通气源;反之,把气路开关向右推入时,气路关闭。

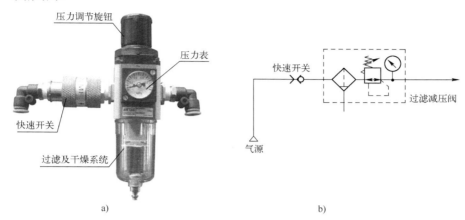

图 6-44 气源处理组件
a) 气源处理组件实物图 b) 气动原理图

气源处理组件输入气源来自空气压缩机,所提供的压力为 0.6~1.0MPa,输出压力为 0~0.8MPa 且可调。输出的压缩空气通过快速三通接头和气管输送到各工作单元。

(2) 执行元件

实训平台大量使用了气动执行机构来传动,部分驱动使用了电动机。

在输送单元中,机械手装置整体运动需要高精度的定位,因此采用交流伺服电动机驱动。在分拣单元中,传送带驱动采用了通用变频器驱动三相异步电动机的交流变频调速,以满足按照位置进行分拣作业的要求。

实训平台使用的气动执行机构主要有双作用直线气缸、薄型气缸、气动手指、气动摆台、导向气缸,这些气动执行机构都配有磁性开关。

(3) 信号测量

实训台各工作单元所使用的传感器都是接近式传感器,如磁感应式接近开关、电感式接近开关、漫反射光电开关和光纤型光电传感器等,它们利用传感器对所接近的物体具有的敏感特性来接近和识别的物体,并输出相应的开关信号,便于判断物体的运动位置、物体通过的状态、物体的颜色及材质等。分拣单元中采用了增量式旋转编码器,直接将其连接到传送带主轴上,以测量工件在传送带上的位置。

(4) 气动控制

以双作用气缸控制为例,气动控制回路如图 6-45 所示。其中,1A 和 2A 分别为推料气缸和顶料气缸;1B1 和 1B2 为安装在推料气缸的两个极限工作位置的磁感应接近开关,2B1 和 2B2 为安装在顶料气缸的两个极限工作位置的磁感应接近开关;1Y1 和 2Y1 分别为控制推料气缸和顶料气缸的电磁阀的电磁控制端。常态下,这两个气缸的初始位置均设定在缩回状态。

气动控制回路的逻辑控制由 PLC 实现。PLC 通过输出端口触点的通断,接通或断开电磁换向阀线圈电流,从而控制压缩空气流向,实现气动执行机构的动作。

(5) 电动机控制

分拣单元传送带的驱动采用交流电动机、变频调速传动,三菱通用系列变频器可以通过外部端子接 PLC 的输出实现多级调速，也可通过接口 RS-485 进行网络控制操作。

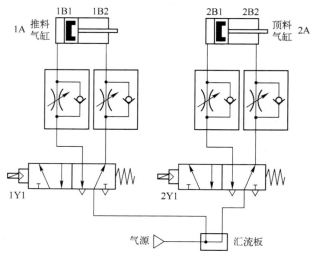

图 6-45　气动控制回路

输送单元机械手装置的整体运动由伺服电动机驱动，是一个典型的一轴位置控制系统。PLC 接 QD75P1 定位模块，经 MR-J3 系列伺服驱动器控制永磁同步交流伺服电动机，实现定位控制、固定进给控制、匀速控制等。

（6）网络控制

实训平台的各个组成单元作为独立设备工作时，每一工作单元由一台 PLC 承担其控制任务，采用了基于 N∶N 网络通信后，构成了互连的分布式控制系统，可实现系统全线自动控制。

6.3.2　供料单元的组成及功能

1. 组成

供料单元由机械部分和电气控制部分组成。图 6-46 所示为供料单元的全貌。

（1）机械组成

机械部分主要由管形料仓、推料气缸、顶料气缸、料仓底座、出料台、支撑架等组成。气动系统包括气源及控制阀组等。

管形料仓存储待加工的工件。待加工工件垂直放在料仓中，可以靠重力自行下降。推料气缸处于料仓的底层，与最下层工件处于同一水平位置，并且活塞杆可以从料仓底座通过，将最下层工件推出到出料台上。顶料气缸位于推料气缸的上一层，活塞杆推出时能够压住或夹紧次下层工件，以阻止供料时工件垂直下降。

（2）电气元件

电气元件主要有：PLC（FX$_{3U}$-32MR）、停止按钮（SB1）、起动按钮（SB2）、急停按钮（QS）和选择开关（SA）、顶料电磁阀（1Y）、推料电磁阀（2Y）、正常工作指示灯（HL1，黄色）、设备运行指示灯（HL2，绿色）、报警指示灯（HL3，红色）和检测传感器。

在管形料仓底层和第 4 层工件位置，分别安装两个漫射式光电传感器（SC3、SC2）。它们的功能是检测料仓中有无储料或储料是否足够。若管形料仓没有待加工工件，则处于底层（SC3）和第 4 层（SC2）位置的两个传感器均为 OFF；若仅在底层起有 3 个工件，则 SC3 为 ON，SC2 为 OFF，表明工件快用完了。这样，这两个光电传感器的信号状态就可反映料仓中有无储料或储料是否足够。

项目 6 PLC 控制系统的工程应用

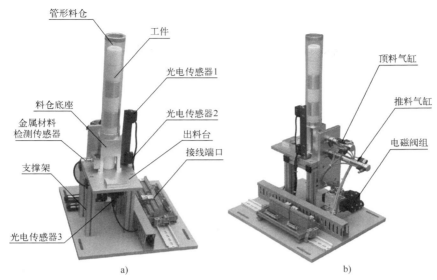

图 6-46 供料单元的全貌
a) 正视图 b) 侧视图

出料台面开有小孔,下面设有一个圆柱形漫射式光电传感器(SC1),工作时向上发出光线,从而透过小孔检测是否有工件存在,以便向系统提供本单元出料台有无工件的信号。在输送单元的控制过程中,可利用该信号状态来判断是否需要驱动机械手装置来抓取此工件。同时,出料台面还设有一个金属材料检测传感器(SC4),可以用于判断工件是否为金属材料。

顶料气缸和推料气缸分别由电磁阀控制,伸出和缩回的位置由磁性开关(1B1、1B2、2B1、2B2)来检测。

2. 基本功能

供料单元是自动生产线教学实训平台中的起始单元,在整个系统中,起着向系统中的其他单元提供原料的作用。其具体的功能是:按照需要将放置在料仓中待加工工件(原料)自动地推出到物料台上,以便输送单元的机械手将其抓取,输送到其他单元上。

6.3.3 冲压加工单元的组成及功能

1. 组成

图 6-47 所示为冲压加工单元的全貌。

(1)机械组成

机械部分主要由滑动机构、气动手指、冲压加工机构、安装板及电磁阀组等组成。

滑动机构包括加工台伸缩气缸、线性导轨及滑块等。

气动手指包括手爪、连接座,其安装在滑动机构上,用于抓取、夹紧工件。由气动手指充当加工台,固定被加工件,在滑动机构驱动下,把工件移动冲压加工机构正下方进行冲压加工。

冲压加工机构主要由冲压气缸、冲压头、安装板等组成,模拟对工件进行冲压加工。当工件到达冲压位置,即伸缩气缸活塞杆缩回到位,冲压气缸伸出,对工件进行加工,完成加工动作后冲压气缸缩回,为下一次冲压做准备。

(2)电气元件

气动手指附近安装一个漫射式光电开关(SC1),检测加工台上有无工件。当加工过程结束后,加工台伸出到初始位置时,PLC 通过通信网络,把加工完成信号返回给生产线,以协调下一步控制。

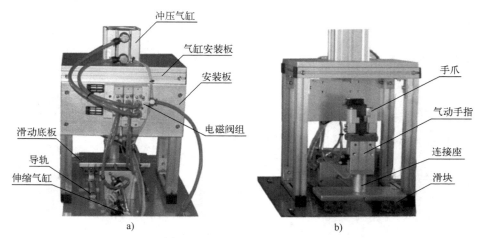

图 6-47 冲压加工单元的全貌
a) 背视图　b) 前视图

加工台伸出和返回到位的位置通过调整伸缩气缸上两个磁性开关（2B1、2B2）的位置定位。冲压加工气缸设有两个极限工作位置的磁感应接近开关（3B1、3B2），气动手指气缸设有夹紧时位置开关（1B1）。

此外，冲压加工单元还包括控制冲压气缸（3Y）、加工台伸缩气缸（2Y）和手爪气缸（1Y）的电磁阀线圈。

2. 基本功能

加工单元的基本功能：把该单元物料台上的工件（工件由输送单元的抓取机械手装置送来）送到冲压机构的下面，完成一次冲压加工动作，然后再送回到物料台上，待输送单元的抓取机械手装置取出。

6.3.4 装配单元的组成及功能

1. 组成

装配单元总装实物图如图 6-48 所示，其主要由管形料仓、供料机构、回转物料台、装配机械手、装配台和多层警示灯等组成。

1）管形料仓用来存放装配用的小圆柱零件，由塑料圆管和中空底座构成。工件竖直放入料仓圆管内，能在重力作用下自由下落。为了能在料仓供料不足和缺料时报警，在塑料圆管底部和底座处分别安装了两个漫反射光电传感器（SC1、SC2）。

2）供料机构是在管形料仓底部的背面安装的两个直线气缸，上面的气缸为顶料气缸，下面的气缸是挡料气缸，这两个气缸均有到位和复位检测（1B1、1B2、2B1、2B2）。

3）回转物料台由摆动气缸驱动料盘旋转 180°，从而把从供料机构落到料盘的工件移动到装配机械手正下方。所配备的两个光电传感器（SC3、SC4）分别用来检测左面和右面料盘是否有零件。

4）装配机械手是整个装配单元的核心，由升降气缸及导杆、伸缩气缸及导杆、气动手指和夹紧器等组成。升降气缸及导杆实现气动手指的竖直方向的移动，伸缩气缸及导杆实现气动手指水平方向的移动。这两个气缸均有到位和复位检测（5B1、5B2、6B1、6B2）。当装配机械手正下方回转物料台的料盘上有小圆柱零件，且装配台侧面的光纤传感器（SC5）检测到装配台上有待装配工件时，机械手从初始状态开始执行装配操作过程。

项目6 PLC控制系统的工程应用

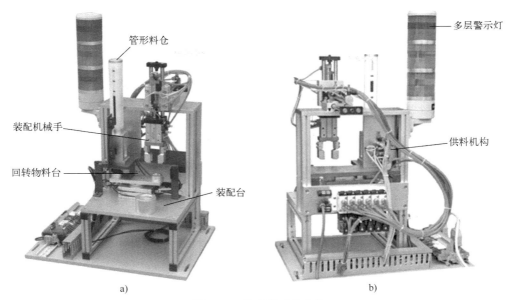

图 6-48 装配单元的全貌
a) 前视图 b) 后视图

5）装配台用于存放输送单元运送来的待装配工件，可以自行定位，并由光纤传感器（SC5）检测。

6）多层警示灯在全线运行中使用。

2．基本功能

装配单元的基本功能：完成将该单元料仓内的黑色或白色小圆柱工件嵌入已加工的工件中的装配过程。

6.3.5 分拣单元的组成及功能

1．组成

图 6-49 所示为分拣单元实物的全貌。其主要由传送带及驱动机构、出料滑槽、推料（分拣）气缸等组成，用来传送已经加工、装配好的工件，并在光纤传感器检测到后进行分拣。

传送带把机械手输送过来加工好的工件进行传输，输送到分拣区。传送带上设导向器，用于纠偏机械手输送过来的工件。三条物料槽分别用于存放加工好的黑色芯工件、白色芯塑料工件或白色芯金属工件。推料（分拣）气缸的伸缩动作可以完成工件的分拣。

传送带驱动机构用于驱动传送带以输送物料，主要由电动机安装支架、三相减速电动机、联轴器等组成。三相交流电动机是传动机构的主要部分，电动机转速的快慢由变频器来控制。

传送带的驱动轴上设置了旋转编码器（用 SC0 表示，接 PLC 的 X0～X2），用于检测传送带的速度或位置。根据分拣单元工作任务要求，在传送带驱动机构中采用了三相交流变频器控制电动机转速，使传送速度可控，并配合旋转编码器实现精确定位。

传送带入料口处设有漫射式光电传感器（SC1），用以检测待分拣的工件是否到位。传送带上设有金属传感器（SC2），用于判断工件是否为金属；设有光纤传感器（SC3），用于判断工件是否为白色。

2．基本功能

分拣单元的功能是完成将上一单元送来的已加工、装配的工件进行分拣，使不同颜色的工

209

件从不同的料槽分流。

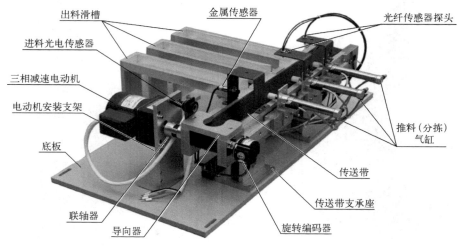

图 6-49 分拣单元的全貌

6.3.6 输送单元的组成及功能

1．组成

输送单元的外观如图 6-50 所示。输送单元由抓取机械手装置、直线运动传动组件、拖链装置、PLC 模块和接线端口、触摸屏系统以及按钮/指示灯模块等部件组成。

1）抓取机械手装置能实现升降、伸缩、气动手爪夹紧/松开和沿垂直轴旋转的 4 个自由度运动，该装置整体安装在直线运动传动组件的滑动溜板上，在传动组件带动下整体做直线往复运动，并定位到其他各工作单元的物料台，然后完成抓取和放下工件的动作。

2）直线运动传动组件由直线导轨、伺服电动机及伺服驱动器、同步轮、同步带、直线导轨、滑动溜板、拖链和原点接近开关、左极限开关、右极限开关组成。伺服电动机由伺服驱动器驱动，通过同步轮和同步带带动滑动溜板沿直线导轨做往复直线运动，从而带动固定在滑动溜板上的抓取机械手装置做往复直线运动。本单元采用了三菱 HF-MP12 交流伺服电动机及 MR-J3-20A 全数字交流永磁同步伺服驱动器，还使用了 QD75P1 定位模块。

3）原点接近开关、左极限开关和右极限开关安装在直线导轨底板上，采用的是无触点的电感式接近传感器，用来提供直线运动的起始点信号和越程故障时的保护信号。

2．基本功能

输出单元中传动机构以直线运动驱动抓取机械手装置到指定单元的物料台上，精确定位后，在该物料台上抓取工件，把抓取到的工件输送到指定地点，然后放下，从而实现传送工件的功能。另外，该单元在网络系统中担任主站的角色，它接收来自触摸屏的系统主令信号，读取网络上各从站的状态信息，综合分析后，向各从站发送控制要求，协调整个系统的工作。

6.3.7 位置控制指令

位置控制指令有相对定位指令 DRVI、绝对定位指令 DRVA、原点回归指令 ZRN 等。

1．DRVI/DRVA 指令

（1）指令格式和功能

DRVI、DRVA 指令的助记符、功能及操作数如表 6-5 所示。

6-4 DRVI、DRVA 指令

项目 6 PLC 控制系统的工程应用

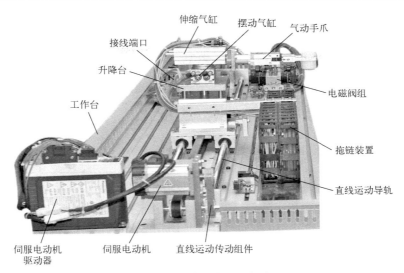

图 6-50 输送单元的全貌

表 6-5 DRVI/DRVA 指令的助记符、功能和操作数

助 记 符	功　　能	操　作　数			
DRVI (FNC158)	相对定位：以相对驱动方式执行单速位置控制	[s1] (K、H)	[s2] (K、H)	(D1.) (Y0、Y1、Y2)	(D2.) (Yn)
DRVA (FNC159)	绝对定位：以绝对驱动方式执行单速位置控制	[s1] (K、H)	[s2] (K、H)	(D1.) (Y0、Y1、Y2)	(D2.) (Yn)

（2）指令说明

1）各操作数含义。

[s1]：输出脉冲数（移动距离），16 位指令时，其值为-32 768～+32 767；32 位指令时，其值为-99 999～+99 999；

[s2]：输出脉冲频率，16 位指令时，其值为 10～32 767Hz；32 位指令时，其值为 10～100 000Hz；

(D1.)：脉冲输出起始地址，仅为 Y0、Y1、Y2；PLC 的输出必须采用晶体管输出型。

(D2.)：旋转方向信号输出起始地址。

对 DRVI 指令来说，若[s1]为正值，方向信号为 ON，则控制电动机正转运行，当前值寄存器递增；若[s1]为负值，方向信号为 OFF，则控制电动机反转运行，当前值寄存器递减。

对 DRVA 指令来说，若[s1]和当前值的差值为正值，方向信号为 ON，则控制电动机正转运行，当前值寄存器递增；若[s1]和当前值的差值为负值，方向信号为 OFF，则控制电动机反转运行，当前值寄存器递减。

2）DRVI 和 DRVA 指令的输出只能应用于高速点，在指令中可以设置脉冲总数、脉冲频率、脉冲的发出点和方向点。

3）DRVA 与 DRVI 的区别。

DRVA 与 DRVI 这两个指令的不同之处在于：DRVA 是绝对记录脉冲式的，它的脉冲总数实际是它要到达的目标值，也就是与各高速点的计数寄存器相匹配。例如，当输入脉冲目标值为 20 000，而高速点的计数寄存器中是 30 000，这时它会朝着反向发出 10 000 个脉冲。而DRVI 指令却不同，它不受高速点计数器中的脉冲坐标值的影响，它会向正方向运行 20 000 个脉冲，因而又称为相对脉冲指令。

(3) 脉冲输出监控（BUSY/READY）标志位

通过脉冲输出监控（BUSY/READY）标志位可以了解脉冲输出端软元件是否正在输出脉冲。脉冲输出端软元件的脉冲输出监控（BUSY/READY）标志位见表 6-6。

表 6-6 脉冲输出端软元件的脉冲输出监控标志位

脉冲输出端软元件	脉冲输出监控（BUSY/READY）标志位	标志位和脉冲输出的状态
Y000	M8340	脉冲输出的状态为 BUSY，则标志位为 ON
Y001	M8350	脉冲停止的状态为 READY，则标志位为 OFF
Y002	M8360	

(4) 定位指令驱动标志位

通过定位指令驱动标志位可以了解针对脉冲输出端软元件的定位指令是否正在执行。为了避免相同脉冲输出端软元件的定位指令同时动作，需使用互锁。定位指令驱动标志位见表 6-7。

表 6-7 定位指令驱动标志位

脉冲输出端软元件	定位指令驱动标志位	标志位和脉冲输出的状态
Y000	M8348	ON：脉冲输出端的定位指令正在驱动（即使指令的执行已经结束，但是如果指令被驱动中，则不能变为 OFF）
Y001	M8358	
Y002	M8368	OFF：脉冲输出端的定位指令没有被驱动

2. ZRN 指令

(1) 指令格式和功能

ZRN 指令的助记符、功能和操作数见表 6-8。

表 6-8 ZRN 指令的助记符、功能和操作数

助记符	功能	操作数			
		[s1] (KnX、KnY、KnM、KnS、T、C、D、R、V、Z、K、H)	[s2] (KnX、KnY、KnM、KnS、T、C、D、R、V、Z、K、H)	[s3] (X、Y、M、S)	(D.) (Y0、Y1、Y2)
ZRN (FNC156)	原点回归：用于上电或初始运行时，搜索和记录原点位置信息				

(2) 说明

1) 各操作数含义。

[s1]：指定原点回归时的速度，16 位指令时，其值为 10～+32 767Hz；32 位指令时，对 FX$_{3U}$ PLC（晶体管输出）时，其值为 10～100 000Hz；FX$_{3U}$ PLC 带高速输出特殊适配器时，其值为 10～200 000（Hz）；

[s2]：指定爬行速度，其值为 10～32 767（Hz）；

[s3]：指定近原点信号输入的软元件编号。

(D.)：指定脉冲输出的元件编号，用于指定基本单元的晶体管输出为 Y0、Y1、Y2。

2) 使用注意事项。

- 原点回归指令要求提供一个近原点的信号，原点回归动作须从近原点信号的前端开始，以指定的原点回归速度开始移动；当近原点信号由 OFF 变为 ON 时，减速到爬行速度；最后，当近原点信号由 ON 变为 OFF 时，在停止脉冲输出的同时，使当前寄存器（Y000：[D8341, D8340]，Y001：[D8351, D8350]，Y002：[D8361, D8360]）清零。
- 回归动作须从近原点信号的前端开始，当前值寄存器数值将向减少的方向动作。

- 若在指令执行过程中，指令驱动的触点变为 OFF 时，将减速停止，此时执行完成标志 M8029 不动作。且在脉冲输出标志（Y000：[M8340]，Y001：[M8350]，Y002：[M8360]）处于 ON 时，将不接受指令的再次驱动。仅当原点回归过程完成，执行完成标志 M8029 动作的同时，脉冲输出标志才变为 OFF。

[任务实施]

6.3.8 供料单元的控制及实施

1．控制要求

供料单元控制过程是：首先，顶料气缸的活塞杆推出，顶紧次下层工件；然后推料气缸活动杆推出，从而把最下层工件推到物料台上；推料气缸返回、从料仓底座抽出后，再使顶料气缸返回，松开次下层工件。这样，料仓中的工件在重力的作用下，就自动向下移动一层，为下一次供料做好准备。

供料单元作为独立设备运行时，工作方式选择开关应置于"单站方式"位置。主令控制信号来自起动/停止按钮，指示灯显示工作状态。具体控制要求如下：

1）设备上电和气源接通后，若工作单元的两个气缸满足初始位置要求，且料仓内有足够的待加工工件，则"正常工作"指示灯 HL1 常亮，表示设备准备好。否则，该指示灯以 1Hz 频率闪烁。

2）若设备准备好，按下起动按钮，工作单元起动，"设备运行"指示灯 HL2 常亮。起动后，若出料台上没有工件，则应把工件推到出料台上。出料台上的工件被人工取出后，若没有停止信号，则进行下一次推出工件的操作。

3）若在运行中按下停止按钮，则在完成本工作周期任务后，各工作单元停止工作，HL2 指示灯熄灭。

4）若在运行中料仓内工件不足，则工作单元继续工作，但"正常工作"指示灯 HL1 以 1Hz 的频率闪烁，"设备运行"指示灯 HL2 保持常亮。若料仓内没有工件，则 HL1 指示灯和 HL2 指示灯均以 2Hz 频率闪烁。工作站在完成本周期任务后停止。除非向料仓补充足够的工件，否则工作站不能再起动。

2．I/O 分配和接线图

供料单元 PLC 的 I/O 分配见表 6-9 所示，I/O 接线图如图 6-51 所示。

表 6-9 供料单元 PLC 的 I/O 分配

输 入 设 备	输入软元件编号	输 出 设 备	输出软元件编号
顶料气缸伸出到位检测开关（1B1）	X0	顶料电磁阀（1Y）	Y0
顶料气缸缩回到位检测开关（1B2）	X1	推料电磁阀（2Y）	Y1
推料气缸伸出到位检测开关（2B1）	X2	正常工作指示灯（HL1，黄色）	Y10
推料气缸缩回到位检测开关（2B2）	X3	设备运行指示灯（HL2，绿色）	Y11
出料台物料检测开关（SC1）	X4	报警指示灯（HL3，红色）	Y12
供料不足检测开关（SC2）	X5		
缺料检测开关（SC3）	X6		
金属工件检测开关（SC4）	X7		
停止按钮（SB1）	X12		
起动按钮（SB2）	X13		
急停按钮（QS）	X14		
选择开关（SA）	X15		

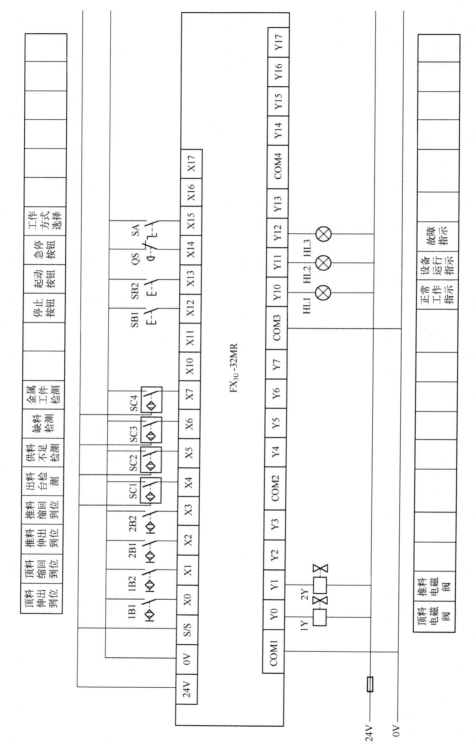

图6-51 供料单元PLC的I/O接线图

3. 控制程序设计

根据控制要求，控制供料部分的 SFC 程序如图 6-52 所示。此 SFC 程序仅是控制供料部分的程序，需要在梯形图程序中补充起动按钮按下时引导 S0 和停止按钮触发 M11 置 ON 的语句。图 6-52 所对应的梯形图如图 6-53 所示。

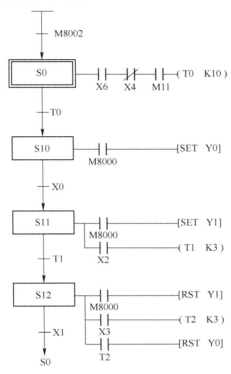

图 6-52 控制供料部分的 SFC 程序图

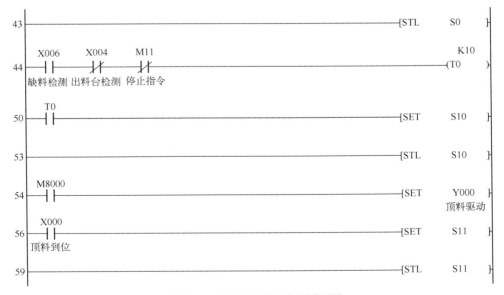

图 6-53 图 6-52 所对应的梯形图

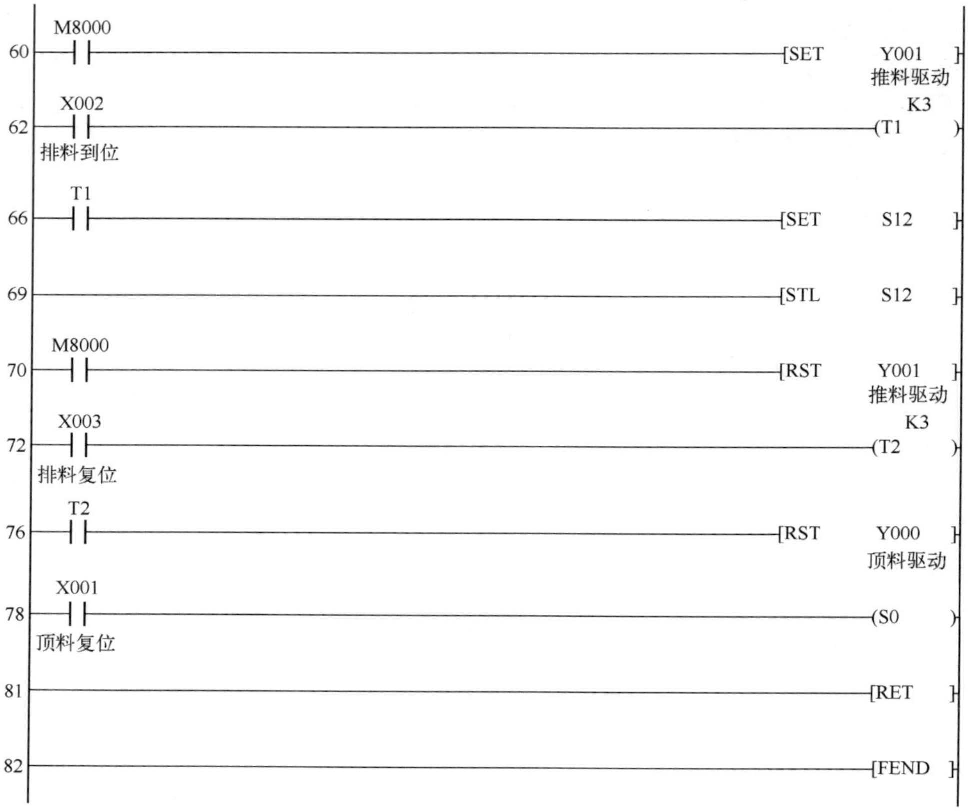

```
     M8000
60───┤├─────────────────────────────[SET    Y001
                                            推料驱动
     X002                                    K3
62───┤├─────────────────────────────(T1    )
     排料到位
     T1
66───┤├─────────────────────────────[SET    S12  ]

69──────────────────────────────────[STL    S12  ]

     M8000
70───┤├─────────────────────────────[RST    Y001
                                            推料驱动
     X003                                    K3
72───┤├─────────────────────────────(T2    )
     排料复位
     T2
76───┤├─────────────────────────────[RST    Y000
                                            顶料驱动
     X001
78───┤├─────────────────────────────(S0   )
     顶料复位

81──────────────────────────────────[RET  ]

82──────────────────────────────────[FEND ]
```

图 6-53　图 6-52 所对应的梯形图（续）

6.3.9　冲压加工单元的控制及实施

1．控制要求

冲压加工单元作为独立设备运行时，工作方式选择开关应置于"单站方式"位置。具体控制要求如下：

1）上电和气源接通后，若各气缸满足初始位置要求，则"正常工作"指示灯 HL1 常亮，表示设备准备好。否则，该指示灯以 1Hz 的频率闪烁。

2）若设备准备好，按下起动按钮，设备起动，"设备运行"指示灯 HL2 常亮。当待加工工件送到加工台上并被检出后，设备执行将工件夹紧，送往加工区域冲压，完成冲压动作后返回待料位置的工件加工工序。如果没有停止信号输入，当再有待加工工件送到加工台上时，加工单元又开始下一周期的工作。

3）在工作过程中，若按下停止按钮，加工单元在完成本周期的动作后停止工作，HL2 指示灯熄灭。

4）当待加工工件被检出而加工过程开始后，如果按下急停按钮，本单元所有机构应立即停止运行，HL2 指示灯以 1Hz 频率闪烁。急停按钮复位后，设备从急停前的断点开始继续运行。

2．I/O 分配和接线图

冲压加工单元 PLC 加工单元 PLC 的 I/O 分配见表 6-10，I/O 接线图如图 6-54 所示。

项目 6　PLC 控制系统的工程应用

表 6-10　冲压加工单元 PLC 的 I/O 分配

输入设备	输入软元件编号	输出设备	输出软元件编号
加工台物料检测开关（SC1）	X0	夹紧电磁阀（1Y）	Y0
工件夹紧检测开关（1B1）	X1	料台伸缩电磁阀（2Y）	Y2
加工台伸出到位检测开关（2B1）	X2	冲压电磁阀（3Y）	Y3
加工台缩回到位检测开关（2B2）	X3	正常工作指示灯（HL1，黄色）	Y7
冲压上限检测开关（3B1）	X4	设备运行指示灯（HL2，绿色）	Y10
冲压下限检测开关（3B2）	X5	报警指示灯（HL3，红色）	Y11
停止按钮（SB1）	X12		
起动按钮（SB2）	X13		
急停按钮（QS）	X14		
选择开关（SA）	X15		

3．控制程序设计

加工单元的工作流程与供料单元的类似，也是 PLC 上电后首先进入初始状态检查阶段，确认系统已经准备就绪后才允许接收起动信号并投入运行。但加工单元的工作任务中增加了急停功能。为了使急停发生后系统停止工作而状态保持，以便急停复位后能从急停前的断点开始继续运行，可用条件跳转指令 CJ 实现。急停信号处理的程序如图 6-55 所示。

6.3.10　装配单元的控制及实施

1．控制要求

装配单元作为独立设备运行时，工作方式选择开关应置于"单站方式"位置。具体控制要求如下：

1）装配单元在初始时各气缸所处的位置为：挡料气缸处于伸出状态，顶料气缸处于缩回状态，料仓上有足够的小圆柱零件；装配机械手的升降气缸处于提升状态，伸缩气缸处于缩回状态，气爪处于松开状态。设备上电和气源接通后，若各气缸满足初始位置要求，料仓上已经有足够的小圆柱零件，工件装配台上没有待装配工件，则"正常工作"指示灯 HL1 常亮，表示设备准备好；否则，该指示灯以 1Hz 频率闪烁。

2）若设备准备好，按下起动按钮，装配单元起动，"设备运行"指示灯 HL2 常亮。如果回转台上的左料盘内没有小圆柱零件，则执行下料操作；如果左料盘内有零件，而右料盘内没有零件，则执行回转台回转操作。

3）如果回转台上的右料盘内有小圆柱零件且装配台上有待装配工件，则执行装配机械手抓取小圆柱零件，放入待装配工件中的控制。

4）完成装配任务后，装配机械手应返回初始位置，等待下一次装配。

5）若在运行过程中按下停止按钮，则供料机构应立即停止供料，在装配条件满足的情况下，装配单元在完成本次装配后停止工作。

6）在运行中发生"零件不足"报警时，指示灯 HL3 以 1Hz 的频率闪烁，HL1 和 HL2 灯常亮；在运行中发生"零件没有"报警时，指示灯 HL3 以亮 1s、灭 0.5s 的方式闪烁，HL2 熄灭，HL1 常亮。

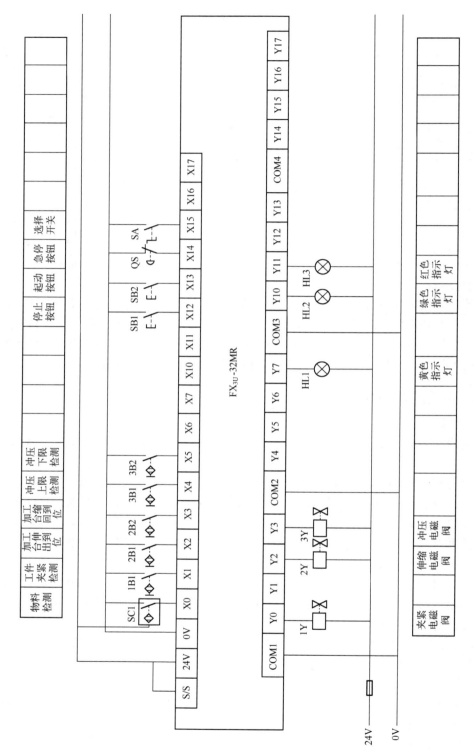

图6-54 冲压加工单元PLC的I/O接线图

项目 6　PLC 控制系统的工程应用

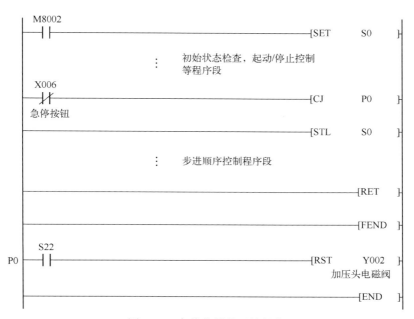

图 6-55　急停信号处理的程序

2. I/O 分配和接线图

装配单元 PLC 的 I/O 点较多，这里选用 FX_{3U}-48MR，输入点 24 个、输出点 24 个，继电器输出。装配单元 PLC 的 I/O 分配见表 6-11，I/O 接线图如图 6-56 所示。

表 6-11　装配单元 PLC 的 I/O 分配

输入设备	输入软元件编号	输出设备	输出软元件编号
零件不足检测开关（SC1）	X0	顶料电磁阀（1Y）	Y0
零件有无检测开关（SC2）	X1	挡料电磁阀（2Y）	Y1
左料盘零件检测开关（SC3）	X2	回转电磁阀（3Y）	Y2
右料盘零件检测开关（SC4）	X3	手爪夹紧电磁阀（4Y）	Y3
装配台工件检测开关（SC5）	X4	手爪下降电磁阀（5Y）	Y4
顶料到位检测开关（1B1）	X5	手臂伸出电磁阀（6Y）	Y5
顶料复位检测开关（1B2）	X6	多层红色警示灯（HL11）	Y6
挡料状态检测开关（2B1）	X7	多层黄色警示灯（HL12）	Y7
落料状态检测开关（2B2）	X10	多层绿色警示灯（HL13）	Y10
摆动气缸左限检测开关（3B1）	X11	正常工作指示灯（HL1，黄色）	Y15
摆动气缸右限检测开关（3B2）	X12	设备运行指示灯（HL2，绿色）	Y16
手爪夹紧检测开关（4B）	X13	报警指示灯（HL3，红色）	Y17
手爪下降到位检测开关（5B1）	X14		
手爪上升到位检测开关（5B2）	X15		
手臂缩回到位检测开关（6B1）	X16		
手臂伸出到位检测开关（6B2）	X17		
停止按钮（SB1）	X24		
起动按钮（SB2）	X25		
急停按钮（QS）	X26		
选择开关（SA）	X27		

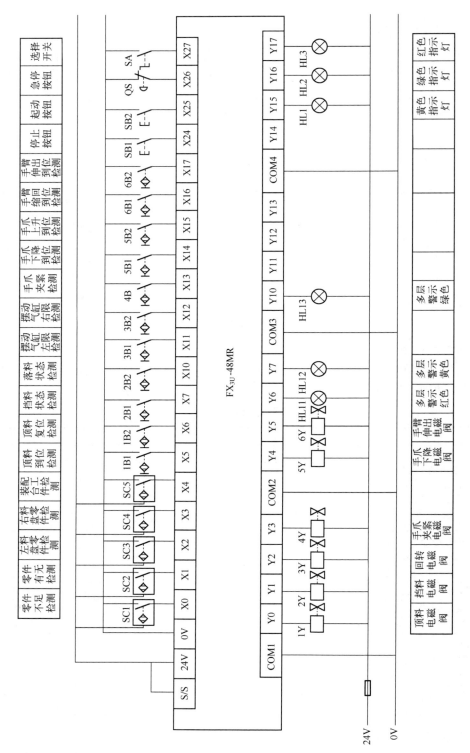

图6-56 装配单元PLC的I/O接线图

3. 控制程序设计

程序设计的思路如下：

1) 进入运行状态后，装配单元的工作过程包括两个相互独立的子过程，一个是供料过程，另一个是装配过程。

① 供料过程。通过供料机构的操作，使料仓中的小圆柱零件落到回转物料台左边料盘上；然后回转物料台转动，使装有零件的料盘转移到右边，以便装配机械手抓取零件。

② 装配过程。当装配台上有待装配工件且装配机械手下方有小圆柱零件时，进行装配操作。

在主程序中，当初始状态检查结束，确认装配单元准备就绪，按下起动按钮进入运行状态后，应同时调用供料控制和装配控制两个程序，如图 6-57 所示。

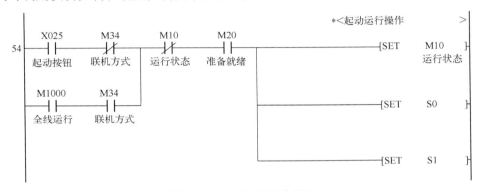

图 6-57 起动运行操作程序

2) 供料控制过程包含两个互相联锁的过程，即落料控制过程和摆台转动控制的过程。在小圆柱零件从料仓下落到左料盘的过程中，禁止回转物料台转动；反之，在回转物料台转动过程中，禁止打开管形料仓落料。

实现联锁的方法是：当回转物料台的左限位或右限位开关动作且左料盘没有料时，经定时确认后，开始落料过程；当挡料气缸伸出到位，使管形料仓关闭、左料盘有物料而右料盘为空时，经定时确认后，回转物料台开始转动，直到达到限位位置。

3) 供料控制过程的落料控制和装配控制过程都是单向流程控制。

4) 停止运行。有两种情况，一种情况是在运行中按下停止按钮，停止指令被置位；另一种情况是当料仓中最后一个零件落下时，检测物料有无的传感器（SC2）动作，将发出缺料报警。

对于供料过程控制，上述两种情况均应将管形料仓关闭、顶料气缸复位到位，即返回到初始步后再停止下次落料，并复位落料初始步。对于回转物料台转动控制，一旦停止指令发出，应立即停止回转物料台转动。

对于装配控制，上述两种情况也应在一次装配中完成，装配机械手返回到初始位置后停止。仅当供料机构和装配机械手均返回到初始位置，才能复位运行状态标志和停止指令。停止运行的操作应在主程序中编制，其程序如图 6-58 所示。

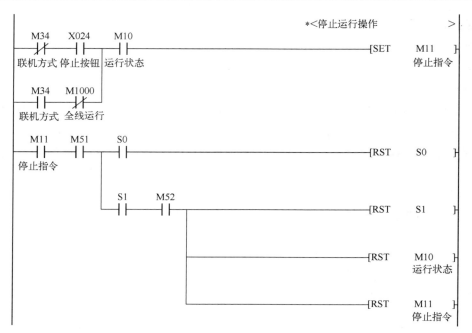

图 6-58 停止运行操作的程序

6.3.11 分拣单元的控制及实施

1. 控制要求

分拣单元的工作目标是完成对白色金属工件、白色芯塑料工件、黑色芯的金属或塑料工件进行分拣。为了在分拣时准确推出工件，要求使用旋转编码器做定位检测，并且工作材料和芯体颜色属性应在推料前的适当位置被检测出来。

分拣单元作为独立设备运行时，工作方式选择开关应置于"单站方式"位置。具体控制要求如下：

1）初始状态：设备上电和气源接通后，若工作单元的三个气缸满足初始位置要求，则"正常工作"指示灯 HL1 常亮，表示设备准备好。否则，该指示灯以 1Hz 频率闪烁。

2）若设备准备好，按下起动按钮，系统起动，"设备运行"指示灯 HL2 常亮。当传送带入料口人工放下已装配的工件时，变频器立即起动，驱动传动电动机以频率为 30Hz 的速度，把工件带往分拣区。

3）如果金属工件上的小圆柱工件为白色，则该工件被送达 1 号滑槽中间，传送带停止，工件被推到 1 号槽中；如果塑料工件上的小圆柱工件为白色，则该工件被送达 2 号滑槽中间，传送带停止，工件被推到 2 号槽中；如果工件上的小圆柱工件为黑色，则该工件被送达 3 号滑槽中间，传送带停止，工件被推到 3 号槽中。工件被推出滑槽后，该工作单元的一个工作周期结束。

4）仅当工件被推出滑槽后，才能再次向传送带下料。

5）如果在运行期间按下停止按钮，该工作单元在本工作周期结束后停止运行。

2. I/O 分配和接线图

分拣单元 PLC 的 I/O 分配见表 6-12，I/O 接线图如图 6-59 所示。

表 6-12 分拣单元 PLC 的 I/O 分配

输 入 设 备	输入软元件编号	输 出 设 备	输出软元件编号
旋转编码器 B 相	X0	变频器 STF	Y0
旋转编码器 A 相	X1	变频器 RH	Y1
旋转编码器 Z 相	X2	推杆 1 电磁阀（1Y）	Y4
进料口工件检测开关（SC1）	X3	推杆 2 电磁阀（2Y）	Y5
金属传感器（SC2）	X4	推杆 3 电磁阀（3Y）	Y6
光纤传感器（SC3）	X5	正常工作指示灯（HL1，黄色）	Y7
推杆 1 推出到位检测开关（1B1）	X7	设备运行指示灯（HL2，绿色）	Y10
推杆 2 推出到位检测开关（2B1）	X10	报警指示灯（HL3，红色）	Y11
推杆 3 推出到位检测开关（3B1）	X11		
停止按钮（SB1）	X12		
起动按钮（SB2）	X13		
急停按钮（QS）	X14		
选择开关（SA）	X15		

3．传送带位置的确定

计算工件在传送带上的位置时，需确定每两个脉冲之间的距离，即脉冲当量。分拣单元主动轴的直径 d=43mm，则减速电动机每旋转一周，皮带上工件移动距离 $L=\pi \cdot d \approx$ 3.14×43mm=135。故脉冲当量 $\mu = L/500\text{mm} \approx 0.27\text{mm}$。按如图 6-60 所示的安装尺寸，当工件从下料口中心线移至传感器中心时，旋转编码器发出约 430 个脉冲；移至第一个推杆中心点时，发出约 614 个脉冲；移至第二个推杆中心点时，发出约 963 个脉冲；移至第三个推杆中心点时，发出约 1284 个脉冲。

4．控制程序设计

（1）高速计数器编程

分拣单元使用了一种具有 A、B 两相和 90°相位差的通用型旋转编码器，用于计算工件在传送带上的位置。编码器直接连接到传送带主动轴上。该旋转编码器的三相脉冲采用 NPN 型集电极开路输出，分辨率 500 线，工作电源 DC 12～24V。本工作单元没有使用 Z 相脉冲，A、B 两相输出端直接连接到 PLC（FX$_{3U}$-32MR）的高速计数器输入端。因此，可选用调速计数器 C251。这时编程器的 A、B 两相脉冲输出端应连接到 X000、X001 点，在程序中可直接使用相对应的调速计数器进行编程。

下面以现场测试旋转编码器的脉冲当量为例，说明高速计数器的一般使用方法。

在仔细调整电动机与主动轴联轴的同心度和传送带的张紧度后，将变频器参数设置为：Pr.79=2（固定的外部运行模式），Pr.4=25Hz（高速段运行频率设定值），编写图 6-61 所示的程序，编译后传送到 PLC。

在监控方式运行 PLC 程序，记录工件传送的距离和 C251 的读数，计算脉冲当量 μ = 工件移动距离/高速计数器脉冲数，填写到表 6-13 中，最后求出脉冲当量 μ 的平均值：$\mu = (\mu_1+\mu_2+\mu_3)/3=0.2576$。

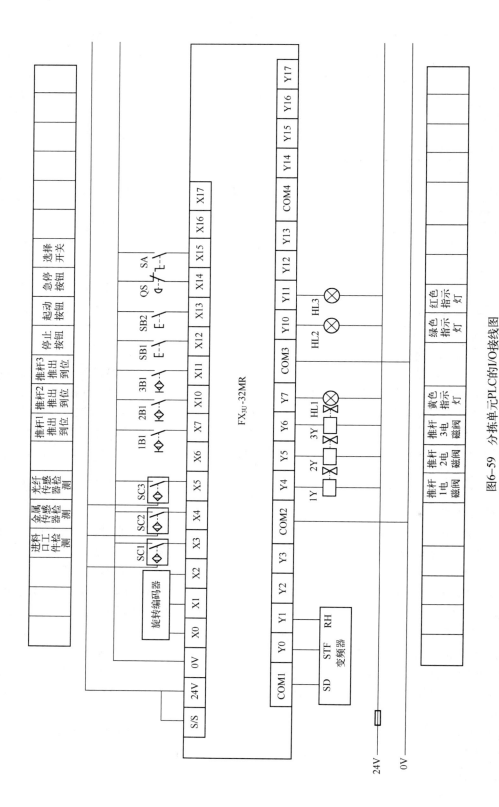

图6-59 分拣单元PLC的I/O接线图

项目 6 PLC 控制系统的工程应用

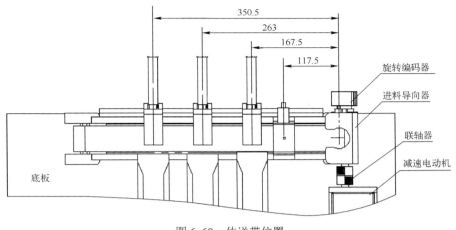

图 6-60 传送带位置

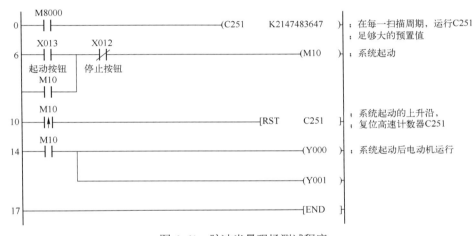

图 6-61 脉冲当量现场测试程序

表 6-13 脉冲当量现场测试数据

序 号	项 目		
	工件移动距离 （测量值）	高速计数脉冲数 （测试值）	脉冲当量 μ （计算值）
第 1 次	357.8	1391	0.2571
第 2 次	358.0	1392	0.2571
第 3 次	360.5	1394	0.2586

按如图 6-60 所示的安装尺寸重新计算旋转编码器到各位置应发出的脉冲数：当工件从下料口中心线移至传感器中心时，旋转编码器发出 456 个脉冲；移至第一个推杆中心点时，发出 650 个脉冲；移至第二个推杆中心点时，发出约 1021 个脉冲；移至第三个推杆中心点时，发出约 1361 个脉冲。

据此确定出特定位置分流操作的判定依据为：工件属性判别位置应稍后于进料口到传感器中心位置，故取脉冲数为 470，存储在 D110 单元中（双整数）；从位置 1 推出的工件，停车位置应稍前于进料口到推杆 1 的位置，取脉冲数为 600，存储在 D114 单元中；从位置 2 推出的工件，停车位置应稍前于进料口到推杆 2 的位置，取脉冲数为 970，存储在 D118 单元中；从位置 3

225

推出的工件，停车位置应稍前于进料口到推杆3的位置，取脉冲数为1325，存储在D122单元中。

注意：特定位置数据均从进料口开始计算，因此，每当待分拣工件下料到进料口，电动机开始起动时，必须对C251的当前值进行一次复位（清零）操作。

（2）程序结构

1）分拣控制：分拣单元的主要工作过程是分拣控制。上电后，首先进行初始状态的检查，确认系统准备就绪后，按下起动按钮，进入运行状态，才开始分拣过程的控制。初始状态检查的程序流程与前面供料、加工等单元的类似，但特定位置数据，须在上电第1个扫描周期写到相应的数据存储器中。

系统进入运行状态后，应随时检查是否有停止按钮按下。若停止指令已经发出，系统则在完成一个工作周期回到初始步时，复位运行状态和初始步，并停止运行。

2）步进顺控程序：分拣过程是一个步进顺控程序，其编程思路如下：

① 当检测到待分拣工件下料到进料口后，复位高速计数器C251，并以固定频率起动变频器驱动电动机运转。

② 当工件经过安装传感器支架上的光纤探头和电感式传感器时，根据两个传感器动作与否，判别工件的属性，决定程序的流向。

C251当前值与传感器位置值的比较可采用触点比较指令实现。完成上述功能的梯形图如图6-62和图6-63所示。

图6-62 分拣控制的初始程序

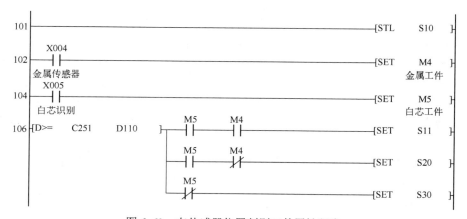

图6-63 在传感器位置判别工件属性程序

③ 根据工件属性和分拣任务要求,在相应的推料气缸位置把工件推出。推料气缸返回后,步进顺控子程序返回初始步。

6.3.12 输送单元的控制及实施

1. 控制要求

输送单元单站运行的目的是测试设备传送工件的功能。要求其他各工作单元已经就位,并且在供料单元的出料台上放置了工件。具体控制工艺过程如下。

(1) 起动和复位

输送单元在通电后,按下复位按钮 SB2,执行复位操作,使抓取机械手装置回到原点位置。在复位过程中,"正常工作"指示灯 HL1 以 1Hz 的频率闪烁。

若抓取机械手装置回到原点位置,且输送单元各个气缸满足初始位置的要求,则复位完成,"正常工作"指示灯 HL1 常亮。按下起动按钮 SB1,设备起动,"设备运行"指示灯 HL2 也常亮,开始功能测试过程。

(2) 输送操作

1) 抓取机械手装置从供料站出料台抓取工件,抓取的顺序是:手臂伸出→手爪夹紧抓取工件→提升台上升→手臂缩回。

2) 抓取动作完成后,伺服电动机驱动机械手装置向加工站移动,移动速度不小于 300mm/s。

3) 机械手装置移动到加工站物料台的正前方后,即把工件放到加工站物料台上。抓取机械手装置在加工站放下工件的顺序是:手臂伸出→提升台下降→手爪松开放下工件→手臂缩回。

4) 放下工件动作完成 2s 后,抓取机械手装置执行抓取加工站工件的操作。抓取的顺序与供料站抓取工件的顺序相同。

5) 抓取动作完成后,伺服电动机驱动机械手装置移动到装配站物料台的正前方,然后把工件放到装配站物料台上。其动作顺序与加工站放下工件的顺序相同。

6) 放下工件动作完成 2s 后,抓取机械手装置执行装配站工件抓取的操作。抓取的顺序与供料站抓取工件的顺序相同。

7) 机械手手臂缩回后,摆台逆时针旋转 90°,伺服电动机驱动机械手装置从装配站向分拣站运送工件,到达分拣站传送带上方入料口后,把工件放下,动作顺序与加工站放下工件的顺序相同。

8) 放下工件的动作完成后,机械手手臂缩回,然后执行返回原点的操作。伺服电动机驱动机械手装置以 400mm/s 的速度返回,返回 900mm 后,摆台顺时针旋转 90°,然后以 100mm/s 的速度低速返回原点后停止。

当抓取机械手装置返回原点后,一个测试周期结束。当供料单元的出料台上放置了工件时,再按一次起动按钮 SB1,开始新一轮的测试。

(3) 急停处理

若在工作过程中按下急停按钮,则系统立即停止运行。在急停复位后,应从急停前的断点开始继续运行。但是,若急停按钮按下时输送单元机械手装置正在向某一目标点移动,则急停复位后输送单元机械手装置应首先返回原点位置,然后再向目标点运动。

在急停状态,绿色指示灯以 1Hz 频率闪烁,直到急停复位且恢复正常运行时恢复。

2. I/O 分配和接线图

PLC 为 FX$_{3U}$-48MT,共 24 点输入、24 点晶体管输出。输送单元 PLC 的 I/O 分配见表 6-14,I/O 接线图如图 6-64 所示。

表 6-14 输送单元 PLC 的 I/O 分配

输 入 设 备	输入软元件编号	输 出 设 备	输出软元件编号
原点开关检测(SC1)	X0	脉冲(PULS)	Y0
右限位保护开关(SQ1)	X1	方向(DIR)	Y2
左限位保护开关(SQ2)	X2	提升台上升电磁阀(1Y)	Y4
提升机构下限检测开关(1B1)	X3	手臂左转驱动电磁阀(2Y1)	Y5
提升机构上限检测开关(1B2)	X4	手臂右转驱动电磁阀(2Y2)	Y6
手臂旋转左限检测开关(2B1)	X5	手爪伸出驱动电磁阀(3Y)	Y7
手臂旋转右限检测开关(2B2)	X6	手爪夹紧驱动电磁阀(4Y1)	Y10
手臂伸出到位检测开关(3B1)	X7	手爪放松驱动电磁阀(4Y2)	Y11
手臂缩回到位检测开关(3B2)	X10	报警指示灯(HL1)	Y25
手指夹紧检测开关(4B)	X11	运行指示灯(HL2)	Y26
伺服报警信号(ALM)	X12	停止指示灯(HL3)	Y27
复位按钮(SB2)	X24		
起动按钮(SB1)	X25		
急停按钮(QS)	X26		
选择开关(SA)	X27		

注意:左右两个极限开关 SQ2 和 SQ1 的常闭触点分别连接到输入接口 X002 和 X001,给 PLC 提供越程故障信号,同时,其常开触点必须连接到伺服驱动器控制端口的 POTB 和 NOTB,作为联锁保护(如图 6-64 所示),目的是防范由于程序错误引起越程故障而造成设备损坏。

3. 控制程序设计

(1)主程序编写的思路

从前面所述的输送单元控制要求可以看出,整个功能测试过程包括上电后复位、传送功能测试、紧急停止处理和状态指示等部分,传送功能测试是一个步进顺序控制过程,在子程序中可采用步进指令驱动实现。

紧急停止处理过程需要编写一个子程序单独处理。急停按钮动作,输送站立即停止工作;急停按钮复位后,如果之前机械手处于运行过程中,须让机械手首先返回原点,归零完成后,重新执行急停前的指令。为了实现上面的功能,需要主控指令配合(MC,MCR)。

输送单元控制程序的关键点是伺服电动机的定位控制,本程序采用 FX$_{3U}$ 绝对位置控制指令来定位,因此需要知道各工位的绝对位置脉冲数。本单元中伺服电动机运行的各工位绝对位置见表 6-15。

项目 6 PLC 控制系统的工程应用

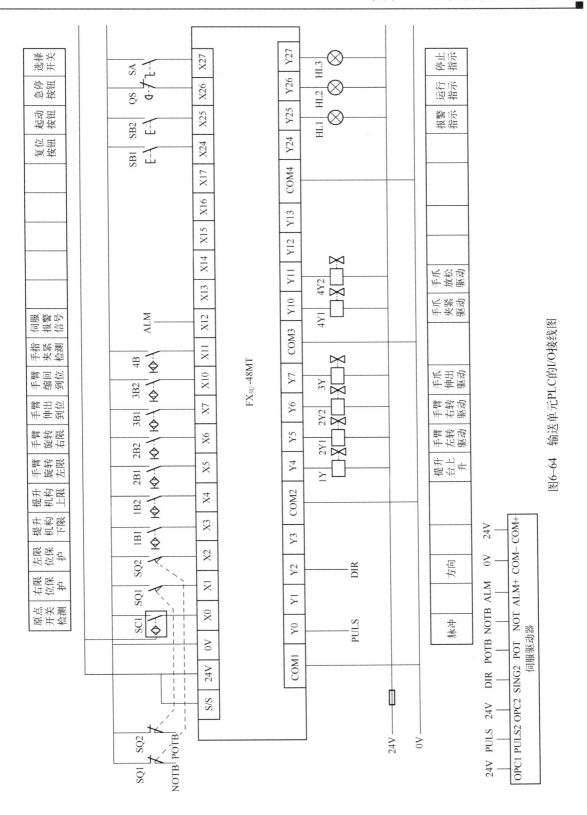

图 6-64 输送单元 PLC 的 I/O 接线图

表 6-15 伺服电动机运行的各工位绝对位置

序 号	站 点	脉 冲 量	移动方向
0	低速回零（ZRN）		
1	ZRN（零位）→供料站 22mm	2200	
2	供料站→加工站 430mm	43 000	DIR
3	供料站→装配站 780mm	78 000	DIR
4	供料站→分拣站 1040mm	104 000	DIR

综上所述，本单元主程序应包括上电初始化、复位过程（子程序）、准备就绪后投入运行等阶段。主程序梯形图如图 6-65 所示。

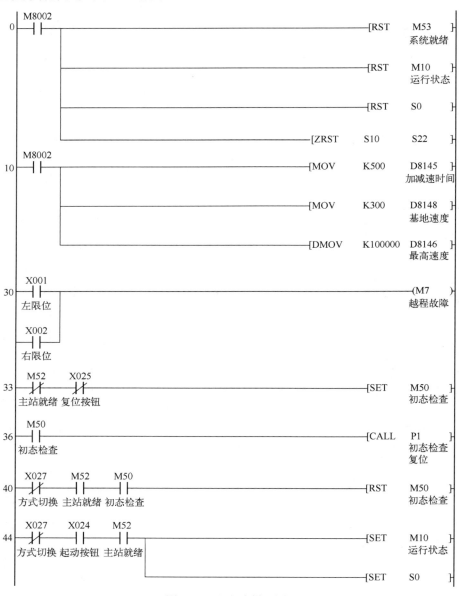

图 6-65 主程序梯形图

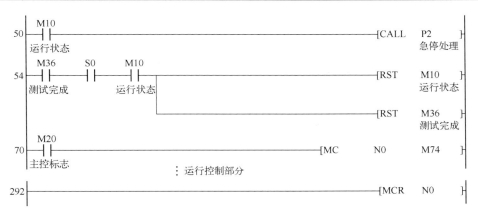

图 6-65 主程序梯形图（续）

（2）初态检查和复位子程序、回原点子程序

系统上电且按下复位按钮后，就调用初态检查和复位子程序，进入初始状态检查和复位操作阶段，以确定系统是否准备就绪，若未准备就绪，则系统不能起动进入运行状态。

该子程序的内容是检查各气动执行元件是否处在初始位置，抓取机械手装置是否在原点位置，如不在相应位置，则进行相应的复位操作，直至准备就绪。子程序中，除调用回原点子程序外，主要是完成简单的逻辑运算，这里不再详述。

抓取机械手装置返回原点的操作（用归零子程序实现），在输送单元的整个工作过程中，都会频繁地进行。归零子程序调用程序如图 6-66 所示，归零子程序如图 6-67 所示。子程序调用结束后，须加 SRET 返回。

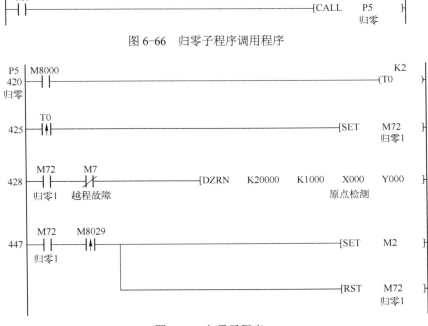

图 6-66 归零子程序调用程序

图 6-67 归零子程序

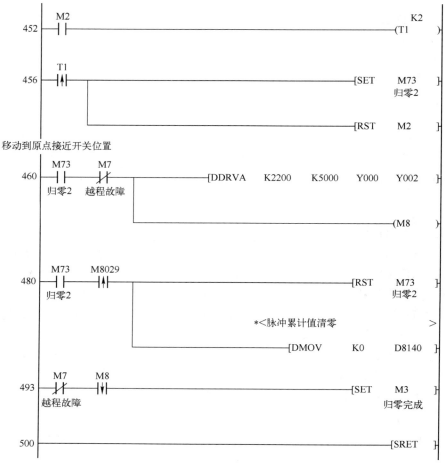

图 6-67 归零子程序（续）

（3）急停处理子程序

当系统进入运行状态后，在每一扫描周期都调用急停处理子程序。急停处理子程序梯形图如图 6-68 所示。急停动作时，主控位 M20 置 1，主控制停止执行。急停复位后，分两种情况：

1）若急停前抓取机械手没有在运行中，则传送功能测试过程继续运行。

2）若急停前抓取机械手正在前进中（从供料单元往加工单元，或从加工单元往装配单元，或从装配单元往分拣单元），则当急停复位的上升沿到来时，需要起动使机械手低速回原点过程。到达原点后，传送功能测试过程继续运行。

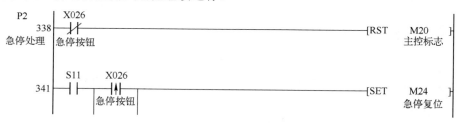

图 6-68 急停处理子程序梯形图

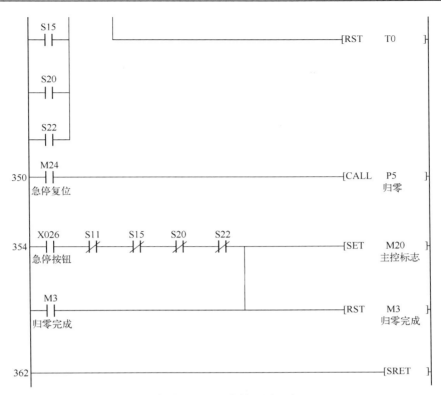

图 6-68 急停处理子程序梯形图（续）

(4) 传送功能测试子程序的结构

传送功能测试过程是一个单序列的步进顺序控制。在运行状态下，若主控标志 M20 为 ON，则调用传送功能测试子程序。传送功能测试过程的流程说明如图 6-69 所示。

6.3.13 系统全线运行控制及实施

自动生产线教学实训平台的各个组成单元在作为独立设备工作时，每一工作单元由一台 PLC 来完成控制任务。若各单元选用 FX 系列 PLC，通信方式采用了 N∶N 网络通信，可以由几个相对独立的单元组成分布式全线运行控制系统。

1．连接和组态 N∶N 网络

参照任务 5.3，连接和组态 N∶N，设置主站和从站的 N∶N 网络参数。

2．全线运行控制要求

(1) 控制要求

自动生产线全线运行的控制要求是：将供料单元料仓内的工件送往加工单元的物料台→加工完成后，把加工好的工件送往装配单元的装配台→把装配单元料仓内的两种不同颜色的小圆柱零件嵌入装配台上的工件中→把完成装配后的成品送到分拣单元分拣输出。

(2) 触摸屏

系统全线运行的主令信号（复位、起动、停止等）通过触摸屏给出的。同时，触摸屏上也显示系统运行的各种状态信息。本系统采用了昆仑通态 TPC7062KS 触摸屏作为人机界面。

TPC7062KS 是一款以嵌入式低功耗 CPU 为核心（主频 400MHz）的高性能嵌入式一体化工控机。该产品包括 7in（1in=2.54cm）高亮度 TFT 液晶显示屏（分辨率为 800 像素×480 像素），和四线电阻式触摸屏（分辨率为 4096 像素×4096 像素），同时还预装了微软嵌入式实时多任务操作系统 WinCE.NET（中文版）和 MCGS 嵌入式组态软件（运行版）。

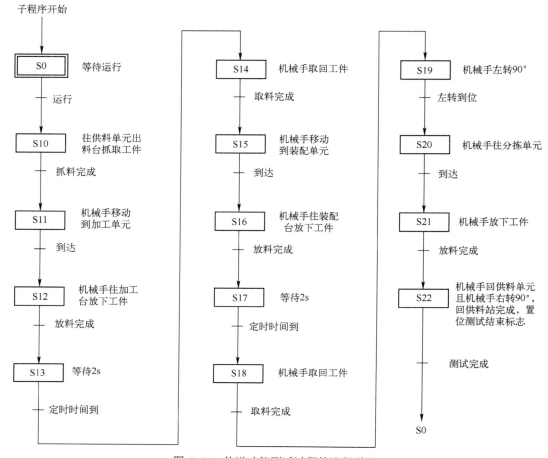

图 6-69 传送功能测试过程的流程说明

3．控制流程

系统从单站工作模式切换到全线运行方式的条件是：各工作从站均处于停止状态，各站的工作方式选择开关置于联机的全线模式。此时，若主站的选择开关切换到全线运行模式，系统进入全线运行状态。在全线运行模式下，各工作站仅通过网络接收来自主站（输送单元）控制台的主令信号。系统主令工作信号由触摸屏提供，但系统紧急停止信号由输送单元（主站）的按钮/指示灯模块的急停按钮提供。

（1）正常运行

在全线运行模式下，各工作站部件的工作顺序以及对输送站机械手装置运行速度的要求，与单站运行模式一致。全线运行的步骤如下。

1）起动和复位。

系统 N∶N 网络正常后开始工作。触摸屏上的复位按钮，执行复位操作，在复位的过程中，绿色警示灯以 2Hz 的频率闪烁。红色和黄色灯均熄灭。

复位过程包括：使输送站机械手装置回到原点位置，检查各工作站是否处于初始状态。

各工作站的初始状态是指：

- 各工作单元气动执行元件均处于初始位置。
- 供料单元料仓内有足够的待加工工件。
- 装配单元料仓内有足够的小圆柱零件。
- 输送站的紧急停止按钮未按下。

当输送站机械手装置回到原点位置，且各工作站均处于初始状态时，复位完成，绿色警示灯常亮，表示允许起动系统。这时，若触摸屏上的起动按钮，系统起动，绿色和黄色警示灯均常亮。

2）供料站的运行。

系统起动后，若供料站的出料台上没有工件，则应把工件推到出料台上，并向系统发出出料台上有工件信号。若供料站的料仓内没有工件或工件不足，则向系统发出报警或预警信号。出料台上的工件被输送站机械手取出后，若系统仍然需要推出工件进行加工，则进行下一次推出工件操作。

3）输送站运行 1。

当工件推到供料站出料台后，输送站抓取机械手装置执行抓取供料站工件的操作。动作完成后，伺服电动机驱动机械手装置移动到加工站加工物料台的正前方，把工件放到加工站的加工台上。

4）加工站运行。

加工站加工台的工件被检出后，执行加工过程。当加工好的工件重新送回待料位置时，向系统发出冲压加工完成信号。

5）输送站运行 2。

系统接收到加工完成信号后，输送站机械手执行抓取已加工工件的操作。抓取动作完成后，伺服电动机驱动机械手装置移动到装配站物料台的正前方，然后把工件放到装配站物料台上。

6）装配站运行。

装配站物料台的传感器检测到工件到来后，开始执行装配过程。装入动作完成后，向系统发出装配完成信号。

如果装配站的料仓或料槽内没有小圆柱工件，或工件不足，向系统发出报警或预警信号。

7）输送站运行 3。

系统接收到装配完成信号后，输送站机械手抓取已装配的工件，然后从装配站向分拣站运送工件，到达分拣站传送带上方入料口后把工件放下，再执行返回原点的操作。

8）分拣站运行。

输送站机械手装置放下工件、缩回到位后，分拣站的变频器即起动，驱动传动电动机以最高运行频率 80%（由触摸屏指定）的速度，把工件带入分拣区进行分拣，工件分拣原则与单站运行的相同。当分拣气缸活塞杆推出工件并返回后，向系统发出分拣完成信号。

9）单周期运行结束后复位。

仅当分拣站分拣工作完成，并且输送站机械手装置回到原点，才认为系统的一个工作周期结束。如果在工作周期期间没有按下停止按钮，系统在延时 1s 后，开始下一周期的工作。如果在工作周期期间按下停止按钮，系统工作结束，警示灯中黄色灯熄灭，绿色灯仍保持常亮。系统工作结束后若再按下起动按钮，则系统又重新工作。

（2）异常工作状态及处理

1）工件供给状态的信号警示。

如果发生来自供料站或装配站的"工件不足够"的预报警信号或"工件没有"的报警信号，则系统动作如下。

① 如果发生"工件不足够"的预报警信号，警示灯中红色灯以 1Hz 的频率闪烁，绿色和黄色灯保持常亮。系统继续工作。

② 如果发生"工件没有"的报警信号，警示灯中红色灯以亮 1s，灭 0.5s 的方式闪烁；黄色灯熄灭，绿色灯保持常亮。

若"工件没有"的报警信号来自供料站，且供料站物料台上已推出工件，则系统继续运行，直至完成该工作周期尚未完成的工作。当该工作周期工作结束时，系统将停止工作，除非"工件没有"的报警信号消失，系统不能再起动。

若"工件没有"的报警信号来自装配站，且装配站回转台上已落下小圆柱工件，则系统继续运行，直至完成该工作周期尚未完成的工作。当该工作周期工作结束时，系统将停止工作，除非"工件没有"的报警信号消失，系统不能再起动。

2）急停与复位。

系统工作过程中若按下输送站的急停按钮，则输送站立即停车。在急停复位后，应从急停前的断点开始继续运行。但若急停按钮按下时，机械手装置正在向某一目标点移动，则急停复位后，输送站机械手装置应首先返回原点位置，然后再向原目标点运动。

4．联网共享

自动生产线教学实训平台是一个分布式控制的自动生产线，在设计它的整体控制程序时，应首先从它的系统性着手，通过组建网络，规划通信数据传递，使系统组织起来；其次根据各工作单元的工作任务，分别编制各工作站的控制程序。

通过分析控制要求可以看到，网络中各站点需要交换的信息量并不大，可采用模式 1 的刷新方式。各站通信数据的数据位的定义见表 6-16～表 6-20。这些数据位分别由各站 PLC 程序写入，全部数据为 N：N 网络所有站点共享。

表 6-16 输送站（0 号站）数据位的定义

输送站位地址	作　用	输送站位地址	作　用
M1000	全线运行	M1009	
M1001		M1010	
M1002	允许加工	M1011	
M1003	全线急停	M1012	请求供料
M1004		M1013	
M1005		M1014	
M1006		M1015	允许分拣
M1007	HMI 联机	D0	最高频率设置
M1008			

表 6-17 供料站（1 号站）数据位的定义

供料站位地址	作　用	备　注
M1064	初始态	
M1065	供料信号	
M1066	联机信号	
M1067	运行信号	

(续)

供料站位地址	作用	备注
M1068	料不足报警	
M1069	缺料报警	

表6-18 加工站（2号站）数据位的定义

加工站位地址	作用	备注
M1128	初始态	
M1129	加工完成	
M1130		
M1131	联机信号	
M1132	运行信号	

表6-19 装配站（3号站）数据位的定义

装配站位地址	作用	备注
M1192	初始态	
M1193	联机信号	
M1194	运行信号	
M1195	零件不足	
M1196	零件没有	
M1197	装配完成	

表6-20 分拣站（4号站）数据位的定义

分拣站位地址	作用	备注
M1256	初始态	
M1257	分拣完成	
M1258	分拣联机	
M1259	分拣运行	

用于通信的数值型数据只有一个，即来自触摸屏的频率指令数据，它传送到输送站后，由输送站发送到网络上，供分拣站使用。该数据被写入字数据存储区的D0单元内。

5．从站程序设计

可在单站程序的基础上修改、编制联机运行程序，下面以供料站的联机编程为例说明。

联机运行与单站运行的主要变化，一是在运行条件上有所不同，主令信号来自系统通过网络传递的信号；二是各工作站之间通过网络不断交换信号，由此可确定各站的运行流程和运行条件。

对于前述第1种变化，首先须明确工作站当前的工作模式，以此确定当前有效的主令信号。控制要求明确规定了工作模式切换的条件，目的是避免误操作的发生，确保系统可靠运行。工作模式切换条件的逻辑判断在上电初始化（M8002 ON）后进行。工作单元初始化和工作方式确定的程序如图6-70所示。

接下来的工作过程与前面单站时的类似，其过程如下：

1）进行初始状态检查，判别工作站是否准备就绪。

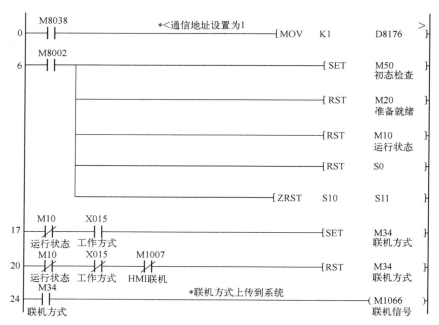

图 6-70 工作单元初始化和工作方式确定的程序

2）若准备就绪，则收到全线运行信号或本站起动信号后投入运行状态。

3）在运行状态下，不断监视停止命令是否到来，一旦到来，即置位停止指令，待工作站的工作过程完成一个工作周期后，使工作站停止工作。运行状态监视程序如图 6-71 所示。

4）然后就进入工作站的工控制过程了，即从初始步 S0 开始的步进顺序控制过程。该步进顺控程序与前面单站情况的基本相同，只是增加了写网络变量向系统报告工作状态的工作。

其他从站的编程方法与供料站的基本类似，此处不再详述。建议读者对各工作站单站运行和联机运行仔细分析和比较后自行编程。

6. 主站程序设计

输送站是自动生产线教学实训平台系统中最重要的，同时也是承担任务最为繁重的工作单元。主要体现在以下几个方面：①输送站 PLC 与触摸屏相连接，接收来自触摸屏的主令信号，同时把系统状态信息反馈到触摸屏；②作为网络的主站，要进行大量的网络信息处理；③在联机方式下的生产任务与单站运行时的略有差异。因此，把输送站的单站控制程序修改为联机控制，工作量要大一些。下面着重讨论编程中应注意的问题和有关的编程思路。

（1）主程序结构

由于输送站承担的任务较多，联机运行时，主程序较单站运行程序有较大的变动。

1）每一个扫描周期，须调用网络读写子程序和通信子程序。

2）完成系统工作模式的逻辑判断，除了输送站本身要处于联机方式外，所有从站都应处于联机方式。

3）联机方式下，系统复位的主令信号由 HMI 发出。在初始状态检查中，系统准备就绪的条件，除输送站本身要就绪外，所有从站均应准备就绪。因此，初态检查复位子程序中，除了完成输送站本站初始状态检查和复位操作外，还要通过网络读取各从站准备就绪信息。

4）总的来说，整体运行过程仍按初态检查→准备就绪，等待起动→投入运行等几个阶段逐步进行，但阶段的开始或结束的条件发生了变化。

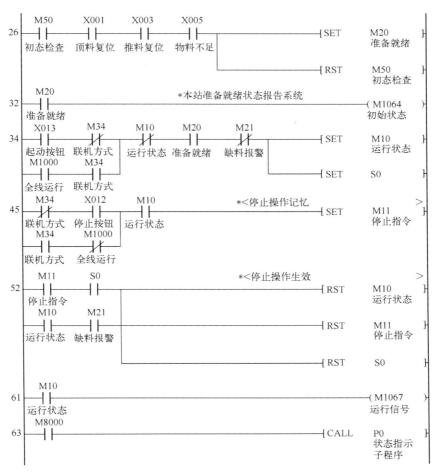

图 6-71 运行状态监视程序

5）为了实现急停功能，程序主体控制部分需要放在主控指令中执行，即放在 MC（主控）和 MCR（主控复位）指令间。当顺控指令断开时，现状保持的元件是累计定时器、计数器、用置位和复位指令驱动，断开的元件是非累计定时器、用 OUT 指令驱动的元件。

以上是主程序编程思路，主程序如图 6-72 所示。

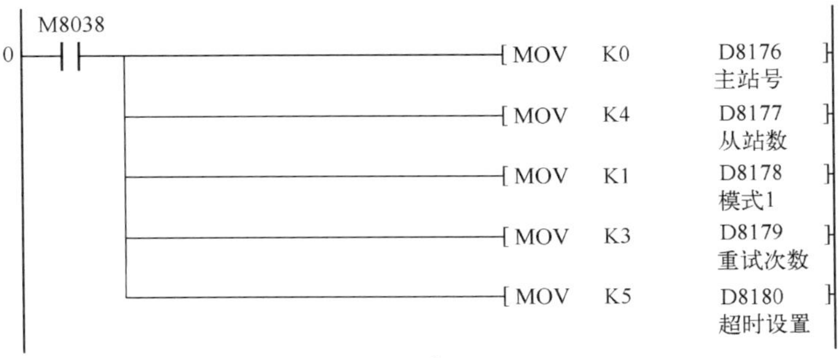

图 6-72 主程序清单
a）通信参数设置

239

```
      M8183
26     ─┤├─────────────────────────────(M141)
      M8184                              通信诊断
       ─┤├─
      M8185
       ─┤├─
      M8186
       ─┤├─
      M8187
       ─┤├─
                         b)

      M8000
32     ─┤├─────────────────────────[CALL  P0 ]
                                          通信
                         c)

      M8002
36     ─┤├─────────────────────────[SET   M50 ]
                                          初态检查
            ─────────────────────[RST   M52 ]
                                          主站就绪
            ─────────────────────[RST   M53 ]
                                          系统就绪
            ─────────────────────[RST   M10 ]
                                          运行状态
            ─────────────────────[RST   M0  ]
                                          触摸屏准备完毕
            ─────────────────[MOV  K500  D8145]
                                          加减速
            ─────────────────[MOV  K300  D8148]
                                          基底速度
            ────────────────[DMOV K100000 D8146]
                                          最高速度
            ─────────────────────[RST   S0  ]
            ────────────────[ZRST S10   S22 ]
                         d)
```

初始状态检查包括主站初始状态检查及复位操作,以及各从站初始状态

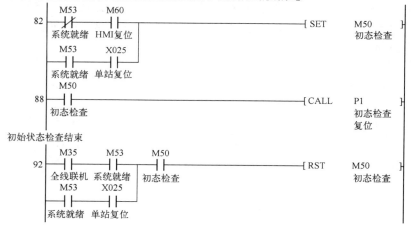

图 6-72　主程序清单（续）

b) 通信诊断　c) 调用通信子程序　d) 标志位复位的脉冲参数设置　e) 初始状态检测

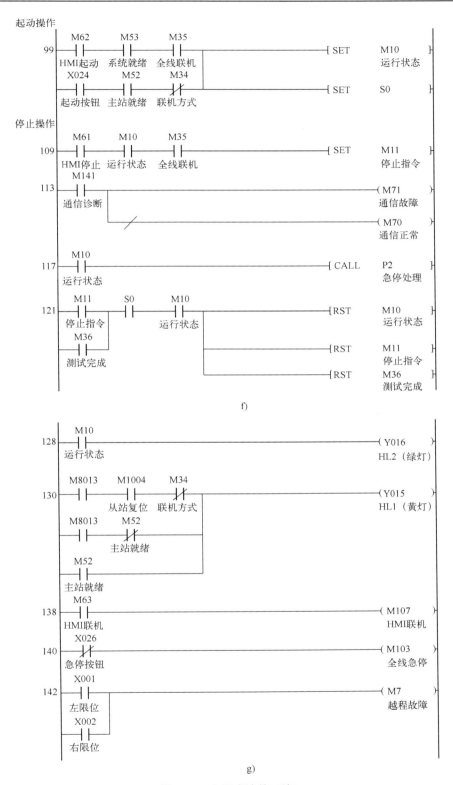

图 6-72 主程序清单（续）
f) 起停控制、急停处理　g) 状态指示

（2）运行控制子程序结构

输送站联机过程的程序与单站过程的程序略有不同，主要有如下几点：

1）传送功能测试子程序在初始步就开始执行机械手从供料站出料台抓取工件；而联机方式下，初始步的操作为：通过网络向供料站请求供料，收到供料站供料完成信号后，如果没有停止指令，则转移下一步，即执行抓取工件。

2）单站运行时，机械手在加工站加工台放下工件，等待 2s 取回工件；而联机方式下，取回工件的条件是收到来自网络的加工完成信号。

3）单站运行时，测试过程结束即退出运行状态；而联机方式下，一个工作周期完成后，返回初始步，如果没有停止指令，则开始下一工作周期。

由此，在单站传送功能测试子程序基础上修改的联机运行控制子程序流程说明如图 6-73 所示。

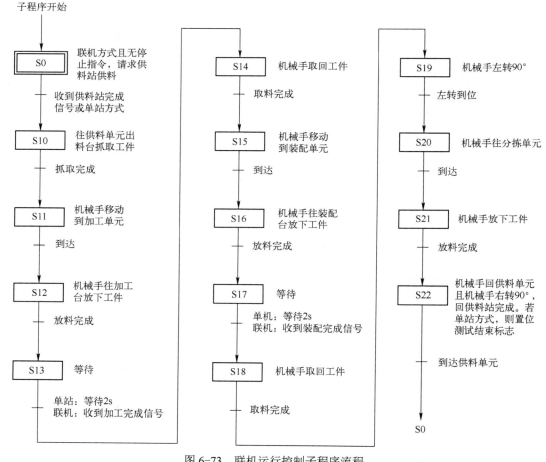

图 6-73　联机运行控制子程序流程

（3）通信子程序

通信子程序的功能包括从站报警信号处理、转发（从站间、HMI）以及向 HMI 提供输送站机械手当前位置信息。主程序在每一扫描周期都调用这一子程序。通信子程序主要包括以下两点。

1）报警信号的处理、转发，包括：

- 将供料站工件不足和工件没有的报警信号转发到装配站，为警示灯工作提供信息。

- 处理供料站"工件没有"或装配站"零件没有"的报警信号。
- 向 HMI 提供网络正常或故障信息。
2) 向 HMI 提供输送站机械手当前位置信息。
- 在每一扫描周期把脉冲数表示的当前位置转换为长度信息（由脉冲累计数除以 100 得到，单位为 mm），转发给 HMI 的连接变量 VD2000。
- 当机械手运动方向改变时，相应改变高速计数器 HC0 的计数方式（增或减计数）。
- 每次返回原点完成后，脉冲累计数被清零。

任务 6.4　机器视觉对位平台控制——工业相机和 PLC 联动

能力目标：
- 能正确连接工业相机和 PLC 联动控制系统。
- 能利用专用软件建立产品图像采集模型，并验证图像采集结果。
- 能根据控制要求，设计 PLC 和工业相机联动控制程序。
- 具有了解高新技术和解决问题的能力。

知识目标：
- 了解机器视觉系统的组成和功能。
- 掌握利用机器视觉专用软件设置和验证图像信息的方法及过程。
- 掌握工业相机和 PLC 联动控制程序设计方法。

[任务导入]

某企业产品上粘贴不同形状的标签代表产品不同的销售区域，例如，发往 A 区域的产品用正方形，发往 B 区域的产品用三角形等。现在生产线上使用机器视觉对发往 A 区域的产品进行识别，若形状为正方形，则是合格品，予以保留；若是其他形状，则认为是不合格品，推出输送带。

[基础知识]

6.4.1　机器视觉

机器视觉是用机器代替人眼来做测量和判断。机器视觉系统是通过机器视觉产品（即图像摄取装置，分为两种：CMOS 和 CCD）将被摄取目标转换成图像信号，传送给专用的图像处理系统，根据像素分布和亮度、颜色等信息，图像信号转变成数字化信号；图像处理系统对这些数字化信号进行各种运算，抽取目标的特征，如面积、数量、位置、长度，再根据预设的允许度和其他条件输出结果，包括尺寸、角度、个数、合格/不合格、有/无等。

机器视觉在社会生活中应用目前主要集中在四大领域：

① 工业领域，可以实现识别（甄别目标物体的物理特征）、测量（精确计算出目标物体的几何尺寸）、定位（获取目标物体的空间位置信息）和检测（对目标物体的表面状态进行检测）四种基本功能；

② 医学领域，主要用于医学辅助诊断；

③ 交通监控领域，通过在交通十字路口安放的摄像头的快速拍照功能，实现对违章、逆行

车辆的自动识别、存储，以便相关工作人员进行查看；

④ 桥梁检测领域，利用 CCD 相机获取桥梁外观图片，然后经计算机处理后自动识别出裂缝图像，并将裂纹图像从背景中分离出来后计算裂缝参数。

一个典型的工业机器视觉系统包括光源、镜头（定焦镜头、变倍镜头、远心镜头、显微镜头）、相机（包括 CCD 相机和 COMS 相机）、图像处理单元（或图像捕获卡）、图像处理软件、监视器、通信、输入/输出单元等。

6.4.2 欧姆龙视觉系统

欧姆龙视觉系统主要由硬件和软件组成，硬件主要包括视觉控制器、视觉相机、相机镜头、连接电缆、显示器以及外部辅助设备（如视觉光源系统）等组成，如图 6-74 所示；软件采用视觉监控软件。

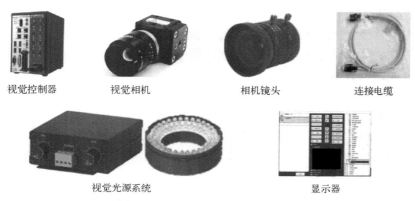

图 6-74　欧姆龙视觉系统硬件组成

1. 视觉控制器

视觉控制器具有光源控制、图像采集功能。光源控制是指控制灯源的亮度并控制灯源照明状态（亮/灭），还可以通过触发信号实现光源的频闪；图像采集功能是视觉控制器接收 PLC 等外部设备的测量触发信号（即图像采集信号），控制工业相机拍摄目标物图像信息，对来自工业相机的图像进行测量处理，最后将测量结果（如判定结果、测量值等）发送给 PLC 等外部设备。视觉控制器图像采集流程如图 6-75 所示。

本项目采用欧姆龙 FH-L550 型视觉控制器。该控制器紧凑性高、运行处理速度快、程序编写简单，集定位、识别、计数等功能于一体，可同时连接两台相机进行视觉处理，还支持 Ethernet 通信。欧姆龙 FH-L550 型视觉控制器接口如图 6-76 所示。

2. 视觉相机

视觉相机将通过镜头投影到传感器的图像传送到能够储存、分析和（或者）显示的机器设备上，是将图像光信号转化为电信号的核心组成。与普通相机相比，工业相机的传输能力更强，针对性更强，功耗也更高，且具有极强的抗干扰能力和成像稳定性。根据图像采集芯片的不同，目前市场上的工业相机可分为 CCD 相机和 CMOS 相机。

（1）CCD 相机

CCD 相机采用 CCD 作为图形采集器件，CCD 是一种电荷耦合器件图像传感器，其使用一种高感光度的半导体材料制成，可以把光线转变成电荷，然后通过模数转换器芯片将电信号转换成数字信号。

项目 6 PLC 控制系统的工程应用

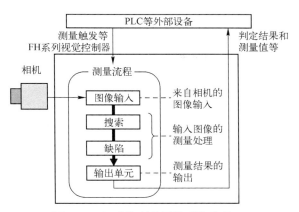

图 6-75 视觉控制器图像采集流程

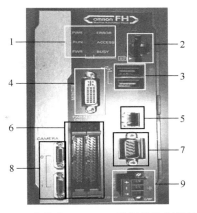

图 6-76 欧姆龙 FH-L550 型视觉控制器接口

1—控制器系统运行显示区 2—SD 槽 3—USB 接口
4—显示器接口 5—通信网口 6—并行 I/O 通信接口
7—RS232 通信接口 8—相机接口 9—控制器电源接口

（2）CMOS 相机

CMOS 是一种互补金属氧化物半导体，主要材料是硅和锗。CMOS 相机通过 CMOS 上带负电和带正电的晶体管来实现图像处理。

本项目选用欧姆龙的 FZ-SC 彩色 CCD 相机。

3．相机镜头

镜头的基本功能是光束调制，在视觉系统中，镜头的主要作用是将目标成像在图像传感器的光敏面上。镜头的质量直接影响着机器视觉系统的整体性能。相机镜头的主要参数有景深、视野、焦距、相对孔径、光圈系数和明亮度等。

1）景深：在景物空间中，能在实际像平面上获得相对清晰影像的景物空间深度范围。

2）视野：也称视场角，指图像采集设备所能覆盖的范围。

3）焦距：主点到成像面的距离，用 f 表示。f 越小，成像面距离主点越近，画角越宽，可拍摄的场景越大；f 越大，成像面距离主点越远，画角变窄，可拍摄较远的场景。变焦镜头可通过构件改变镜头焦距，使相机能清晰成像。

4）相对孔径：镜头的入射光孔直径 D 与焦距 f 之比，即 D/f。

5）光圈系数：相对孔径的倒数。

6）明亮度：调节光线明亮的程度，一般通过光圈构件来调整。

4．显示器（图像处理）

显示器用来显示视觉系统软件界面以及监视视觉检测画面和结果。

5．视觉监控软件

欧姆龙 FH-L550 视觉系统配套的视觉监控软件如图 6-77 所示。视觉监控软件主要进行目标物体的图像模板制作和图像采集，其经过一定的运算对输入的图像数据进行处理，输出 PASS/FAIL 信号、坐标位置或字符串等。

6．视觉光源系统

光源系统是给视觉系统提供照明。正确的照明是视觉系统成功与否的关键，光源直接影响到图像的质量，进而影响到视觉系统的性能。合适的视觉光源系统，可以使图像中的目标信息与背景信息得到最佳分离,不仅可大大降低图像处理的算法难度,还可提高系统的精度和可靠性。因此,视觉光源系统的作用主要有:①照亮目标,提高亮度;②形成有利于图像处理的成像效果,降低系统的复杂性和对图像处理算法的要求;③克服环境光的干扰,保证图像的稳定,可提高系统的精度和效率。光源分为自然光源和人工光源,而本任务采用碗状光源(120mm,白光)。

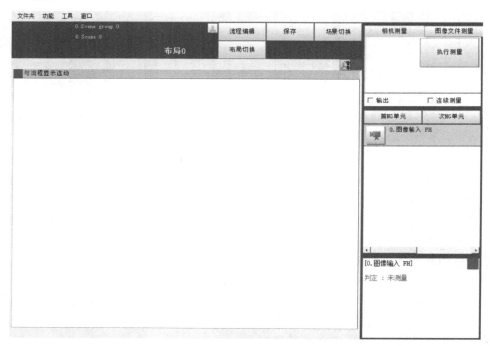

图 6-77　欧姆龙 FH-L550 视觉系统配套的视觉监控软件

7. 连接电缆

在机器视觉系统中,连接电缆是连接视觉相机与视觉控制器的桥梁,是完成图像数据传输和相机控制的媒介。线缆的好坏直接影响到所传输数据的质量。

[任务实施]

6.4.3　产品控制要求

贴有不同形状标签的产品由三相异步电动机带动进行带传送,当光电传感器检测到产品到达时,输送带停止,工业相机对产品上的标签形状进行识别,若是正方形,则输送带起动运行;若是其他形状,则推料气缸将产品推出输送带,输送带起动运行。

6.4.4　PLC 与机器视觉系统的硬件接线和 I/O 分配

本任务中三菱 FX$_{3U}$ PLC 与欧姆龙 FH-L550 型视觉控制器通过并行 I/O 通信进行数据交换,PLC 向视觉控制器发出拍照信号,视觉控制器将处理结果以数字量形式发给 PLC,使 PLC 实现对输送带电动机和气缸等外围设备进行控制。三菱 FX$_{3U}$ PLC 与机器视觉系统的硬件接线图如图 6-78 所示,PLC 的 I/O 元件分配如表 6-21 所示。

项目 6 PLC 控制系统的工程应用

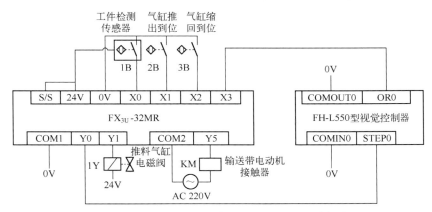

图 6-78 三菱 FX_{3U} PLC 与机器视觉系统的硬件接线图

表 6-21 PLC I/O 元件分配

输入设备	输入元件编号	输出设备	输出元件编号
产品检测传感器	X0	视觉拍照触发信号	Y0
气缸活塞杆伸出到位检测磁性开关	X1	推料气缸电磁阀	Y1
气缸活塞杆缩回到位检测磁性开关	X2	输送带电动机接触器	Y5
视觉检测结果	X3		

6.4.5 视觉系统软件设置

打开视觉系统软件，出现如图 6-79 所示界面。

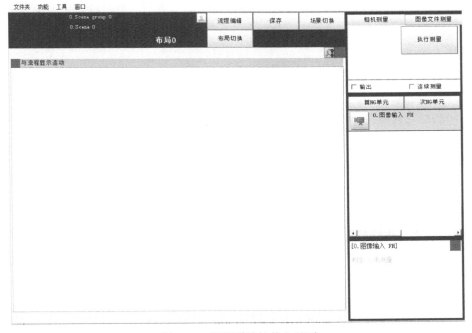

图 6-79 视觉系统软件主界面

247

1. 建立产品图像采集模型

① 将粘贴有形状为正方形的标签放在照相机下方,并调整焦距和光源等,在软件中能够清晰地看到图形,如图6-80所示。

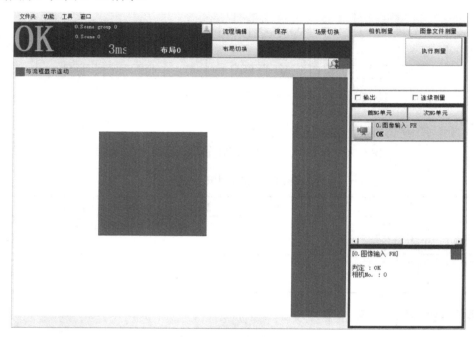

图6-80 对目标形状采集

② 单击"流程编辑"按钮,进入如图6-81所示的"流程编辑"界面,在"检查和测量"下选择"形状搜索 III",单击"追加(最下部分)"按钮,在"0.图像输入 FH"下方出现"1.形状搜索 III"。

图6-81 "流程编辑"界面

"形状搜索 III"是将轮廓信息作为图像图案进行处理。事先将图像图案作为模型,通过输入图形与模型相似度来进行结果判断。

③ 单击"1.形状搜索 III"前的图标,进入"形状搜索 III"流程参数设置对话框,如图6-82所示。设定的参数包括模型登录、区域设定、检测点、基准设定、测量参数和输出参数。

项目 6　PLC 控制系统的工程应用

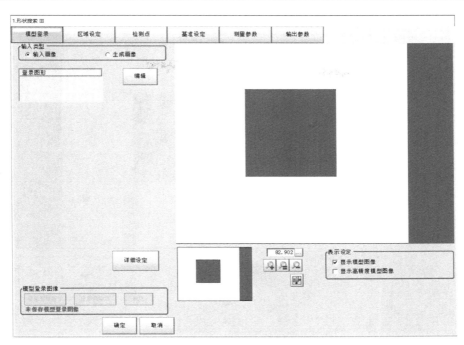

图 6-82　"形状搜索 III"流程参数设置对话框

④ 设定模型登录图像。在"模型登录"界面，单击"编辑"按钮，弹出如图 6-83a 所示对话框。

因目标图形是方形的，选择长方形图标□，弹出如图 6-83b 所示对话框。缩放框的大小，调整图像模型区域，使框将正方形包括进去，如图 6-83c 所示，单击"适用"按钮，出现的绿色边缘即为设定的模型，然后单击"确定"按钮，弹出如图 6-83d 所示对话框，即完成模型登录的设定。

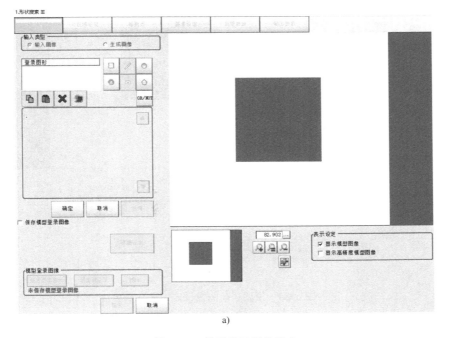

a)

图 6-83　模型登录图像设定

a)"模型登录"编辑界面

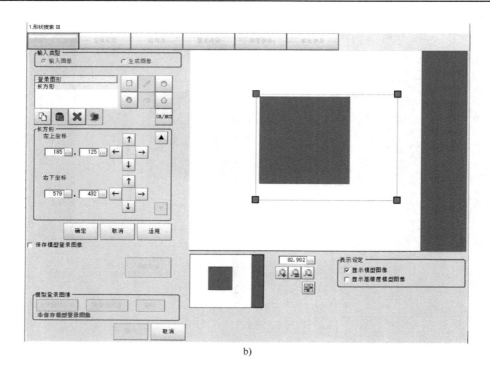

b)

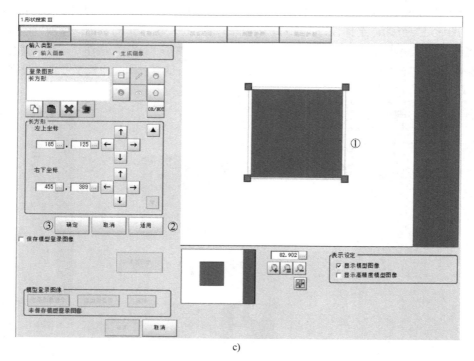

c)

图 6-83 模型登录图像设定（续）

b)"登录图形"编辑界面　c)模型区域调整设定

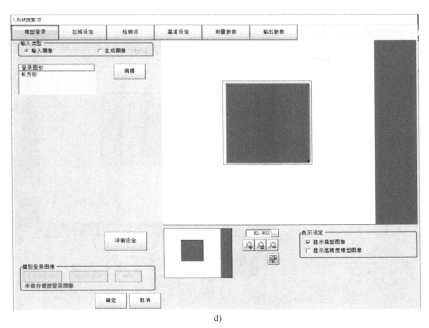

d)

图 6-83 模型登录图像设定（续）

d) 登录图形编辑完成

⑤ 设定检测区域。单击"区域设定"按钮，弹出如图 6-84a 所示对话框；单击"编辑"按钮，弹出如图 6-84b 所示对话框，若检测区域内有其他的正方形干扰设定的正方形模型，则可调整检测区域大小。在图 6-84b 中调整检测区域后，依次单击"适用"按钮和"确定"按钮，即可完成检测区域的设定，如图 6-84c 所示。

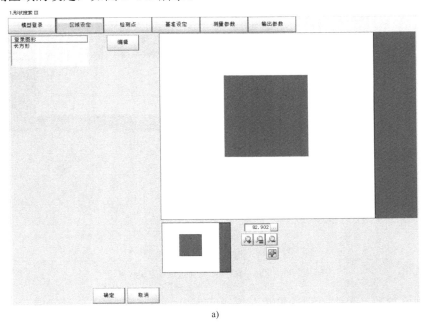

a)

图 6-84 检测区域设定

a)"区域设定"界面

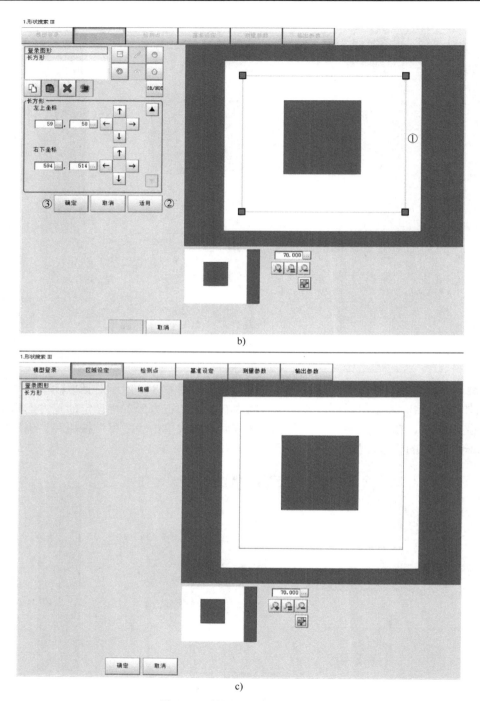

图 6-84 检测区域设定（续）
b) 检测区域编辑　c) 检测区域设定完成

⑥ 设定测量参数。单击"测量参数"按钮，弹出如图 6-85a 所示对话框；"测量条件"选择默认值，将"判定"中"检测数量"设为"1-1"，"相似度"设定为"80-100"，如图 6-85b 界面。

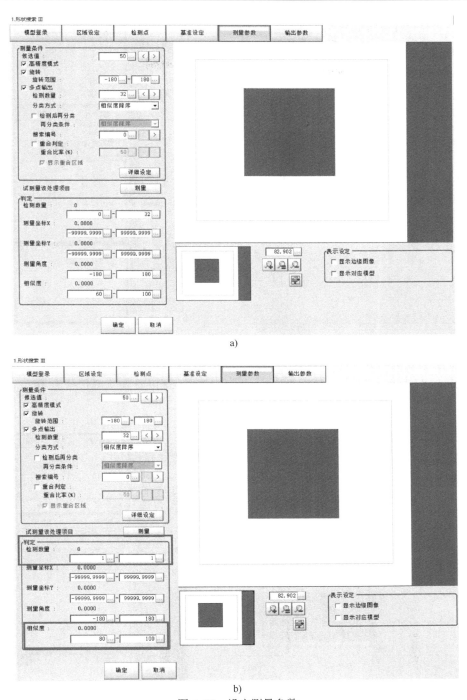

图 6-85 设定测量参数
a) 测量参数界面 b) 测量参数设定

⑦ 完成模型检测的设定。单击图 6-85b 中的"确定"按钮,弹出如图 6-86 所示界面,即完成模型设定。

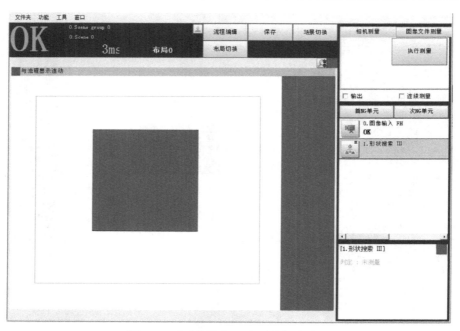

图 6-86 "形状搜索 III"流程设定完成

2. 验证图像采集结果

① 在图 6-87 所示界面中，单击"执行测量"按钮，可以看到"形状搜索 III"中判定结果为 OK。

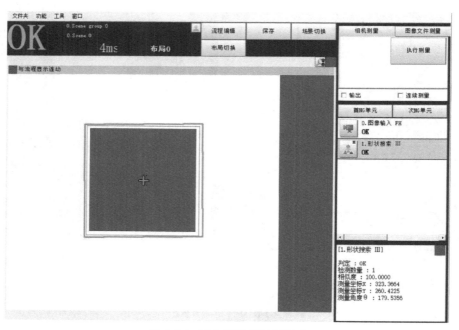

图 6-87 正方形图形判定验证

② 将一个粘贴有三角形的产品放在相机镜头下方，如图 6-88 所示，单击"执行测量"按钮，可以看到"形状搜索 III"中判定结果为 NG。

项目 6　PLC 控制系统的工程应用

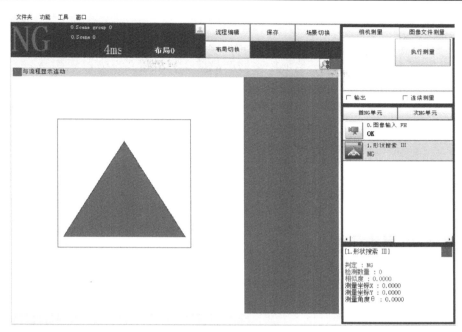

图 6-88　三角形图形判定验证

6.4.6　PLC 程序编制

根据任务控制要求，结合 PLC 的程序设计方法，梯形图参考程序如图 6-89 所示。

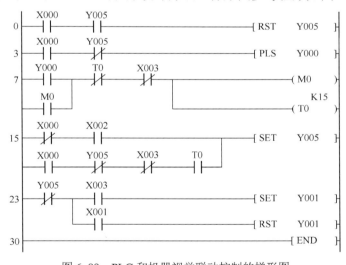

图 6-89　PLC 和机器视觉联动控制的梯形图

6.4.7　调试运行

1）按图 6-78 所示将控制系统的硬件连接起来。

2）用专用的通信电缆将装有 GX Works2 编程软件的上位机（计算机）的 RS-232 接口与 PLC 的 RS-422 接口相连接。

3）接通 PLC 电源。将 PLC 的工作方式开关扳到"STOP"位置，使 PLC 处于编程状态。

4）用 GX Works2 编程软件输入图 6-89 所示的程序、并将其写入 PLC 中。

5）模拟调试。PLC 不接电动机和气缸的情况下，将 PLC 的工作方式开关扳到"RUN"位置，分别把粘贴有正方形标签和三角形标签的产品放在相机镜头下方，观察 Y1、Y4 是否得电，并观察程序能否实现控制要求。

6）调试运行。将 PLC 的输出与电动机的主电路和气缸连接好，再进行调试，直至系统按要求正常工作。

[自测题]

1．填空题

（1）触摸屏系统一般包括_____和_____两个部分。

（2）步进电动机的转速、转向、转角分别由_____、_____、_____决定。

（3）气源装置主要组成部分包括_____、_____、_____。

（4）光纤式光电开关由_____与_____两部分组成，这两者用_____相连。

（5）同步齿轮齿距为 55mm，共 11 个齿，步进电动机每转 1 圈，机械手移动_____mm。

（6）气动控制元件就是控制与调节空压缩空气_____、_____、_____及_____的重要元件。

（7）控制阀的气路端口分为_____、_____。

（8）光电传感器把_____转换为_____。

（9）脉冲输出指令 PLSY 的_____用于指定脉冲的频率，对于 FX$_{3U}$ PLC，其取值为_____。

（10）在位置控制指令 DRVI 和 DRVA 中可以设置_____、_____、_____和_____。

2．判断题

（1）气动回路一般不设排气管路。（　　）

（2）压缩空气具有润滑性能。（　　）

（3）双电位磁控阀的两个电控信号不能同时为"1"。（　　）

（4）YL-335B 生产线供料单元料仓中工件不足时，传感器的信号为"1"。（　　）

（5）步进电动机的转速由脉冲数决定。（　　）

（6）双电位磁控阀的两个电控信号不能同时为"1"。（　　）

（7）气源装置给系统提供足够清洁干燥且具有一定压力与流量的压缩空气。（　　）

（8）光电传感器不能安装在水、油、灰尘多的地方。（　　）

（9）脉冲输出指令 PLSY 输出脉冲的占空比为 50%时，输出控制不受扫描周期影响，可采用中断方式控制。（　　）

（10）DRVA 是相对记录脉冲式的，它的脉冲总数实际是它要到达的目标值，也就是和各高速点的计数寄存器相匹配。（　　）

3．选择题

（1）触摸屏通过（　　）方式与 PLC 交流信息。

　　A．通信　　　　　　　　　　　　　　B．I/O 信号控制

　　C．继电连接　　　　　　　　　　　　D．电气连接

（2）触摸屏实现数值输入时，要对应 PLC 内部的（　　）。
  A．输入点 X   B．输出点 Y
  C．数据存储器 D   D．定时器

（3）当手指接触触屏幕时，两层 OTI 导电层就会出现一个接触点，计算机同时检测电压及电流，计算出触摸的位置，反应速度为（　　）。
  A．10～20m/s   B．20～30m/s
  C．30～35m/s   D．40～45m/s

（4）触摸屏不能替代传统操作面板的（　　）功能。
  A．手动输入的常开按钮   B．数值指拨开关
  C．急停开关   D．LED 信号灯

（5）触摸屏是用于实现（　　）的功能。
  A．传统继电控制系统   B．PLC 控制系统
  C．工控机系统   D．传统开关按钮型操作面板

（6）触摸屏与 PLC 通信的速率一般为（　　）。
  A．9600bit/s B．19200bit/s C．38400bit/s D．9000bit/s

（7）步进电动机每转一圈为 200 个脉冲（步距角为 1.8°），如果步进电动机驱动器细分为 16，那么步进电动机驱动器需输出（　　）个脉冲，步进电动机才转一圈。
  A．200   B．800   C．1600   D．3200

（8）步进驱动器方向信号控制端为（　　）。
  A．PUL 端 B．FREE 端 C．DIR 端 D．V 端

（9）由于 PLC 是采用晶体管 PNP 输出型，需将步进驱动器的脉冲信号端、方向控制端和释放信号端的（　　）并联在一起，通过直流电源接到 PLC 输出的公共端 COM1 上，且必须将电源的（　　）接 COM1 端。
  A．信号端正极 B．信号端负极 C．电源正极 D．电源负极

（10）变频器的主电路输出与（　　）连接。
  A．步进电动机 B．PLC C．驱动器 D．三相异步电动机

（11）变排气节流阀一般安装在（　　）的排气口处。
  A．空气压缩机 B．控制元件 C．执行元件 D．辅助元件

（12）驱动器的控制元件输入端使用的是（　　）电压。
  A．DC12V B．DC36V C．DC24V D．DC48V

[思考与习题]

1．GS2107-WTBD 系列触摸屏有几个接口？各有什么作用？

2．试用触摸屏控制电动机正反转系统，按触摸屏上"正转起动"按钮，电动机正转运行；按"反转起动"按钮，电动机反转运行；按"停止"按钮，电动机停止运行。用"注释显示"或"指示灯"显示电动机的运行状态。

3．如果 PLC 是 PNP 晶体管输出型，怎样将 PLC 与步进驱动器连接起来？

4．步进电动机转速为 1r/s，旋转一周需要 1000 个脉冲。步进电动机正转 5 周，停 2s，再反转 2 周，停 5s，如此循环，直到按下停止按钮。试编写控制程序。

5．简述磁性开关是如何控制气缸活塞运动的两个位置的。

6. 分析光电开关如何表示供料单元缺料或供料不足。
7. 试设计输送单元的气动控制回路，并分析其工作原理。
8. TPC706K 触摸屏有哪些接口？这些接口各自有何用途？

立德修身　达则兼济天下

《礼记·大学》中提到"古之欲明明德于天下者，先治其国；欲治其国者，先齐其家；欲齐其家者，先修其身。"可见立德修身的重要性。从自身做起，积跬步，至千里，积小流，成江海，然后可达则兼济天下。

附 录

附录 A FX₃ᵤ PLC 常用特殊辅助继电器与特殊数据寄存器功能表

表 A-1 常用特殊辅助继电器与特殊数据寄存器功能

元件	名称	备注	元件	名称	备注
M8000	RUN 监控	RUN 为 ON 置 1	D8000	监视定时器	初始值为 200ms
M8002	初始脉冲	RUN 为 ON 时置 1，一个周期	D8010	扫描当前值	0.1ms 单位，包括常规扫描等待时间
M8011	10ms 时钟	10ms 周期震荡	D8011	最小扫描时间	
M8012	100ms 时钟	100ms 周期震荡	D8012	最大扫描时间	
M8013	1s 时钟	1s 周期震荡	D8013	秒 0~59 预置值或当前值	
M8014	1min 时钟	1min 周期震荡	D8014	分 0~59 预置值或当前值	
M8020	零标记	运算标记	D8015	时 0~23 预置值或当前值	
M8021	借位标记		D8016	日 1~31 预置值或当前值	
M8022	进位标记		D8017	月 1~12 预置值或当前值	
M8039	恒定扫描	定周期运行	D8018	年预置值或当前值	
M8040	禁止转移	步进禁止转移	D8019	星期 0（日）~6（六）预置值或当前值	
M8041	开始转移	步进开始转移	D8020	调整输入滤波时间	初始值为 10ms
M8042	启动脉冲	FNC60(IST) 指令用	D8039	常数扫描时间	单位：1ms
M8043	回原点结束		D8120	通信格式	
M8044	原点条件		D8121	站号设定	
M8070	并行连接主站	主站时为 ON	D8176	站点号设置，设置它自己的站点号，0 为主站点，1~7 为从站点号	
M8071	并行连接从站	从站时为 ON	D8177	从站点总数设置，设置从站点总数，设定值 1 为一个从站点，2 为两个从站点	
M8161	以 8 位为单位切换	16/8 位切换	D8178	刷新范围设定	
M8122	RS-232C 发送标志	RS-232C 通信用	D8179	重试次数设置	
M8123	RS-232C 发送完成标志		D8180	通信超时设置	
M8038	N:N 网络参数设置	用来设置 N:N 网络参数	D8211	主站点通信错误代码	

附录 B FX 系列 PLC 功能指令表

表 B-1 功能指令介绍

分类	指令编号 FNC	指令助记符	指令名称及功能简介	对应的 PLC			
				FX$_{3U}$	FX$_{3UC}$	FX$_{2N}$	FX$_{2NC}$
程序流程	00	CJ	条件跳转：程序跳转到[(S.)]P 指针指定处。P63 为 END 步序，不需指定	○	○	○	○
	01	CALL	调用子程序：程序调用[(S.)]P 指针指定的子程序，嵌套 5 层以内	○	○	○	○
	02	SRET	子程序返回：从子程序返回主程序	○	○	○	○
	03	IRET	中断返回主程序	○	○	○	○
	04	EI	中断允许	○	○	○	○
	05	DI	中断禁止	○	○	○	○
	06	FEND	主程序结束	○	○	○	○
	07	WDT	监视定时器：顺控指令中执行监视定时器刷新	○	○	○	○
	08	FOR	循环开始：重复执行开始，嵌套 5 层以内	○	○	○	○
	09	NEXT	循环结束：重复执行结束	○	○	○	○
传送和比较	010	CMP	比较：[(S1.)]同[(S2.)]比较→[(D.)]	○	○	○	○
	011	ZCP	区间比较：[(S.)]同[(S1.)]~[(S2.)]比较→[(D.)]，[(D.)]占 3 点	○	○	○	○
	012	MOV	传送：[(S.)]→[(D.)]	○	○	○	○
	013	SMOV	移位传送：[(S.)]第 m$_1$ 位开始的 m$_2$ 个数位移到[(D.)]的第 n 个位置，m$_1$、m$_2$、n=1~4	○	○	○	○
	014	CML	取反：[(S.)]取反→[(D.)]	○	○	○	○
	015	BMOV	块传送：[(S.)]→[(D.)](n 点 →n 点)，[(S.)]包括文件寄存器，n≤512	○	○	○	○
	016	FMOV	多点传送：[(S.)]→[(D.)](1 点~n 点)，n≤512	○	○	○	○
	017	XCH	数据交换：[(Dl.)] ←→[(D2.)]	○	○	○	○
	018	BCD	求 BCD 码：[(S.)] 16/32 位二进制数转换成 4/8 位 BCD →[(D.)]	○	○	○	○
	019	BIN	求二进制码：[(S.)]4/8 位 BCD 转换成 16/32 位二进制数→[(D.)]	○	○	○	○
四则运算和逻辑运算	020	ADD	二进制加法：[(S1.)] + [(S2.)] →[(D.)]	○	○	○	○
	021	SUB	二进制减法：[(S1.)] - [(S2.)] →[(D.)]	○	○	○	○
	022	MUL	二进制乘法：[(S1.)]×[(S2.)] →[(D.)]	○	○	○	○
	023	DIV	二进制除法：[(S1.)] ÷[(S2.)] →[(D.)]	○	○	○	○
	024	INC	二进制加 1：[(D.)]+1→[(D.)]	○	○	○	○
	025	DEC	二进制减 1：[(D.)] -1→[(D.)]	○	○	○	○
	026	AND	逻辑字与：[(S1.)]∧[(S2.)]→[(D.)]	○	○	○	○
	027	OR	逻辑字或：[(S1.)] ∨[(S2)]→[(D.)]	○	○	○	○
	028	XOR	逻辑字异或：[(S1.)]⊕[(S2.)] →[(D.)]	○	○	○	○
	029	NEG	求补码：[(D.)]按位取反+1→[(D.)]	○	○	○	○

注："○"表示支持该功能。

（续）

分类	指令编号 FNC	指令助记符	指令名称及功能简介	对应的PLC			
				FX$_{3U}$	FX$_{3UC}$	FX$_{2N}$	FX$_{2NC}$
循环位移与位移	030	ROR	循环右移：执行条件成立，[(D.)]循环右移 n 位（高位→低位→高位）	○	○	○	○
	031	ROL	循环左移：执行条件成立，[(D.)]循环左移 n 位（低位→高位→低位）	○	○	○	○
	032	RCR	带进位循环右移：[(D.)] 带进位循环右移 n 位（高位→低位→十进位→高位）	○	○	○	○
	033	RCL	带进位循环左移：[(D.)]带进位循环左移 n 位（低位→高位→十进位→低位）	○	○	○	○
	034	SFTR	位右移：n$_2$ 位[(S.)]右移→n$_1$ 位的[(D.)]，高位进，低位溢出	○	○	○	○
	035	SFTL	位左移：n$_2$[(S.)]左移→n$_1$ 位的[(D.)]，低位进，高位溢出	○	○	○	○
	036	WSFL	字右移：n$_2$ 字[(S.)]右移→[(D.)]开始的 n$_1$字，高字进，低字溢出	○	○	○	○
	037	WSFL	字左移：n$_2$ 字[(S.)]左移→[(D.)]开始的 n$_1$字，低字进，高字溢出	○	○	○	○
	038	SFWR	FIFO 写入：先进先出控制的数据写入，2≤n≤512	○	○	○	○
	039	SFRD	FIFO 读出：先进先出控制的数据读出，2≤n≤512	○	○	○	○
数据处理 1	040	ZRST	成批复位：[(Dl.)] ～ [(D2.)] 复位，[(Dl.)] < [(D2.)]	○	○	○	○
	041	DECO	解码：[(S.)]的 n（n=1～8）位二进制数解码为十进制数 α →[(D.)]，使[(D.)]的第 α 位为 "1"	○	○	○	○
	042	ENCO	编码：[(S.)]的 2^n（n = 1～8）位中的最高 "1" 位代表的位数（十进制数）编码为二进制数后→[(D.)]	○	○	○	○
	043	SUM	求置 ON 位的总和：[(S.)]中 "1" 的数目存入[(D.)]	○	○	○	○
	044	BON	ON 位判断：[(S.)]中第 n 位为 ON 时，[(D.)]为 ON(n= 0～15)	○	○	○	○
	045	MEAN	平均值：[(S.)]中 n 个 16 位数据的平均值 →[(D.)]（n = 1～64）	○	○	○	○
	046	ANS	标志位置位：若执行条件为 ON，[(S.)]中定时器定时 m ms 后，标志位[(D.)]置位。[(D.)]为 S900～S999	○	○	○	○
	047	ANR	标志复位：被置位的定时器复位	○	○	○	○
	048	SOR	二进制平方根：[(S.)]平方根值→[(D.)]	○	○	○	○
	049	FLT	二进制整数与二进制浮点数转换：[(S.)]内二进制整数→[(D.)]二进制浮点数	○	○	○	○
高速处理	050	REF	输入输出刷新：指令执行，[(D.)]立即刷新。[(D.)]为 x000, x010, …, y000, y010, …, n 为 8, 16, …, 256	○	○	○	○
	051	REFF	滤波调整：输入滤波时间调整为 n ms，刷新 X000～X017，n = 0～60	○	○	○	○
	052	MTR	矩阵输入（使用一次）：n 列 8 点数据以(Dl.)输出的选通信号分时将[(S.)]数据读入[(D2.)]	○	○	○	○
	053	HSCS	比较置位（高速计数）：[(S1.)]= [(S2.)]时，(D.)置位，中断输出到 Y，(S2.)为 C235 ～ C255	○	○	○	○
	054	HSCR	比较复位（高速计数）：[(S1.)]= [(S2.)]时，[(D.)]复位，中断输出到 Y，[(D.)]为 C 时，自复位	○	○	○	○
	055	HSZ	区间比较（高速计数）：[(S.)]与 [(Sl.)]~[(S2.)]比较，结果驱动[(D.)]	○	○	○	○
	056	SPD	脉冲密度：在[(S2.)]时间内，将[(S1.)]输入的脉冲存入[(D.)]	○	○	○	○
	057	PLSY	脉冲输出（使用一次）：以[(S1.)]的频率从[(D.)]送出[(S1.)]个脉冲；[(Sl.)]：1～1000Hz	○	○	○	○
	058	PWM	脉宽调制（使用一次）：输出周期[(S2.)]、脉冲宽度[(S1.)]的脉冲至[(D.)]。周期为 1～ 32 767ms，脉宽为 1～32 767ms	○	○	○	○

注："○"表示支持该功能。

（续）

分类	指令编号 FNC	指令助记符	指令名称及功能简介	对应的PLC			
				FX$_{3U}$	FX$_{3UC}$	FX$_{2N}$	FX$_{2NC}$
高速处理	059	PLSR	可调速脉冲输出（使用一次）：[(S1.)]为最高频率：10～2000Hz；[(S2.)]为总输出脉冲数；[(S3.)]为增减速时间；5000ms以下；[(D.)]输出脉冲	○	○	○	○
便捷指令	060	IST	状态初始化（使用一次）：步进顺控中状态初始化。[(S.)]为运行模式初始输入；[(D1.)]为自动模式中的实用状态的最小号码；[(D2.)]为自动模式中的实用状态的最大号码	○	○	○	○
	061	SER	查找数据：检索以[(S1.)]为起始的n个与[(S2.)]相同的数据，并将其个数存于[(D.)]中	○	○	○	○
	062	ABSD	绝对值式凸轮控制（使用一次）：对应[(S2.)]计数器的当前值，输出[(D.)]开始的n点由[(S1.)]内数据决定的输出波形	○	○	○	○
	063	INCD	增量式凸轮顺控（使用一次）：对应[(S2.)]的计数器当前值，输出[(D.)]开始的n点由[(S1.)]内数据决定的输出波形。[(S2.)]的第二个计数器统计复位次数	○	○	○	○
	064	TIMR	示数定时器：用[(D.)]开始的第二个数据寄存器测定执行条件ON的时间，乘以n指定的倍率存入[(D.)]，n：0～2	○	○	○	○
	065	STMR	特殊定时器：m值作为[(S.)]指定定时器的设定值，使[(D.)]指定的4个器件构成延时断开定时器、输入ON→OFF后的脉冲定时器、输入OFF→ON后的脉冲定时器、滞后输入信号向相反方向变化的脉冲定时器	○	○	○	○
	066	ALT	交替输出：每次执行条件由OFF→ON变化时，[(D.)]由OFF→ON、ON→OFF……交替输出	○	○	○	○
	067	RAMP	斜坡信号：[(D.)]的内容从[(S1.)]的值到[(S1.)]的值慢慢变化，其变化时间为n个扫描周期，n：1～32 767	○	○	○	○
	068	ROTC	旋转工作台控制（使用一次）：[(S.)]开始指定的D为工作台位置检测计数寄存器，其次指定的D为取出位置号寄存器，再次指定的D为要取工件号寄存器，m$_1$为分度区数，m$_2$为低速运行行程。完成上述设定，指令就自动在[(D.)]指定输出控制信号	○	○	○	○
方便指令	069	SORT	表数据排序（使用一次）：[(S.)]为排序表的首地址，m$_1$为行号，m$_2$为列号。指令以n指定的列号，将数据从小开始进行整理排列，结果存入以[(D.)]指定的为首地址的目标元件中，形成新的排序表；m$_1$：1～32，m$_2$：1～6，n:1～m$_2$	○	○	○	○
外围设备 I/O	070	TKY	十键输入（使用一次）：外部10个键键号依次为0～9，连接于[(S.)]，每按一次键，其键号依次存入[(D1.)]，[(D2.)]指定的位元件依次为ON	○	○	○	○
	071	HKY	十六键输入（使用一次）：以[(D1.)]为选通信号，顺序地将[(S.)]所按键号存入[(D2.)]，每次按键以BIN码存入，超过上限9999，溢出；按A～F键，[(D3.)]指定位元件依次为ON	○	○	○	○
	072	DSW	数字开关（使用两次）：4位一组（n=1）或4位二组（n=2）BCD数字开关由[(S.)]输入，以[(D1.)]为选通信号，顺序地将[(S.)]所输入数字送到[(D2.)]	○	○	○	○
	073	SEGD	七段码译码：将[(S.)]低4位指定的0～F数据译成七段码显示数据格式存入[(D.)]，[(D.)]高8位不变	○	○	○	○
	074	SEGL	带锁存七段码显示（使用两次）：4位一组（n：0～3）或4位二组（n：4～7）七段码，由[(D.)]的第2个4位为选通信号，顺序显示由[(S.)]经[(D.)]的第1个4位或[(D.)]的第3个4位输出的值	○	○	○	○
	075	ARWS	方向开关（使用一次）：[(S.)]指定位移位与各位数值增减用的方向开关，[(D1.)]指定的元件中存放显示的二进制数，根据[(D2.)]指定的第2个4位输出的选通信号，依次从[(D2.)]指定的第1个4位输出开始显示。按位移开关，顺序选择显示位；按数值增减开关，[(D1.)]数值由0～9或9～0变化。n：0～3，选择选通位	○	○	○	○

注："○"表示支持该功能。

（续）

分类	指令编号 FNC	指令助记符	指令名称及功能简介	对应的PLC			
				FX$_{3U}$	FX$_{3UC}$	FX$_{2N}$	FX$_{2NC}$
外围设备 I/O	076	ASC	ASCII 码转换：[(S.)]为所输入的 8 个字节以下的字母和数字。指令执行后，将[(S.)]转换为 ASCII 码后送入[(D.)]	○	○	○	○
	077	PR	ASCII 码打印（使用两次）：将[(S.)]的 ASCII 码→[(D.)]	○	○	○	○
	078	FROM	BFM 读出：将特殊单元缓冲存储器（BMF）的 n 点数据读入[(D.)]；m$_1$：0～7，特殊单元特殊模块号；m$_2$：0～31，缓冲存储器（BFM）号码；n=1～32，传送点数	○	○	○	○
	079	TO	写入 BFM：将 [(S.)]的 n 点数据写入特殊缓冲存储器（BFM）；m$_1$=0～7，特殊单元模块号；m$_2$=0～31，缓冲存储器(BFM)号码；n=1～32，传送点数	○	○	○	○
外部设备	080	RS	串行通信传递：使用功能扩展板进行发送、接收串行数据。发送[(S.)]的 m 点数据至[(D.)] n 点数据。m、n：0～256	○	○	○	○
	081	PRUN	八进制位传送：[(S.)]转换为八进制，送到[(D.)]	○	○	○	○
	082	ASCI	HEX→ASCII 变换：将[(S.)]内 HEX（十六进制）数据的各位转换成 ASCII 码向[(D.)]的高低 8 位传送。传送的字符数由 n 指定，n：1～256	○	○	○	○
	083	HEX	ASCII→HEX 变换：将[(S.)]内高低 8 位的 ASCII（十六进制）数据的各位转换成 ASCII 码向[(D.)]的高低 8 位传送。传送的字符数由 n 指定，n：1～256	○	○	○	○
	084	CCD	检验码：用于通信数据的校验。以[(S.)]指定的元件为起始的 n 点数据，将其高低 8 位数据的总和校验检查[(D.)]与[(D.)]+1 的元件	○	○	○	○
	085	VRRD	模拟量输入：将[(S.)]指定的模拟量设定模板的开关模拟值 0～255 转换为 8 位 BIN 传送到[(D.)]	—	—	○	○
	086	VRSC	模拟量开关设定：将[(S.)]指定的开关刻度（0～10）转换为 8 位 BIN 传送到[(D.)]。[(S.)]：开关号码（0～7）	—	—	○	○
	087	RS2	串行数据传送 2	○	○	—	—
	088	PID	PID 回路运算：在[(S1.)]设定目标值；在[(S2.)]设定测定当前值；在[(S3.)]～[(S3.)]+6 设定控制参数值；执行程序时，运算结果被存入[(D.)]。[(S3.)]：D0～D975	○	○	○	○
数据传送 1	102	ZPUSH	变址寄存器的成批保存	○	①	—	—
	103*	ZPOP	变址寄存器的恢复	○	①	—	—
二进制浮点数运算	110	ECMP	二进制浮点数比较：[(S1.)]与[(S2.)]比较→[(D.)]	○	○	○	○
	111	EZCP	二进制浮点数区间比较：[(S1.)]与[(S2.)]比较→[(D.)]。[(D.)]占 3 点，[(S1.)]<[(S2.)]	○	○	○	○
	112	EMOV	二进制浮点数传送	○	○	—	—
	116	ESTR	二进制浮点数→字符串的转换	○	○	—	—
	117	EVAL	字符串→二进制浮点数的转换	○	○	—	—
	118	EBCD	二进制浮点数转换为十进制浮点数：[(S.)]转换为十进制浮点数→[(D.)]	○	○	○	○
	119	EBIN	十进制浮点数转换为二进制浮点数：[(S.)]转换为二进制浮点→[(D.)]	○	○	○	○
	120	EADD	二进制浮点数加法：[(S1.)]+[(S2.)]→[(D.)]	○	○	○	○
	121	ESUB	二进制浮点数减法：[(S1.)]-[(S2.)]→[(D.)]	○	○	○	○
	122	EMUL	二进制浮点数乘法：[(S1.)]×[(S2.)]→[(D.)]	○	○	○	○
	123	EDIV	二进制浮点数除法：[(S1.)]÷[(S2.)]→[(D.)]	○	○	○	○
	124	EXP	二进制浮点数指数运算	○	○	—	—
	125	LOGE	二进制浮点数自然对数运算	○	○	—	—
	126	LOG10	二进制浮点数常用对数运算	○	○	—	—

注："○"表示支持该功能，"—"表示不支持该功能。
① FX$_{3UC}$ 系列 Ver.2.20 以上产品中支持。
* 指令编号 FNC104～109 暂未启用。

（续）

分类	指令编号 FNC	指令助记符	指令名称及功能简介	对应的PLC			
				FX$_{3U}$	FX$_{3UC}$	FX$_{2N}$	FX$_{2NC}$
二进制浮点数运算	127	ESQR	开方：[(S.)]开方→[(D.)]	○	○	○	○
	128	ENEG	二进制浮点数符号翻转	○	○	—	—
	129	INT	二进制浮点数→BIN 整数转换：[(S.)]转换 BIN 整数→[(D.)]	○	○	○	○
	130	SIN	浮点数 SIN 运算：[(S.)]角度的正弦→[(D.)]。0°≤角度<360°	○	○	○	○
	131	COS	浮点数 COS 运算：[(S.)]角度的余弦→[(D.)]。0°≤角度<360°	○	○	○	○
	132	TAN	浮点数 TAN 运算：[(S.)]角度的正切→[(D.)]。0°≤角度<360°	○	○	○	○
	133	ASIN	二进制浮点数 arcsin 运算	○	○	—	—
	134	ACOS	二进制浮点数 arccos 运算	○	○	—	—
	135	ATAN	二进制浮点数 arctan 运算	○	○	—	—
	136	RAD	二进制浮点数角度→弧度的转换	○	○	—	—
	137	DEG	二进制浮点数弧度→角度的转换	○	○	—	—
数据处理2	140	WSUM	算出数据合计值	○	①	—	—
	141	WTOB	字节单位的数据分离	○	①	—	—
	142	BTOW	字节单位的数据结合	○	①	—	—
	143	UNI	16 数据位的 4 位结合	○	①	—	—
	144	DIS	16 数据位的 4 位分离	○	①	—	—
	147	SWAP	高低字节互换	○	○	○	○
	149	SORT2	数据排序 2	○	①	—	—
定位	150	DSZR	带 DOG 搜索的原点回归	○	②	—	—
	151	DVIT	中断定位	○	②	—	—
	152	TBL	表格设定定位	○	①	—	—
	155	ABS	读出 ABS 当前值	○	○	③	③
	156	ZRN	原点回归	○	○	—	—
	157	PLSV	可变度的脉冲输出	○	○	—	—
	158	DRVI	相对定位	○	○	—	—
	159	DRVA	绝对定位	○	○	—	—
时钟运算	160	TCMP	时钟数据比较：指定时刻[(S.)] 与时钟数据[(S1.)]时[(S2.)]分 [(S3.)]秒比较，比较结果在[(D.)]显示。[(D.)]占有 3 点	○	○	○	○
	161	TZCP	时钟数据区域比较：指定时刻[(S.)]与时钟数据区域[(S1.)] [(S2.)]比较，比较结果在[(D.)] 显示。[(D.)]占有 3 点，[(S1.)]≤[(S2.)]	○	○	○	○
	162	TADD	时钟数据加法：以[(S2.)]起始的 3 点时刻数据加上存入[(S1.)] 起始的 3 点时刻数据，其结果存入以[(D.)]起始的 3 点中	○	○	○	○

注："○"表示支持该功能，"—"表示不支持该功能。
① FX$_{3UC}$ 系列 Ver.2.20 以上产品中支持。
② FX$_{3UC}$ 系列 Ver.2.20 以上产品中可以更改功能。
③ FX$_{2N}$/FX$_{2NC}$ 系列 Ver.3.00 以上产品中支持。

（续）

分类	指令编号 FNC	指令助记符	指令名称及功能简介	对应的PLC			
				FX$_{3U}$	FX$_{3UC}$	FX$_{2N}$	FX$_{2NC}$
时钟运算	163	TSUB	时钟数据减法：以[(S1.)]起始的 3 点时刻数据减去存入以[(S2.)]起始的 3 点时刻数据，其结果存入以[(D.)]起始的 3 点中	○	○	○	○
	164	HTOS	时、分、秒的数据转换成秒单位的数据	○	○	—	—
	165	STOH	秒数据的时、分、秒转换	○	○	—	—
	166	TRD	时钟数据读出：将实时计算器的数据在[(D.)]占有的 7 点读出	○	○	○	○
	167	TWR	时钟数据写入：将[(S.)]占有的 7 点数据写入内藏的实时计算器	○	○	○	○
	169	HOUR	计时表	○	○	③	③
格雷码转换	170	GRY	格雷码转换：将[(S.)]格雷码转换为二进制值，存入[(D.)]	○	○	—	—
	171	GBIN	格雷码逆变换：将[(S.)]二进制值转换为格雷码，存入[(D.)]	○	○	—	—
	176	RD3A	模拟量模块的读出	○	○	③	③
	177	WR3A	模拟量模块的写入	○	○	③	③
其他指令	182	COMRD	读取软元件的注释数据	○	①	—	—
	184	RND	产生随机数	○	①	—	—
	186	DUTY	产生定时脉冲	○	①	—	—
	188	CRC	CRC 运算	○	①	—	—
	189	HCMOV	高速计数器传送	○	②	—	—
数据块处理	192	BK+	数据块的加法运算	○	①	—	—
	193	BK-	数据块的减法运算	○	①	—	—
	194	BKCMP=	数据块比较 S1=S2	○	①	—	—
	195	BKCMP>	数据块比较 S1>S2	○	①	—	—
	196	BKCMP<	数据块比较 S1<S2	○	①	—	—
	197	BKCMP<>	数据块比较 S1≠S2	○	①	—	—
	198	BKCMP<=	数据块比较 S1≤S2	○	①	—	—
	199	BKCMP>=	数据块比较 S1≥S2	○	①	—	—
字符串	200	STR	BIN→字符串的转换	○	①	—	—
	201	VAL	字符串→BIN 的转换	○	①	—	—
	202	$+	字符串的结合	○	①	—	—
	203	LEN	检测出字符串的长度	○	①	—	—
	204	RIGHT	从字符串的右侧开始取出	○	①	—	—
	205	LEFT	从字符串的左侧开始取出	○	①	—	—
	206	MIDR	从字符串的任意处取出	○	①	—	—
	207	MIDW	字符串中的任意处替换	○	①	—	—

注：" ○ "表示支持该功能，" — "表示不支持该功能。

① FX$_{3UC}$ 系列 Ver.2.20 以上产品中支持。

② FX$_{3UC}$ 系列 Ver.2.20 以上产品中可以更改功能。

③ FX$_{2N}$/FX$_{2NC}$ 系列 Ver.3.00 以上产品中支持。

（续）

分类	指令编号 FNC	指令助记符	指令名称及功能简介	对应的 PLC			
				FX₃U	FX₃UC	FX₂N	FX₂NC
字符串	208	INSTR	字符串的检索	○	①	—	—
	209	$MOV	字符串的传送	○	○	—	—
数据处理3	210	FDEL	数据表的数据删除	○	①	—	—
	211	FINS	数据表的数据插入	○	①	—	—
	212	POP	读取后入的数据（先入后出控制用）	○	○	—	—
	213	SFR	16位数据n位右移（带进位）	○	○	—	—
	214	SFL	16位数据n位左移（带进位）	○	○	—	—
触点比较	224	LD=	触点比较指令：常开触点与母线连接，当[(S1.)]=[(S2.)]时接通	○	○	○	○
	225	LD>	触点比较指令：常开触点与母线连接，当[(S1.)]>[(S2.)]时接通	○	○	○	○
	226	LD<	触点比较指令：常开触点与母线连接，当[(S1.)]<[(S2.)]时接通	○	○	○	○
	228	LD<>	触点比较指令：常开触点与母线连接，当[(S1.)]<>[(S2.)]时接通	○	○	○	○
	229	LD≤	触点比较指令：常开触点与母线连接，当[(S1.)]≤[(S2.)]时接通	○	○	○	○
	230	LD≥	触点比较指令：常开触点与母线连接，当[(S1.)]≥[(S2.)]时接通	○	○	○	○
	232	AND=	触点比较指令：触点串联，当[(S1.)]=[(S2.)]时接通	○	○	○	○
	233	AND>	触点比较指令：触点串联，当[(S1.)]>[(S2.)]时接通	○	○	○	○
	234	AND<	触点比较指令：触点串联，当[(Sl.)]<[(S2.)]时接通	○	○	○	○
	236	AND<>	触点比较指令：触点串联，当[(S1.)]<>[(S2.)]时接通	○	○	○	○
	237	AND≤	触点比较指令：触点串联，当[(S1.)]≤[(S2.)]时接通	○	○	○	○
	238	AND≥	触点比较指令：触点串联，当[(Sl.)]≥[(S2.)]时接通	○	○	○	○
	240	OR=	触点比较指令：触点并联，当[(Sl.)]=[(S2.)]时接通	○	○	○	○
	241	OR>	触点比较指令：触点并联，当[(S1.)]>[(S2.)]时接通	○	○	○	○
	242	OR<	触点比较指令：触点并联，当[(S1.)]<[(S2.)]时接通	○	○	○	○
	244	OR<>	触点比较指令：触点并联，当[(S1.)]<>[(S2.)]时接通	○	○	○	○
	245	OR≤	触点比较指令：触点并联，当[(Sl.)]≤[(S2.)]时接通	○	○	○	○
	246	OR≥	触点比较指令：触点并联，当[(S1.)]≥[(S2.)]时接通	○	○	○	○
数据表处理	256	LIMIT	上、下限限位控制	○	○	—	—
	257	BAND	死区控制	○	○	—	—
	258	ZONE	区域控制	○	○	—	—
	259	SCL	定坐标1（不同点坐标数据）	○	○	—	—
	260	DABIN	十进制ASCII→BIN的转换	○	①	—	—
	261	BINDA	BIN→十进制ASCII的转换	○	①	—	—
	269	SCL2	定坐标2（X/Y坐标数据）	○	④	—	—

注："○"表示支持该功能，"—"表示不支持该功能。

① FX₃UC 系列 Ver.2.20 以上产品中支持。

④ FX₃UC 系列 Ver.1.30 以上产品中支持。

（续）

分类	指令编号 FNC	指令助记符	指令名称及功能简介	对应的 PLC			
				FX$_{3U}$	FX$_{3UC}$	FX$_{2N}$	FX$_{2NC}$
变频器通信	270	IVCK	变频器的运转监视	○	○	—	—
	271	IVDR	变频器的运行控制	○	○	—	—
	272	IVRD	读取变频器的参数	○	○	—	—
	273	IVWR	写入变频器的参数	○	○	—	—
	274	IVBWR	成批写入变频器的参数	○	○	—	—
数据传送 2	278	RBFM	BFM 分割读出	○	①	—	—
	279	WBFM	BFM 分割写入	○	①	—	—
高速处理	280	HSCT	高速计数器数据表比较	○	○	—	—
扩展文件寄存器	290	LOADR	读出扩展文件寄存器	○	○	—	—
	291	SAVER	成批写入扩展文件寄存器	○	○	—	—
	292	INITR	扩展寄存器的初始化	○	○	—	—
	293	LOGR	登录到扩展寄存器	○	○	—	—
	294	RWER	扩展文件寄存器的重新写入	○	④	—	—
	295	INITER	扩展文件寄存器的初始化	○	④	—	—

注："○"表示支持该功能；"—"表示不支持该功能。

① FX$_{3UC}$ 系列 Ver.2.20 以上产品中支持。

② FX$_{3UC}$ 系列 Ver.2.20 以上产品中可以更改功能。

③ FX$_{2N}$/FX$_{2NC}$ 系列 Ver.3.00 以上产品中支持。

④ FX$_{3UC}$ 系列 Ver.1.30 以上产品中支持。

参 考 文 献

[1] 三菱电机自动化（中国）有限公司. $FX_{3G} \cdot FX_{3U} \cdot FX_{3UC}$ 系列微型可编程控制器编程手册（基本·应用指令说明书）[R]. 2014.
[2] 三菱电机自动化（中国）有限公司. GX Works2 Version1 操作手册[R]. 2014.
[3] 郭艳萍. 电气控制与 PLC 应用[M]. 北京：人民邮电出版社，2017.
[4] 刘守操. 可编程序控制器技术与应用[M]. 3 版. 北京：机械工业出版社，2018.
[5] 张万忠. 可编程序控制器入门与应用实例[M]. 北京：中国电力出版社，2005.
[6] 徐超. 电气控制与 PLC 技术应用[M]. 2 版. 北京：清华大学出版社，2016.
[7] 信捷电气. 可编程控制器系统应用编程职业技能等级标准[R]. 2021.
[8] 许连阁. 三菱 FX_{3U} PLC 应用实例教程[M]. 北京：电子工业出版社，2018.
[9] 张同苏. 自动化生产线安装与调试 [M]. 2 版. 北京：中国铁道出版社，2017.
[10] 孙振强. 可编程控制器原理及应用教程 [M]. 4 版. 北京：清华大学出版社，2020.